电气自动化专业
骨干教师培训教程

刘建华　郑 昊　牟智刚　宁宗奇　编著

北 京
冶 金 工 业 出 版 社
2022

内容提要

本书共分8章，内容包括继电控制电路装调与维修、电子线路安装与调试、电力电子技术线路装调、自动控制装置安装与调试、西门子S7-1500系列PLC应用、工业触摸屏技术与组态软件操作应用、自动化生产线安装与调试、工业机器人基本应用与编程，并针对实践操作应用进行了详细介绍，突出生产实例，重点说明应用的原理与具体操作方法。

本书既可作为职业院校骨干教师的培训教材，也可作为工程技术人员的参考书。

图书在版编目(CIP)数据

电气自动化专业骨干教师培训教程/刘建华等编著. —北京：冶金工业出版社，2022.7

ISBN 978-7-5024-9184-0

Ⅰ.①电… Ⅱ.①刘… Ⅲ.①电气系统—自动化技术—教师培训—教材 Ⅳ.①TM92

中国版本图书馆CIP数据核字(2022)第106238号

电气自动化专业骨干教师培训教程

出版发行	冶金工业出版社	**电　话**	(010)64027926
地　址	北京市东城区嵩祝院北巷39号	**邮　编**	100009
网　址	www.mip1953.com	**电子信箱**	service@mip1953.com

责任编辑　王　颖　美术编辑　彭子赫　版式设计　郑小利
责任校对　石　静　责任印制　李玉山

北京建宏印刷有限公司印刷
2022年7月第1版，2022年7月第1次印刷
787mm×1092mm　1/16；12印张；291千字；184页
定价49.90元

投稿电话　(010)64027932　投稿信箱　tougao@cnmip.com.cn
营销中心电话　(010)64044283
冶金工业出版社天猫旗舰店　yjgycbs.tmall.com
(本书如有印装质量问题，本社营销中心负责退换)

前　言

近年来，随着电气自动化技术的快速发展，特别是中高贯通“电气自动化技术-电气运行与控制”专业设置以来，中等职业学校师资队伍建设一直是困扰中职学校发展的瓶颈。上海市师资培训基地自2009年成立以来，先后在技能及教学方法上对中职骨干教师进行培训，经过二十余年的培训实践，收集整理了大量电气自动化专业培训教学案例和相关讲义，经过优中选优，整理编辑成本书。

本书从实际应用出发，兼顾教学需求与教法需求，将两者进行有机整合，并做到前后呼应。本书采用理论与实践相结合的形式，引入大量工程中的应用实例，参考世界技能大赛工业控制项目，突出前沿技术应用，同时引入“1+X”智能制造设备安装与调试职业技能鉴定等级内容以及上海社会化评价组织“电工”考核内容作为相关知识与技能的拓展。

本书共分为8章。第1章介绍了继电控制电路装调与维修，以传统的继电接触器控制线路安装、调试、故障排除为主要内容；第2章介绍了电子线路安装与调试，突出典型的运算放大器应用和数字电路实用电路分析工作原理及相关技能；第3章对电力电子技术线路装调的典型三相半波、三相全控桥式整流电路进行分析和讲解；第4章介绍了自动控制装置安装与调试，并就常用的欧陆514C直流调速器和西门子G120变频器应用进行了分析讲解；第5章介绍了西门子S7-1500系列PLC应用，结合工程实例说明各类编程的具体方法；第6章以典型的西门子HMI与PLC技术应用、KingView组态王软件与PLC技术应用为典型案例，结合工程应用说明使用方法；第7章以工业中典型的自动分拣系统、机械手系统的硬件分配、软件设计进行分析讲解；第8章对目前智能制造系统中广泛应用工业机械手、机器人进行拓展性的介绍。

本书由上海市高级技工学校刘建华、郑昊、牟智刚、宁宗奇编著。其中第1章1.2节、第6章6.1节由牟智刚编写；第1章1.1节、第2章、第3章、第4章、第6章6.2节、第7章由刘建华编写；第5章由郑昊编写；第8章由宁宗奇编写，全书由刘建华负责统稿。

本书在编写过程中，参考并引用了相关文献资料，在此向有关文献作者表示衷心的感谢。

由于编者水平所限，书中不妥之处，恳请广大读者批评指正。

编　者
2022年2月

目　　录

1 继电控制电路装调与维修

1.1 安装和调试液压控制机床滑台运动的电气控制线路

1.1.1 课题分析

图 1-1 所示是液压控制机床滑台运动的电气控制线路的原理图，在完成实物接线的基础上进行电路的调试，并回答相应的问题。

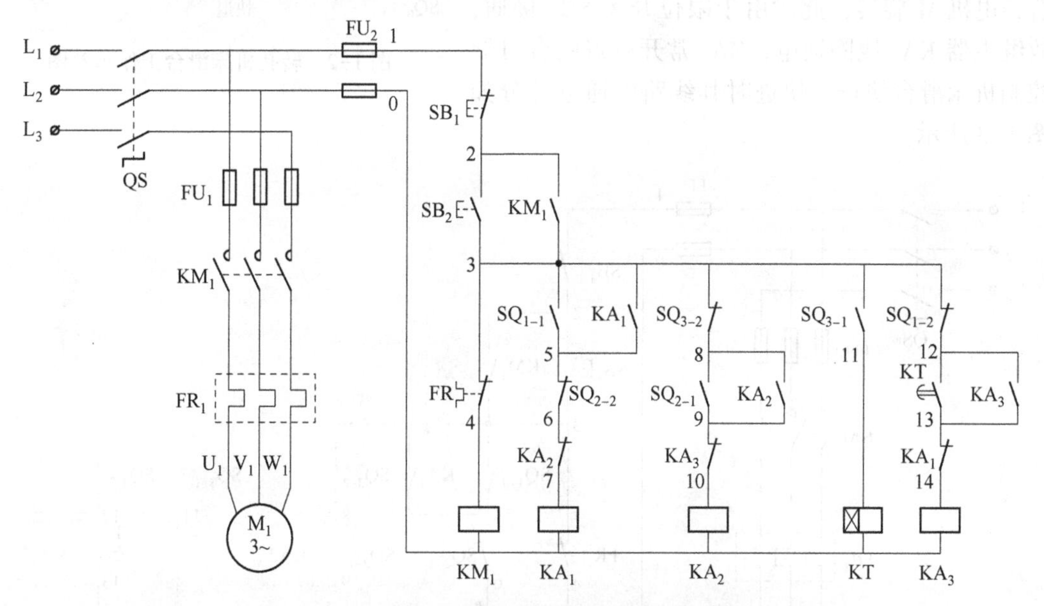

图 1-1 液压控制机床滑台运动的电气控制线路

课题目的

(1) 掌握液压控制机床滑台运动的电气控制线路的用途。

(2) 掌握液压控制机床滑台运动的电气控制线路各电气元器件名称及作用。

(3) 能使用万用表、绝缘电阻表对电路中的关键点进行测试，对测试的数据进行分析、判断，对控制线路中的故障能分析并排除。

(4) 会初步确定电气控制电路板布置图，知道在电路板上电气元器件的位置。

(5) 知道安装及调试步骤及测试方法。

课题重点

(1) 能分析液压控制机床滑台运动电气控制线路的原理。

(2) 能够阅读、分析控制线路图，说出正确的操作过程。

(3) 知道安装及调试步骤及测试方法。

课题难点

(1) 能分析液压控制机床滑台运动的电气控制线路的主电路、控制电路。

(2) 能按液压控制机床滑台运动的电气控制线路的控制要求正确操作。

(3) 能使用万用表，对电路中的关键点进行测试，对测试的数据进行分析判断，对控制线路中的故障能分析并排除。

(4) 知道安装及调试步骤及测试方法。

1.1.2 液压控制机床滑台运动的电气控制线路工作原理分析

液压控制机床滑台运动的加工过程示意图，如图 1-2 所示。其控制原理如下：

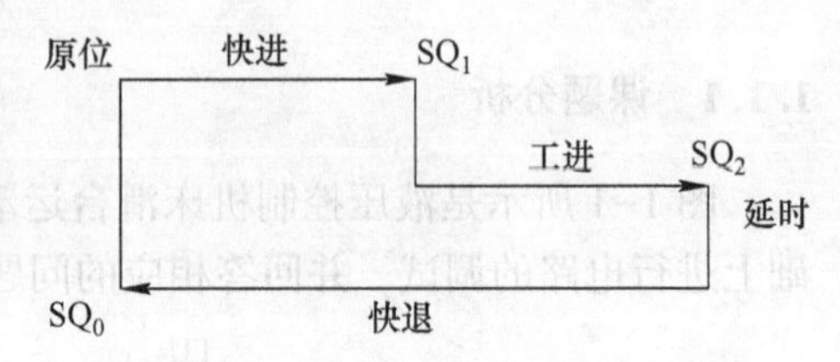

图 1-2 转孔机床滑台工作示意图

机床滑台在原位（限位开关 SQ_1 接通）并加以按下启动按钮 SB_2，KM_1 线圈通电，主触点闭合，电机 M 旋转，此时由于限位开关 SQ_1 接通，故继电器 KA_1 线圈通电，KA_1 常开触点闭合自锁控制机床滑台快进。快进时其线路中通电部分如图 1-3 所示。

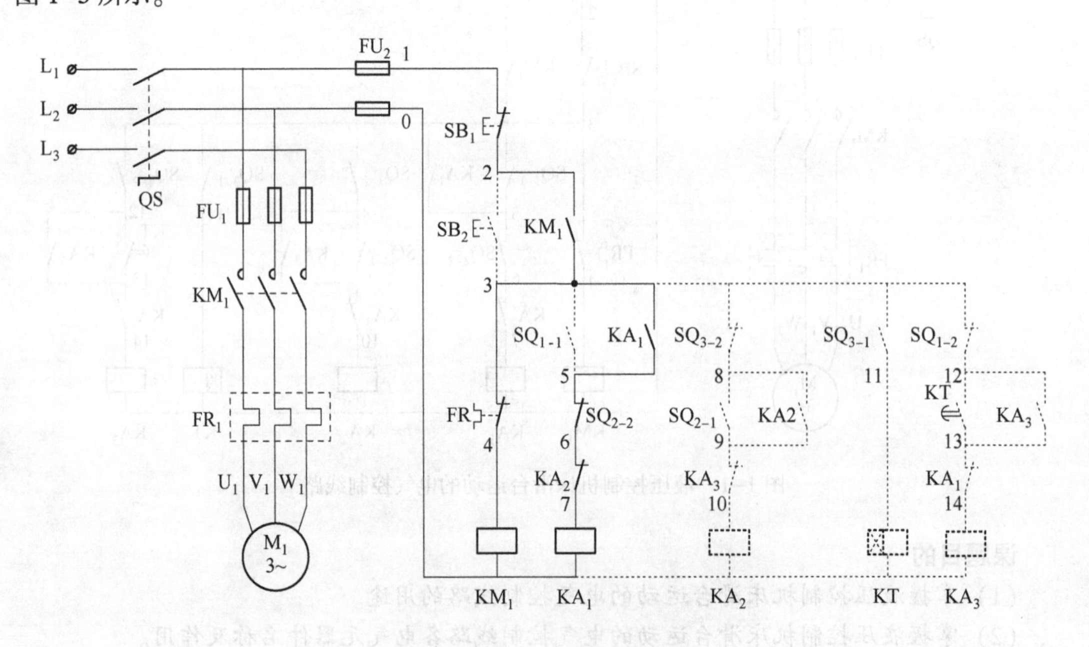

图 1-3 快进时线路通电回路

当机械滑台快进碰到限位开关 SQ_2 后，SQ_{2-2} 断开切断继电器 KA_1 停止快进，SQ_{2-1} 接通使继电器 KA_2 线圈得电，KA_2 常开触点闭合自锁，机床滑台由快进转为工进。快进时其线路中通电部分如图 1-4 所示。

机床滑台碰到限位开关 SQ_3 后，SQ_{3-2} 断开切断继电器 KA_2 停止工进，SQ_{3-1} 接通使时间继电器 KT 线圈得电，机床滑台停止工进开始延时。延时停留时其线路中通电部分如图 1-5 所示。

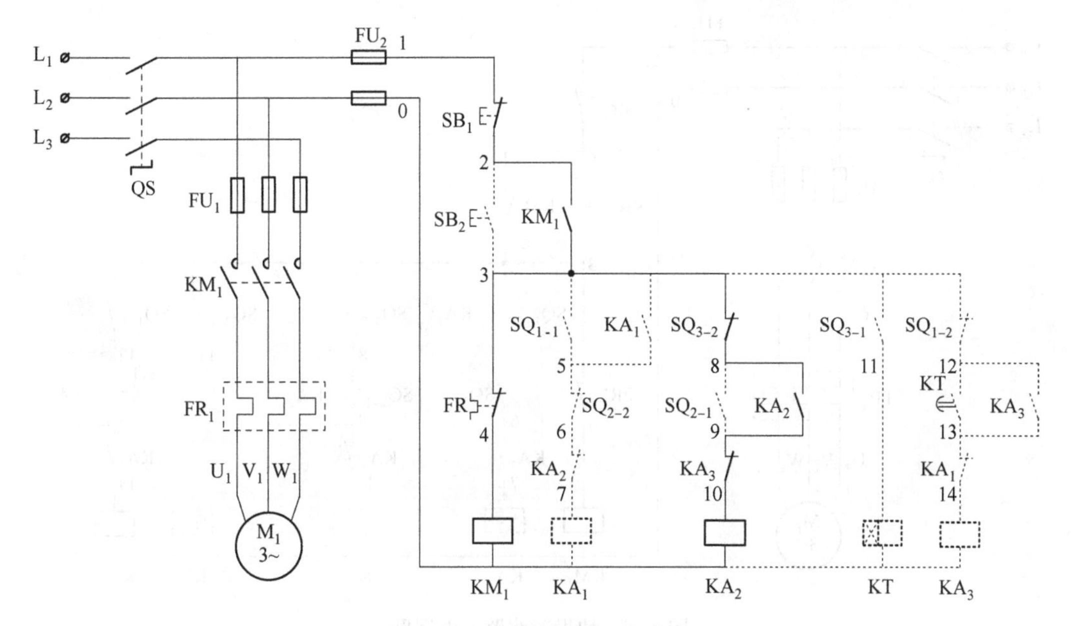

图 1-4 工进时线路通电回路

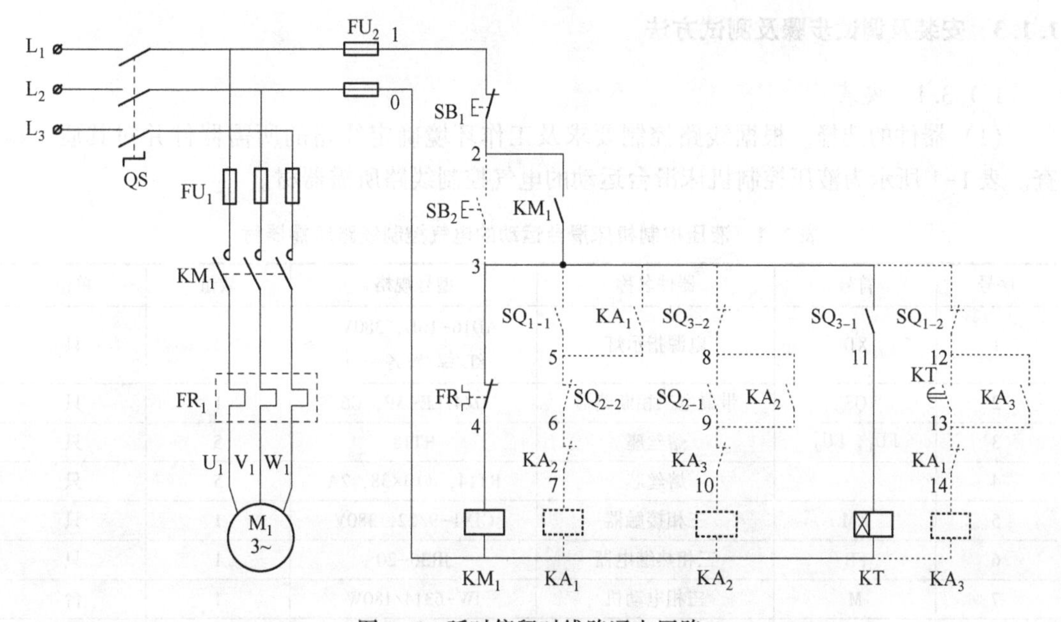

图 1-5 延时停留时线路通电回路

时间继电器延时 2s 后，其延时闭合常开触点接通继电器 KA_3 线圈，KA_3 常开触点闭合自锁，机床滑台快退，同时 SA_3 常闭触点断开，与 KA_2 实现互锁，保证快退碰到 SQ_2 时不会切换到工进。机床滑台离开限位 SQ_3 后，SQ_{3-1} 断开使时间继电器 KT 线圈失电断开，同时 SQ_{3-2} 接通为工进做好准备。快退时其线路中通电部分如图 1-6 所示。

当快退时，压下 SQ_1，则继电器 KA_1 线圈通电，KA_1 常闭触点断开使 KA_3 线圈失电停止快退，KA_1 常开触点闭合自锁控制机床滑台快进，进入再循环，任何处按下 SB_1 停止。

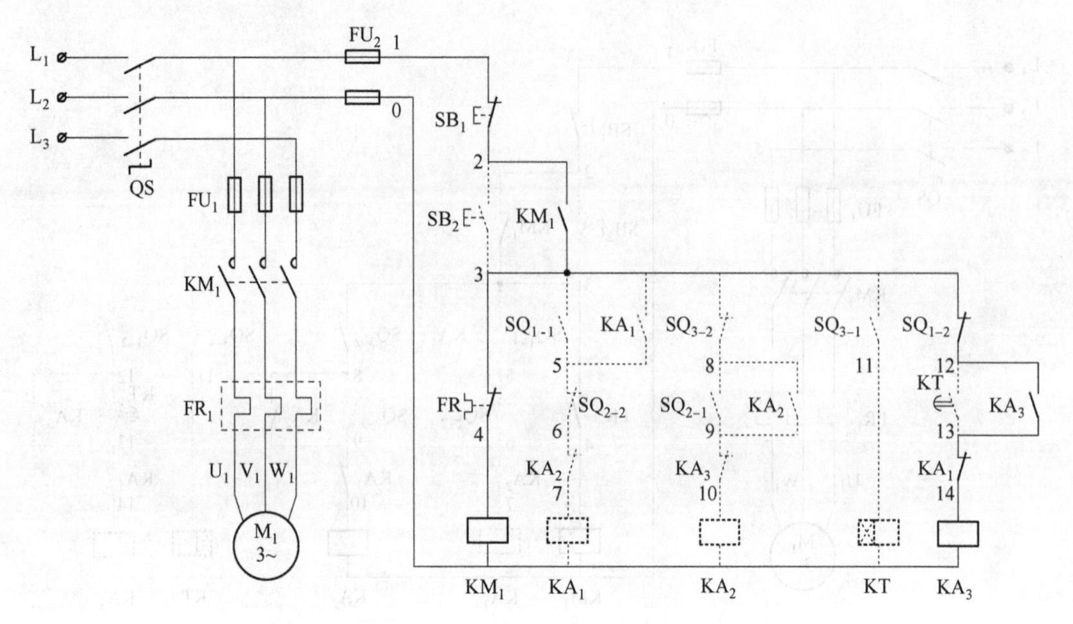

图 1-6 快退时线路通电回路

1.1.3 安装及调试步骤及测试方法

1.1.3.1 安装

(1) 器件的选择。根据线路控制要求及工作环境确定线路的所需器件并对其质量检查。表 1-1 所示为液压控制机床滑台运动的电气控制线路所需器材。

表 1-1 液压控制机床滑台运动的电气控制线路所需器材

序号	符号	器件名称	型号规格	数量	单位
1	XD	电源指示灯	AD16-16D，380V， 红/绿/黄各一只	3	只
2	QS	带漏电三相断路器	DZ47LE-3P，C6	1	只
3	FU_1，FU_2	熔丝座	RT18	5	只
4		熔丝芯	RT14，$\phi10\times38$，2A	5	只
5	KM	三相接触器	CJX1-9/22，380V	1	只
6	FR	三相热继电器	JR36-20	1	只
7	M	三相电动机	JW-6314/180W	1	台
8	KA_1~KA_3	中间继电器	JZ7-44，380V	3	只
9	KT	时间继电器	JSZ3A-B	1	只
10	SQ_1~SQ_3	限位开关	YBLX-19/001	3	只
11	SB_1，SB_2	翻盖按钮	LA4-2H	1	只
12	2 路	接线端子	WJT8-2.5	3	节
13	3 路	接线端子	WJT8-2.5	2	节
14	4 路	接线端子	WJT8-2.5	7	节
15	5 路	接线端子	WJT8-2.5	8	节

（2）确定（绘制）电气控制电路板布置图，如图1-7所示。

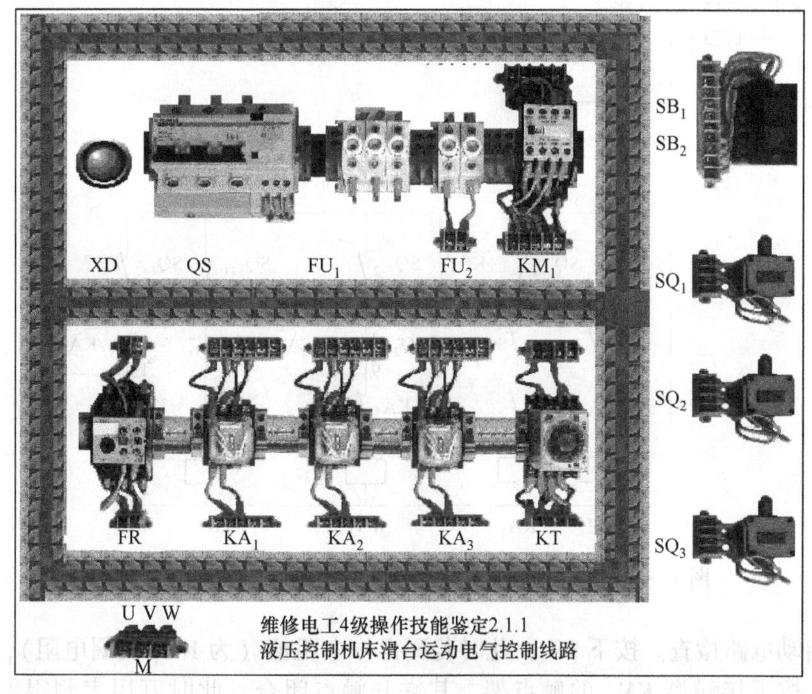

图1-7　确定电气控制电路板布置图

（3）安装及测试用电工工具：准备安装及测试用电工工具，如电钻、钢锯、螺丝刀（一字、十字）、钢丝钳、压线钳、斜口钳、万用表（指针或数字式）、绝缘电阻表、铅笔、卷尺、自攻螺钉等。

（4）确定电路板的材料和大小，并裁剪。

（5）安装器件。

（6）配线、采用板前线槽配线方式。

1.1.3.2　调试及测试方法

（1）常规检查。检查电源开关、熔断器、接触器、热保护继电器、启停按钮、时间继电器等器件安装位置正确、牢固，导线连接应可靠，无松脱，号码管数字与电路线号一一对应，如图1-1所示。热保护继电器、时间继电器整定值正确。用绝缘电阻表对电路进行绝缘电阻测试，应符合要求。

（2）用万用表检查。在不通电的情况下，用万用表的欧姆挡进行通断检查，具体方法如下。

1）检查控制电路，控制电路如图1-8所示。

FU_2 检查。把万用表拨到 $R\times100$，调零以后，将两只表棒分别接到熔断器 FU_2 两端，此时电阻应为零，否则 FU_2 有断路问题。

整个控制电路检查。将两只表笔再分别接到1、0端，此时电阻应为无穷大，否则接线可能有错误（如 SB_2 应接常开触点，而错接成常闭触点）或按钮 SB_2 的常开触点黏连而闭合。

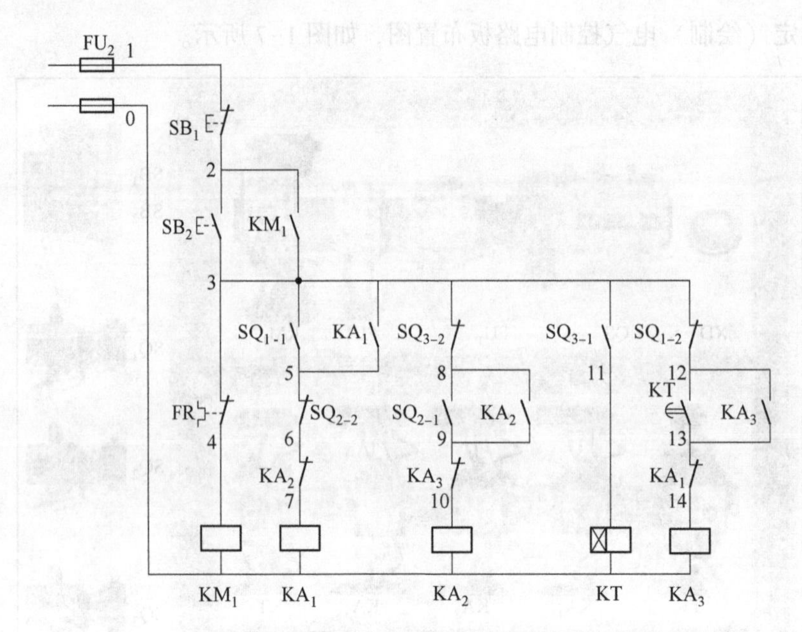

图 1-8 液压控制机床滑台运动的电气控制线路的控制电路

KM_1 启动电路检查。按下 SB_2，此时若测得一电阻值（为 KM_1 线圈电阻），说明 KM_1 线圈接入，按下接触器 KM_1 的触点架，其常开触点闭合，此时万用表测得的电阻仍为 KM_1 的线圈电阻，表明 KM_1 自锁起作用，否则 KM_1 的常开触点可能有虚接或漏接等问题；按下接触器 KM_1 的触点架不放，分别再按下 SB_1 和 FR，此时万用表测得的电阻为∞，说明它们各自的常闭触点串接在 KM_1 线圈电路中，如电阻不变，则表明常闭触点可能有虚接或漏接等问题。

用此方法依次检查 KA_1、KA_2、KT、KA_3 电路。

2）主电路检查，主电路如图 1-9 所示。

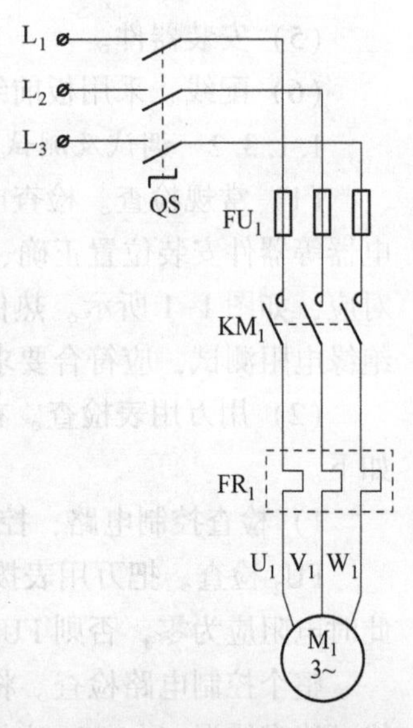

图 1-9 液压控制机床滑台运动的电气控制线路的主电路

FU_1 检查。把万用表拨到 $R\times100$，调零以后，将两只表棒分别接到熔断器 FU_1 两端，此时电阻应为零，否则 FU_1 有断路问题。

KM_1 主触点及接线检查。断开控制电路，用万用表分别测量 KM_1 三组触点两端，若某次测得为零，则说明所测点接线有短路或 KM_1 主触点处于闭合状态；当用手按下接触器 KM_1 的触点架，使 KM_1 的常开触点闭合，重复上述测量，此时测得的电阻应为零。

电动机 M 接线电路检查。当用手按下接触器 KM_1 的触点架，使 KM_1 的常开触点闭合时，用万用表分别测量 U_1-V_1、V_1-W_1、W_1-U_1 之间的电阻，阻值应为两相绕组的阻值，且三次测得的结果应基本一致，若有为零，无穷或不一致的情况，则应进一步检查。在上述检查时发现问题，应结合测量结果，通过分析电气原理图，再做进一步检查、维修。

（3）上电试车。经过上面检查无误后，可进行上电试车。

1）空操作试车，断开主电路接在 FU_1 上的3根电源线，合上电源开关QS使控制电路得电。按下正转启动按钮 SB_2，KM_1 应吸合并自锁；按原理调试 SQ_1、SQ_2 观测 KA_1、KA_2、KA_3、KT动作是否正确；任何时候按下停止按钮 SB_1，KM_1、KA_1、KA_2、KA_3、KT应断电释放。

2）空载试车，空操作试车通过后，断电接上 FU_1 上的3根电源线，然后送电，合上QS，按下 SB_2，观察电动机M的转向及转速是否正确。

空载试车通过后，可按电路控制对象的性能要求进行带负荷试车。

1.2 C6140车床电气控制线路故障分析与排除

1.2.1 课题分析

C6140车床的电气控制电路原理图，如图1-10所示。

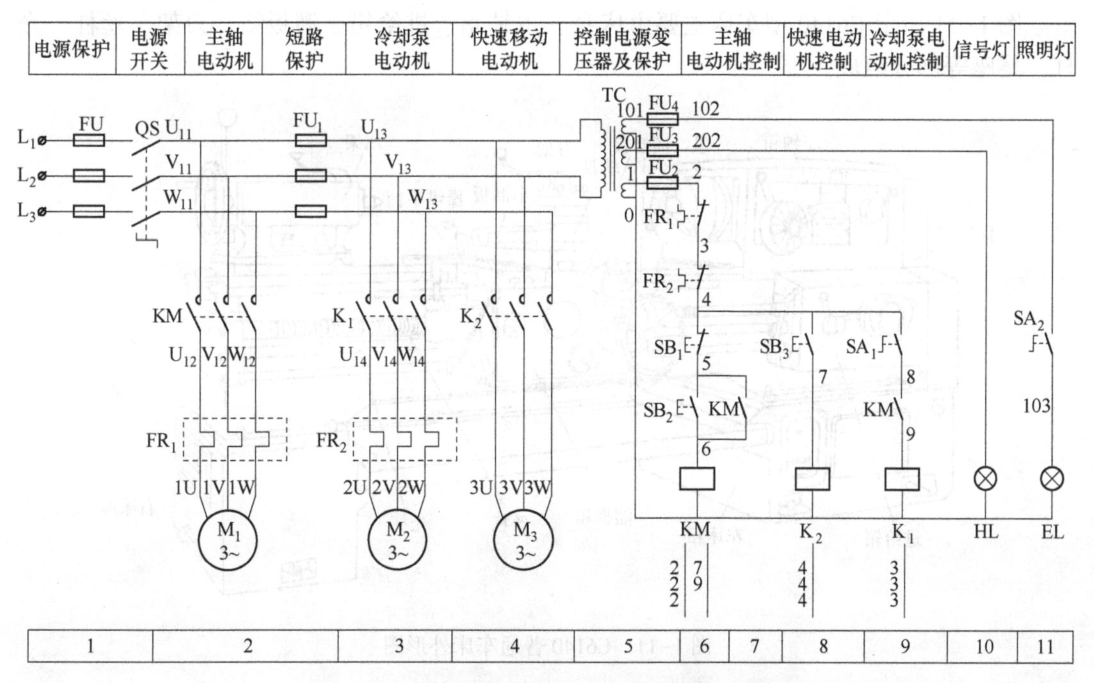

图1-10 C6140普通车床电气控制电路原理图

如图1-10所示，C6140车床由主轴电动机 M_1、冷却泵电动机 M_2、快速移动电动机 M_3 共三台电动机拖动。

按钮 SB_2 为主轴电动机 M_1 的启动按钮，SB_1 为主轴电动机 M_1 的停止按钮，按钮 SB_3 为快速移动电动机 M_3 的点动按钮，手动开关 SA_1 为冷却泵电动机 M_2 的启动开关。

课题目的

（1）掌握C6140车床的用途。

（2）知道C6140车床的结构、特点、参数、控制要求。

(3) 掌握 C6140 车床电气控制线路各电气元器件的名称及作用。

(4) 能使用万用表对电路中的关键点进行测试，对测试的数据进行分析判断，对控制线路中的故障能分析并排除。

课题重点

(1) 能分析 C6140 车床的主、辅运动。

(2) 能够阅读、分析 C6140 车床控制线路图，说出正确的操作过程。

(3) 知道该电气线路的保护措施。

课题难点

(1) 能分析 C6140 车床电气线路的主电路、控制电路。

(2) 能按 C6140 车床的控制要求正确操作。

(3) 能使用万用表，对电路中的关键点进行测试，对测试的数据进行分析、判断，对控制线路中的故障能分析并排除。

1.2.2 C6140 车床概述

图 1-11 所示 C6140 型车床主要由床身、主轴箱、进给箱、溜板箱、刀架、丝杠、光杠、尾座等部分组成。

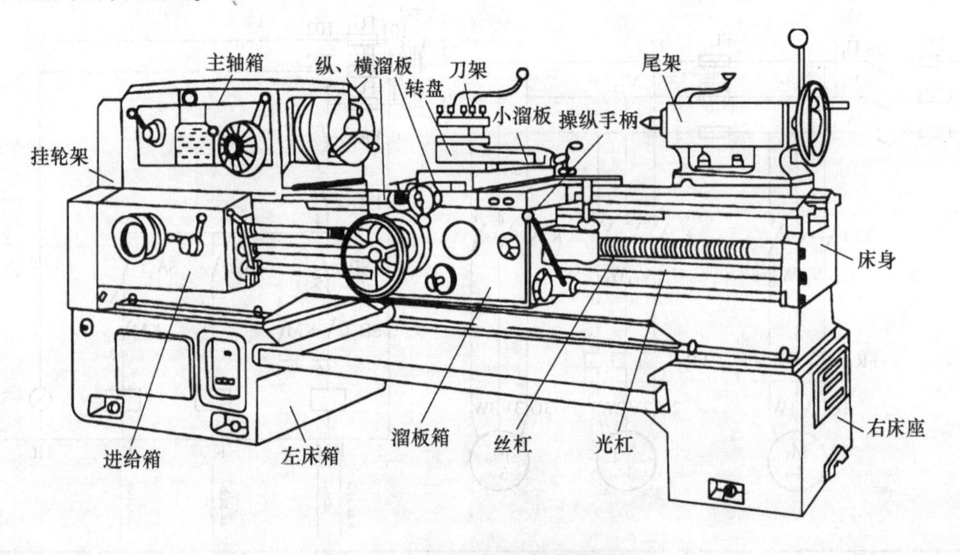

图 1-11 C6140 普通车床外形图

车床有两个主要运动：一是由主轴通过卡盘或顶尖带动工件的旋转运动，称为主运动；二是由溜板带动刀架的纵向和横向的直线运动，称为进给运动。主运动和进给运动都是由主电动机 M_1 带动的。

根据加工零件的材料性质、车刀材料及几何形状、工件直径、加工方式及冷却条件的不同，要求主轴有不同的切削速度。C6140 型车床的主轴正转速度有 24 种（10～1400r/min），反转速度有 12 种（14～1580r/min）。

车床除了主运动和进给运动以外的其他运动称为辅助运动，如尾座的纵向移动，工件的夹紧或放松等。

1.2.3 C6140车床工作原理分析

C6140车床主电路如图1-12所示。

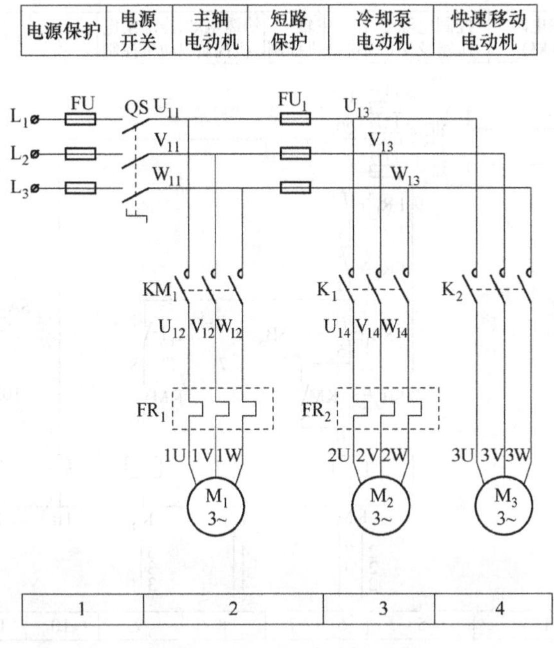

图1-12 C6140车床主电路

主轴电动机M_1控制回路如图1-13实线部分所示。按下启动按钮SB_2，接触器KM得电，主轴电动机M_1启动运转；按下停止按钮SB_1，接触器KM失电，主轴电动机M_1停止运转。

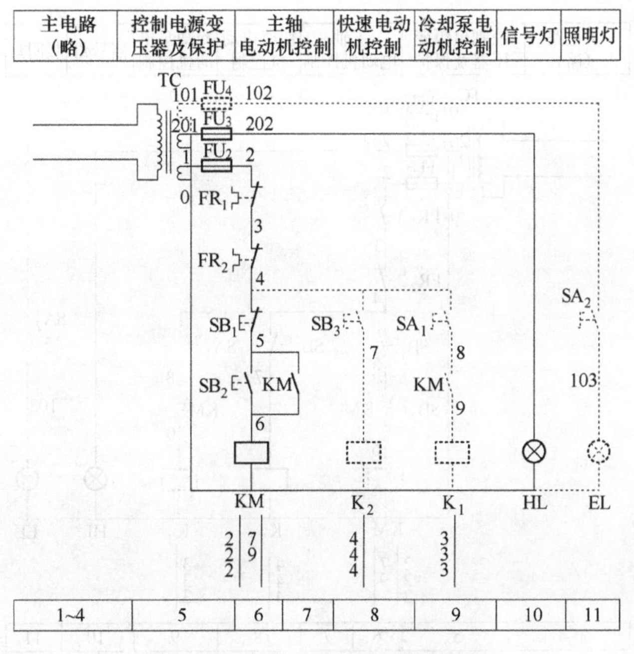

图1-13 主轴电动机M_1控制回路

冷却泵电动机 M_2 控制回路如图 1-14 实线部分所示。主轴电动机 M_1 启动后，将手动开关 SA_1 扳至闭合位置，接触器 K_1 得电，冷却泵电动机 M_2 启动运转；将手动开关 SA_1 扳至断开位置，接触器 K_1 失电，冷却泵电动机 M_2 停止运转。

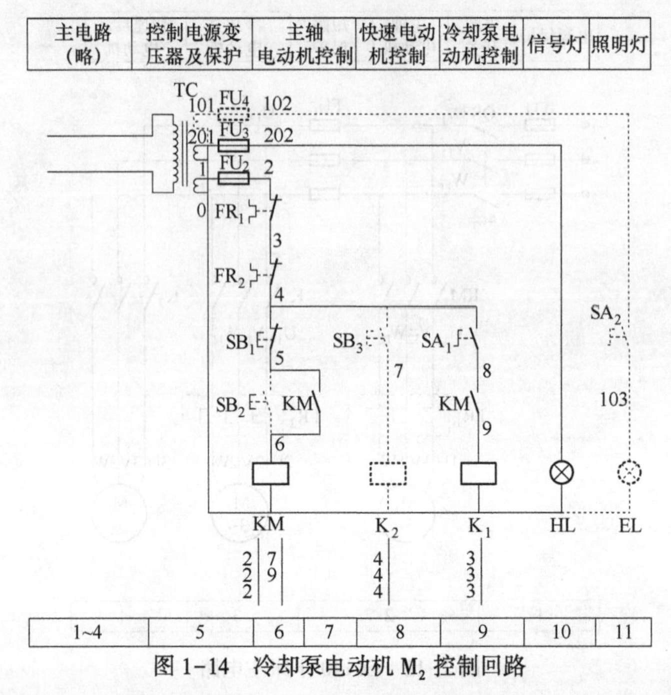

图 1-14 冷却泵电动机 M_2 控制回路

快速移动电动机 M_3 的控制回路如图 1-15 实线部分所示。按下点动按钮 SB_3，接触器 K_2 得电，快速移动电动机 M_3 启动运转；松开点动按钮 SB_3，接触器 K_2 失电，快速移动电动机 M_3 停止运转。

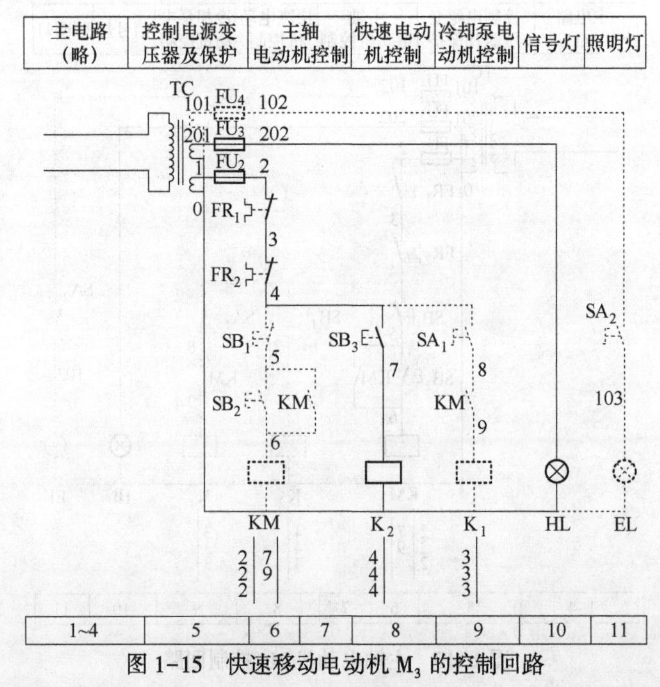

图 1-15 快速移动电动机 M_3 的控制回路

当热继电器 FR_1、FR_2 任意一个常闭触点断开时，接触器 KM，K_1、K_2 失电，电动机 M_1、M_2、M_3 停止运转，实现过载保护。

1.2.4 C6140 车床控制线路故障分析与排除方法

1.2.4.1 主电路故障分析

在 C6140 车床的主电路中设定了 3 个故障，包括主轴电机上故障、冷却泵电动机上故障和快速移动电动机故障，见表 1-2。

表 1-2 主电路故障分析

编号	故障运行现象	分析故障可能的原因	实际故障检测点
1	按下 SB_2 按钮，与正常状态对比发现：M_1 缺相运行	故障的可能点在 M_1 三相电源回路 三相电源→QS→KM 主触点→FR_1 主触点→M_1 电动机	KM 主触点（3－4）开路
2	按下 SB_3 按钮，与正常状态对比，M_2 出现缺相运行	故障的可能点在 M_2 三相电源回路 三相电源→QS→FU_1→K_1 主触点→FR_2 主触点→M_2 电动机	K_1 主触点（2）与 FR_2（1）之间 U_{14} 连接开路
3	闭合 SA_1 开关，与正常状态对比发现：M_3 缺相运行	故障的可能点在 M_3 三相电源回路 三相电源→QS→FU_1→K_2 主触点→M_3 电动机	K_2 接触器 U 相主触点开路

1.2.4.2 控制电路故障分析

在 C6140 车床的控制回路中，包括主轴电机控制回路、冷却泵电动机控制回路、快速移动电动机控制回路共设定了 13 个故障，各故障点的分析情况见表 1-3。

表 1-3 控制电路故障分析

编号	故障运行现象	分析故障可能的原因	实际故障检测点
1	接通电源后，控制回路无动作，信号指示灯 HL 点亮	故障的可能点在控制变压器 110V 输出回路故障 110V 变压器输出→1 号线→FU_2→2 号线→FR_1 常闭触点→3 号线→FR_2 常闭触点→4 号线或 0 号线	FU_2 熔断器熔断或开路 0 号线开路 TC 110V 无输出电压
2	按下按钮 SB_2，与正常状态对比发现：KM 线圈不通电，M_1 不启动	检查 KM 线圈供电回路 1 号线→FU_2→2 号线→FR_1 常闭触点→3 号线→FR_2 常闭触点→4 号线→SB_1 常闭触点→5 号线→SB_2 常开触点→6 号线→KM 线圈→0 号线	3 号线开路 5 号线开路 KM 线圈开路
3	按下按钮 SB_2，与正常状态对比发现：KM 线圈通电，但 M_1 只能点动运行	说明 KM 的功能正常，但其自锁回路可能出现了断线、器件的损坏或接触不良等现象，导致自锁功能缺失。检测 5 号线、6 号线和 KM 常开辅助触点	5 号线开路

续表 1-3

编号	故障运行现象	分析故障可能的原因	实际故障检测点
4	按下 SB_3，与正常状态对比发现：快速电动机 M_3 无法运行，主轴电机可以正常运行，K_2 接触器不得电	说明 K_2 线圈的供电回路中可能出现了断线、器件的损坏或接触不良 4 号线→SB_3 常开触点→7 号线→K_2 线圈→0 号线	7 号线开路 SB_3 常开触点无法闭合 K_2 线圈开路
5	按下 SB_2 主轴电机启动合上 SA_1，与正常状态对比发现：冷却泵电机无法启动	说明 K_1 线圈的供电回路中可能出现了断线、器件的损坏或接触不良 4 号线→SA_1 常开→8 号线→KM 常开触点→9 号线→K_1 线圈→0 号线	8 号线开路 KM 常开触点损坏无法闭合 K_1 线圈开路

1.2.4.3　照明、信号指示电路故障分析

本系统在照明信号指示电路设置 7 个故障，各故障现象、查找方法分析和故障点见表 1-4。

表 1-4　照明、信号指示电路故障分析

编号	故障运行现象	分析故障可能的原因	实际故障检测点
1	电机控制回路正常工作，合上 SA_2 照明灯不亮	检查照明灯 EL 回路，例如：电源供电、断线现象、器件的损坏、接触不良 测量 TC 24V 输出电压，即 0 号线和 101 号线之间交流输出电压 TC→101 号线→FU_4→102 号线→SA_2 常开→103 号线→EL→0 号线→TC	FU_4 熔断器熔断或开路 SA_2 常开触点无法闭合 EL 灯损坏 TC 24V 无交流电压输出
2	电机控制回路正常工作，信号指示灯不亮	检查信号指示灯 HL 回路 测量 TC 6V 输出电压，即 0 号线和 201 号线之间交流输出电压 TC→201 号线→FU_3→202 号线 HL→0 号线→TC	202 号线断线 FU_3 熔断器熔断或开路 HL 指示灯损坏

1.2.5　典型故障分析查找案例

（1）合上电源 QS，HL 信号指示灯亮。闭合 SA_2，EL 设备照明灯亮，按下 SB_2，KM 线圈不吸合，主轴电动机不启动。

1）故障分析。合上电源 QS，HL 信号指示灯亮。闭合 SA_2，EL 设备照明灯亮，说明电源变压器一次侧供电正常，唯独按下 SB_2，KM 线圈不吸合，导致主轴电动机不启动。所以，控制线路电气故障范围是 KM 线圈回路（TC→1 号线→FU_2→2 号线→FR_1 常闭触点→3 号线→FR_2 常闭触点→4 号线→SB_1 常闭触点→5 号线→SB_2 常开触点→6 号线→KM 线圈→0 号线→TC）中的线路或者器件存在故障，如图 1-16 实线部分所示。

2）故障检查排除。合上 QS，用万用表交流电压挡测量 TC 二次侧 0 号和 1 号之间交流输出电压。若 TC 二次侧无电压输出则故障为 TC 二次侧损坏，应断电进行修理或

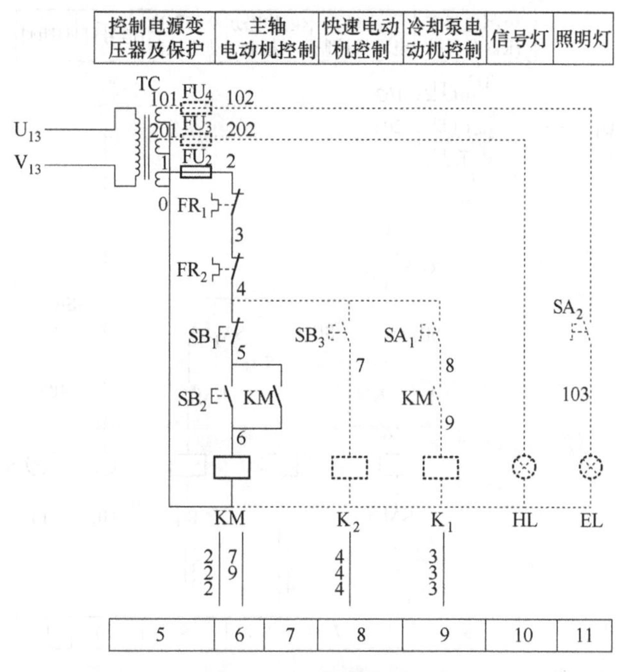

图 1-16　KM 线圈回路

更换变压器后，再次通电检测，确认故障排除恢复设备正常工作。若 TC 二次侧有交流 110V 电压输出，此时应断开电源，按回路元器件顺序用万用表电阻挡依次测量 1 号线、2 号线、3 号线、4 号线、5 号线、6 号线、0 号线以及 FU_2、FR_1 常闭触点、FR_2 常闭触点、SB_1 常闭触点、SB_2 常开触点、KM 线圈。如果测量出现电阻阻值为无穷大，说明该测量点导线或元器件有断路（断线、触点接触不良、线圈断路）故障，应予以更换或修理。

（2）合上电源 QS，闭合 SA_2，EL 设备照明灯亮，按下 SB_2，KM 线圈吸合，主轴电机启动，合上 SA_1，K_1 线圈不吸合，冷却泵电机不工作。

1）故障分析。合上电源 QS，闭合 SA_2，EL 设备照明灯亮，按下 SB_2，KM 线圈吸合，主轴电机启动，说明电源、控制变压器都正常工作，并且主轴电机控制电路回路无故障，唯独合上 SA_1，K_1 线圈不吸合，导致冷却泵电机不工作。所以，控制线路电气故障范围是 K_1 线圈回路（4 号线→SA_1 常开触点→8 号线→KM 常开触点→9 号线→K_1 线圈→0 号线）中的线路或者器件存在故障，如图 1-17 中实线部分所示。

2）故障检查排除。断开电源，按回路元器件顺序用万用表电阻挡依次测量 4 号线、8 号线、9 号线、0 号线以及 SA_1 常开触点、KM 常开触点和 K_1 线圈，如果测量出现电阻为无穷大，这说明该测量点导线或元器件有断路（断线、触点接触不良、线圈断路）故障，应予以更换或修理。

（3）主轴电机 M_1 启动后不能停止。

1）故障分析。根据电气原理电路分析，按下按钮 SB_1，接触器 KM 线圈回路失电，停止主轴电机工作。所以控制线路电气故障范围停止按钮 SB_1 回路（4 号线→SB_1 常闭触点→5号线）中的线路或者器件存在故障，如图 1-18 中实线部分所示。

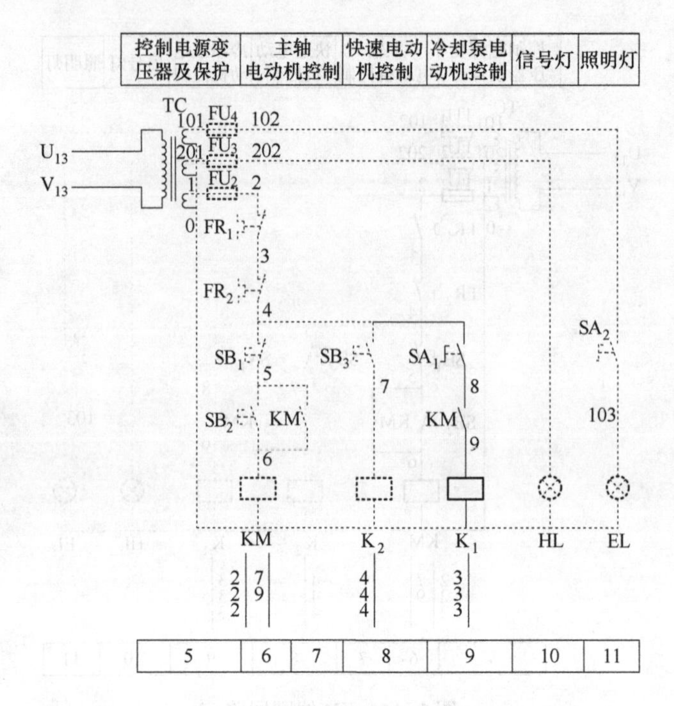

图 1-17　K_1 线圈不吸合电路

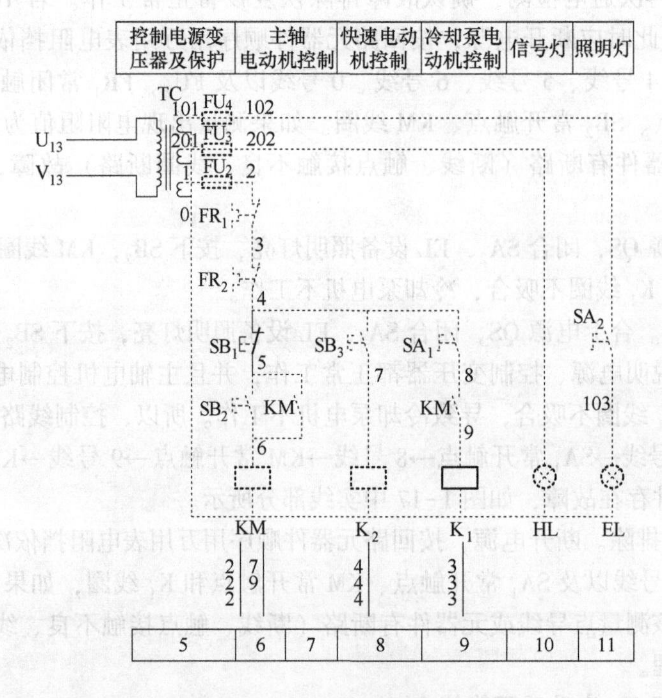

图 1-18　主轴电机不停止电路

2）故障检查排除。断开电源，使用万用表电阻挡检测 SB_1 常闭触点。如果测量电阻阻值为零，按钮常闭无法分断，说明该器件已损坏，应予以修理或更换。

这里需指出，若用以上方法检测发现都无故障，此时应考虑是否由于机床的长期工作引起的接触器故障，如KM接触器主触头熔焊，导致主轴电机无法停止，或者由于接触器铁心端面上有油垢黏连，导致接触器无法及时分断。此时可以通过分断电源QS观察KM接触器是否释放，若KM无法释放，则故障为接触器主触头熔焊；若KM延迟一段时间释放，则故障为铁心端面存有油垢。若遇到以上两种故障，建议直接更换交流接触器KM。

（4）合上电源QS，HL信号指示灯亮。闭合SA_2，EL设备照明灯不亮。

1）故障分析。合上电源QS，HL信号指示灯亮，说明变压器一次侧供电正常，且二次侧有6V电压输出。合上SA_2，EL照明灯不亮，说明控制线路电气故障范围是EL照明灯回路（TC→101号线→FU_4→102号线→SA_2常开触点→103号线→EL照明灯→0号线→TC）中的线路或者器件存在故障，如图1-19中实线部分所示。

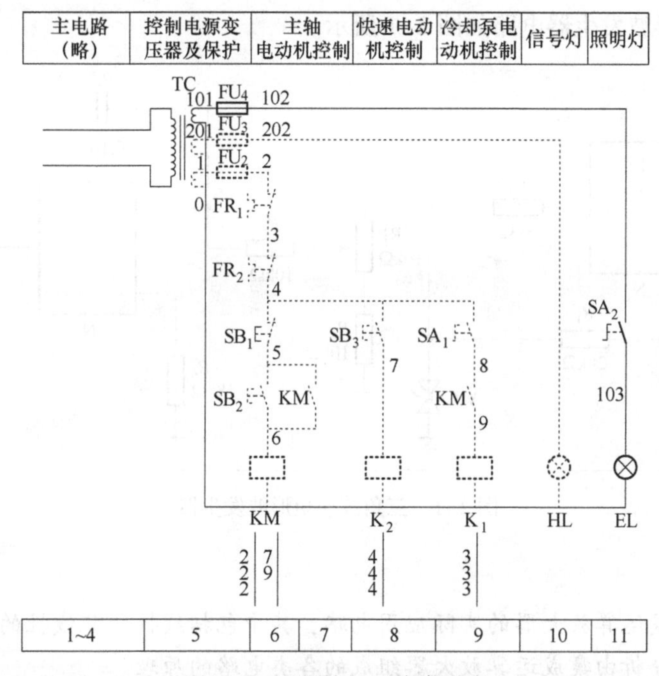

图1-19 照明灯EL故障回路

2）故障检查排除。合上QS，用万用表交流电压挡测量TC二次侧0号线和101号线之间交流输出电压。若TC二次侧无电压输出，则故障为TC二次侧损坏，应断电后修理或更换变压器。若TC二次侧有交流24V电压输出，此时应断开电源，按回路元器件顺序用万用表电阻挡依次测量101号线、102号线、103号线和0号线以及FU_4、SA_2常开触点，EL照明灯，如果测量出现电阻阻值为无穷大，说明该测量点导线或元器件有断路（断线、触点接触不良、灯泡断路）故障，应予以更换或修理。

2 电子线路安装与调试

2.1 三角波、矩形波发生器电路安装与调试

2.1.1 课题分析

三角波、矩形波发生器电路如图 2-1 所示。

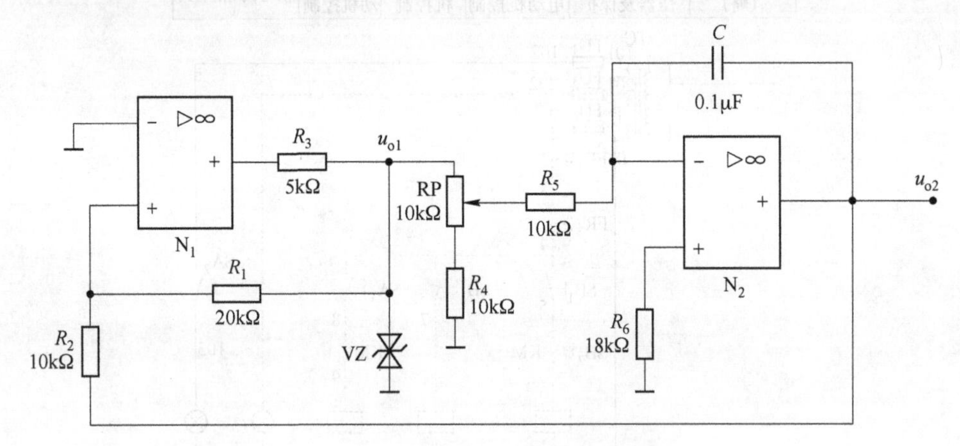

图 2-1 三角波、矩形波发生器

课题目的

(1) 掌握集成运算放大器的实际应用电路，其中包括线性和非线性的应用。

(2) 理解、分析由集成运算放大器组成的各类电路的原理。

(3) 会使用各种仪器仪表，能对电路中的关键点进行测试，并对测试数据进行分析、判断。

课题重点

(1) 能够阅读、分析三角波、矩形波发生器线路图，并进行三角波、矩形波发生器线路的安装接线。

(2) 能进行三角波、矩形波发生器线路的通电调试，正确使用示波器测量绘制波形。

课题难点

(1) 完成图 2-1 中运放 N_1 部分电路的接线，在运放 N_1 的输入端 (R_2 前) 输入频率为 50Hz、峰值为 6V 的正弦波，用双踪示波器测量并同时显示输入电压及输出电压 u_{o1} 的波形，记录传输特性。

(2) 完成全部电路的接线，用双踪示波器测量输出电压 u_{o1} 及 u_{o2} 的波形，并记录波形，在波形图中标出波形的幅度和锯齿波电压上升及下降的时间，计算频率。

(3) 三角波、矩形波发生器线路的故障分析与排除故障。

2.1.2 三角波、矩形波发生器工作原理分析

2.1.2.1 运算放大器

集成运算放大器的输入级有两个输入端，其中一个输入端与输出端的相位相同，称同相输入端，用“+”表示；另一个输入端与输出端的相位相反，称反相输入端，用“-”表示。运算放大器符号如图 2-2 所示。

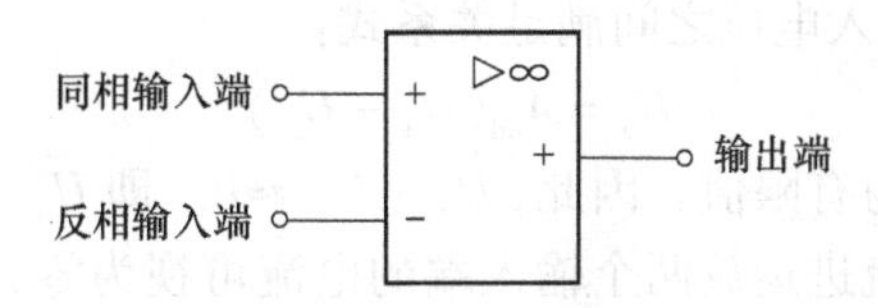

图 2-2 运算放大器符号图

运算放大器均采用集成电路构成，集成运算放大器电路品种繁多，型号也很多，在一块集成芯片上可以集成 2 个、4 个或更多个运算放大器。在使用集成运算放大器前，必须先掌握集成芯片引出引脚的功能。如型号为 NE5532 的芯片、4558 的芯片为双运放集成电路，它的引出引脚功能与运放器电路对应关系如图 2-3 所示，其中图 2-3（a）为引脚分布图，图 2-3（b）为双运算放大器实物照片图。型号为 LM324 的芯片为四运放集成电路，它的引出引脚功能与运放器电路对应关系如图 2-4 所示。

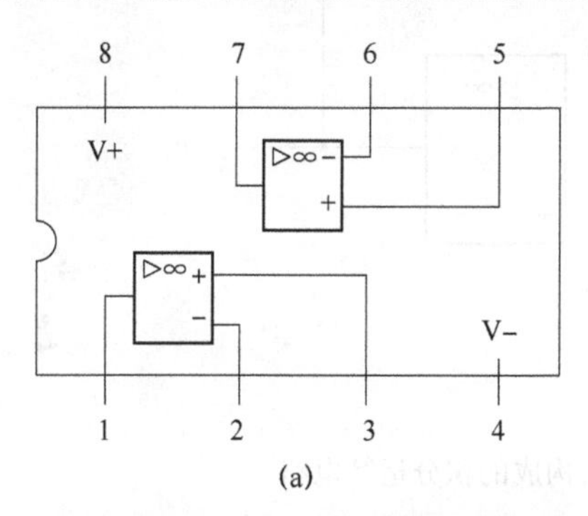

图 2-3 双运放

（a）引脚分布图；（b）实物图

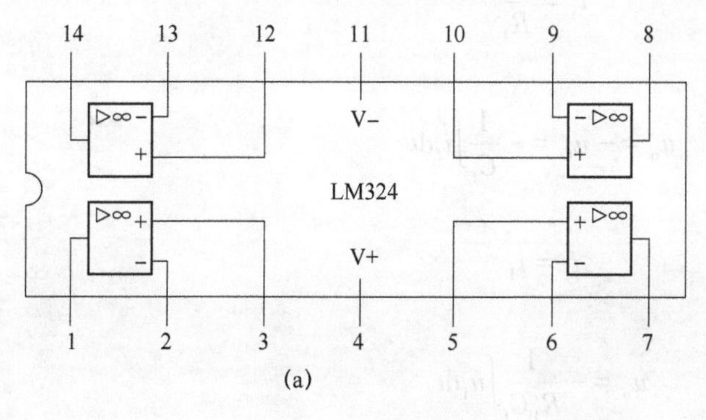

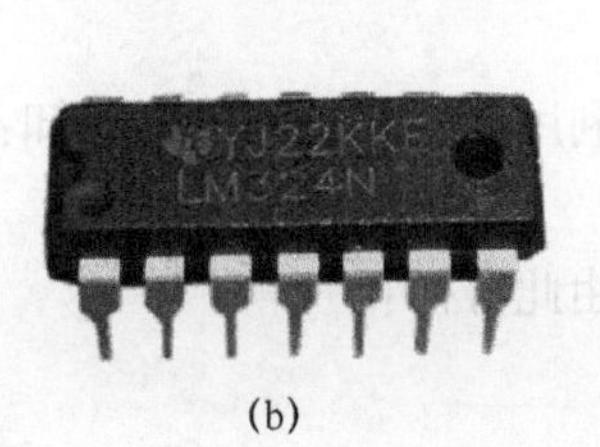

图 2-4 四运放

（a）引脚分布图；（b）实物图

理想运算放大器特性：

在大多数情况下，将运算放大器视为理想运算放大器，就是将运算放大器的各项技术指标理想化，满足下列条件的运算放大器称为理想运算放大器。

开环电压增益 $A_{ud}=\infty$；输入阻抗 $r_i=\infty$；输出阻抗 $r_o=0$；带宽 $f_{BW}=\infty$；失调与漂移均为零等。

理想运算放大器在线性应用时的两个重要特如下。

（1）输出电压 U_o 与输入电压之间满足关系式：

$$U_o=A_{ud}(U_+-U_-)$$

由于 $A_{ud}=\infty$，而 U_o 为有限值，因此，$U_+-U_-\approx 0$。即 $U_+\approx U_-$，称为“虚短”。

（2）由于 $r_i=\infty$，故流进运放两个输入端的电流可视为零，称为“虚断”。这说明运算放大器对其前级吸取电流极小。

上述两个特性是分析理想运算放大器应用电路的基本原则，可用于简化运算放大器电路的计算。

2.1.2.2　运算放大器构成的积分电路

运算放大器构成的积分运算电路如图 2-5 所示。

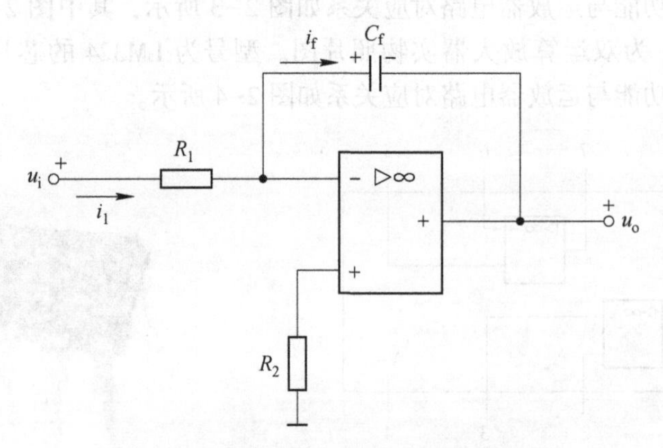

图 2-5　运算放大器构成的积分运算电路

利用“虚短”概念，由于运算放大器+端直接经 R_2 电阻接地，因此 $U_-\approx U_+=0$，可知：

$$i_1=\frac{u_i}{R_1}$$

此时输出电压 u_o：

$$u_o=-u_C=-\frac{1}{C_f}\int i_f\mathrm{d}t$$

利用“虚断”概念，可知：

$$i_f=i_1$$

由此可得：

$$u_o=-\frac{1}{R_1C_f}\int u_i\mathrm{d}t$$

上式表明 u_o 与 u_i 的积分成比例，式中的负号表示两者相反。R_1C_f 为积分时间常数。

当输入信号 u_i 为阶跃电压时，则：

$$u_o = -\frac{U_i}{R_1 C_f} t$$

其输入输出波形关系如图 2-6 所示。

2.1.2.3 运算放大器构成的滞回比较器

图 2-7 所示是运算放大器构成的滞回比较器。

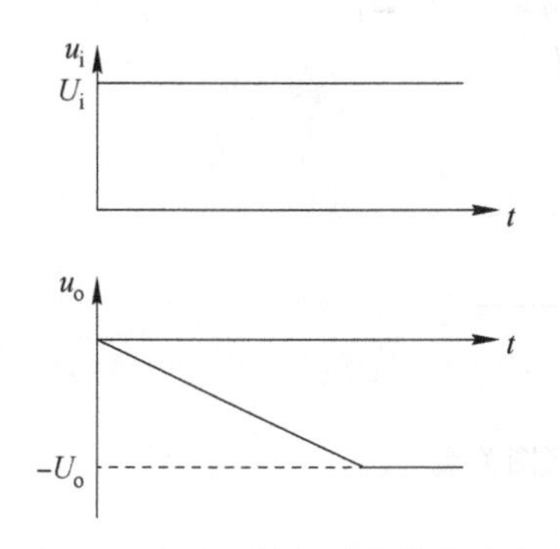

图 2-6 积分运算电路的阶跃响应

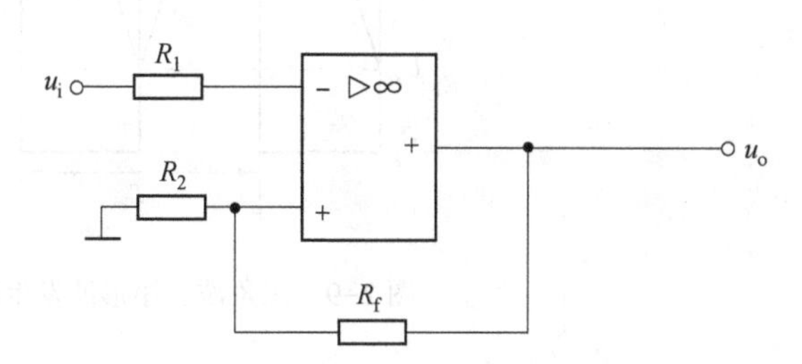

图 2-7 运算放大器构成的滞回比较器

输入电压 u_i 加到反相输入端通过电阻 R_f 联到同相输入端以实现正反馈。当输出电压为 $u_o = +U_o$ 时：

$$u_+ = U'_+ = \frac{R_2}{R_2 + R_f} U_o$$

当输出电压为 $u_o = -U_o$ 时：

$$u_+ = U''_+ = -\frac{R_2}{R_2 + R_f} U_o$$

设某一瞬间 $u_o = +U_o$，当输入电压 u_i 增大到 $u_i \geqslant U'_+$ 时，输出电压 u_o 转变为 $-U_o$，发生负向跃变。当输入电压 u_i 减小到 $u_i \leqslant U''_+$ 时，输出电压 u_o 转变为 $+U_o$，发生正向跃变。如此周而复始，随输入电压 u_i 的大小变化，输出电压 u_o 为一矩形电压。滞回比较器的传输特性如图 2-8 所示。

滞回比较器引入电压正反馈后能加速输出电压的转变过程，改善输出波形在跃变时的陡度，同时具有回差，提高了电路的抗干扰能力。

2.1.2.4 三角波发生器工作原理

如图 2-1 所示，图中由运算放大器 N_1 组成一个滞回特性比较器，输出矩形波。图中 VZ 为双向稳压管，对 u_{o1} 输出的电压进行双向限幅。运算放大器 N_2 组成一个积分器，输出三角波。比较器输出的矩形波经积分器积分可得到三角波，三角波又触发比较器自动翻转形成矩形波，这样即可构成三角波、矩形波发生器。图 2-9 为三角波、矩形波发生器输出波形图关系。

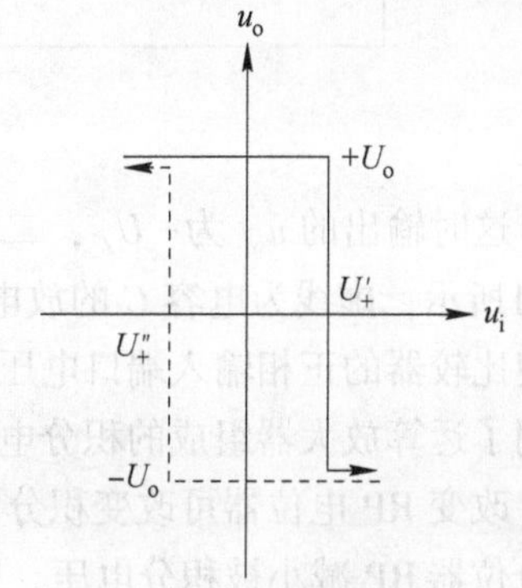

图 2-8 滞回比较器的传输特性

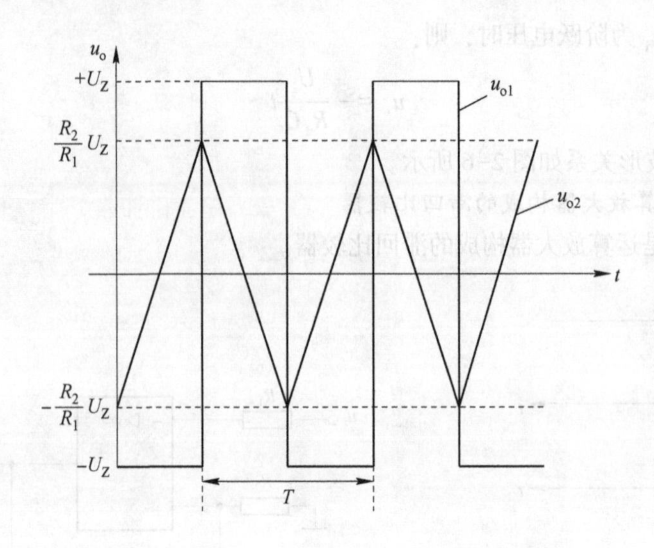

图 2-9 三角波、矩形波发生器输出波形图关系

设比较器在初始时输出电压为正电压 U_Z，这时电压通过电位器 RP 与电阻 R_5 和对积分器电容 C 进行充电，如图 2-10 所示，虚线为电容 C 的充电电流。积分器的输出为线性下降负电压，积分器输出负电压 u_{o2} 通过电阻 R_2；比较器输出正电压经限幅后的 u_{o1} 为 U_Z 通过电阻 R_1；在比较器的正相输入端进行叠加，叠加后，当比较器的正相输入端口电压小于零时，比较器输出翻转。

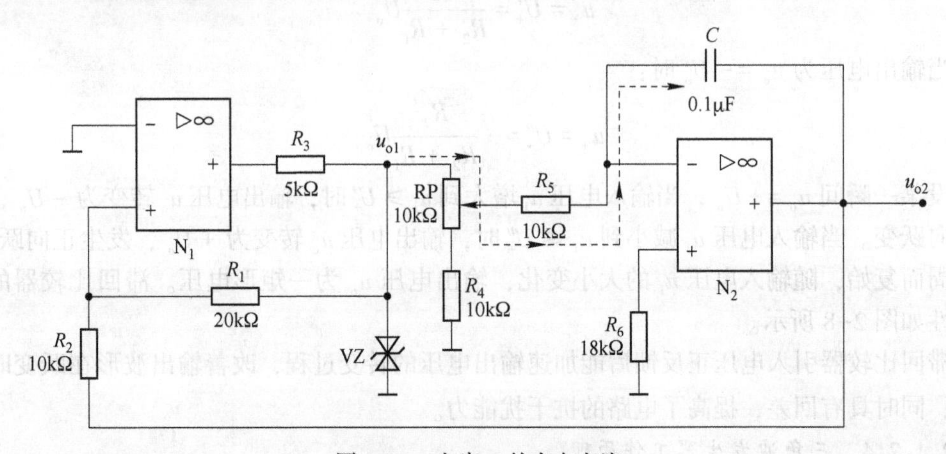

图 2-10 电容 C 的充电电流

这时输出的 u_{o1} 为 $-U_Z$，二极管反向截止，积分器电容通过电阻 R_6 进行放电，如图 2-11所示，虚线为电容 C 的放电电流。此时的积分器输出电压 u_{o2} 上升，当上升到一定数值使比较器的正相输入端口电压大于零时，比较器输出再次翻转，输出正电压。同时由于采用了运算放大器组成的积分电路，因此可实现恒流充电，使三角波线性大大改善。

改变 RP 电位器可改变积分电路的输入电压值，可以改变输出三角波的频率。例如调节电位器 RP 减小被积分电压，则积分输出电压 u_{o2} 使比较器同相端输入电压为零所需时间增加，造成电路输出频率降低。

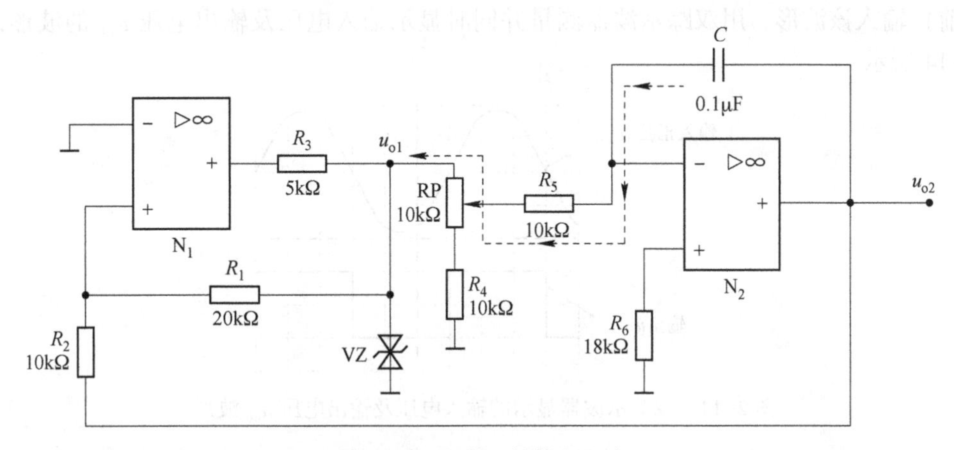

图 2-11　电容 C 的放电电流

2.1.3　三角波、矩形波发生器安装调试步骤及实测波形记录

（1）以图 2-12 所示电路为电压跟随器电路，可利用该电路测试运算放大器好坏。如输出能跟随输入变化，则说明该运放完好，否则说明该运放损坏。对于有运算放大器的电路中，在安装之前都需要对运算放大器进行测试以确定能否正常使用。

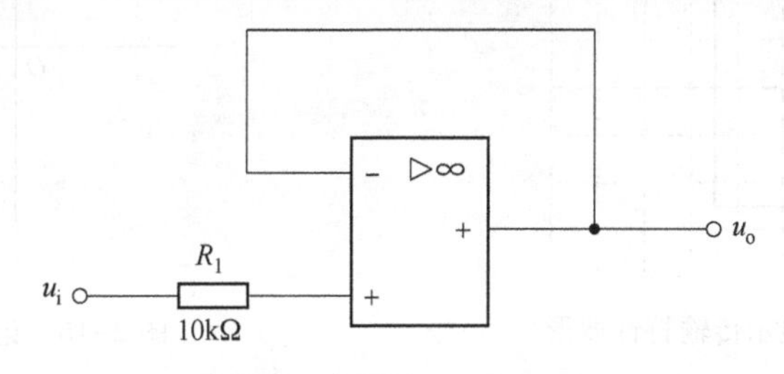

图 2-12　电压跟随器

（2）完成如图 2-13 所示，运放 N_1 部分电路的接线。

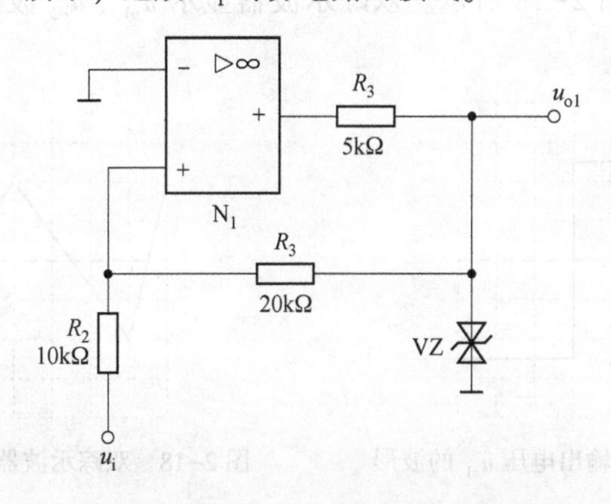

图 2-13　运放 N_1 部分电路的接线图

（3）通过函数发生器产生频率为 50Hz、峰值为 6V 的正弦波，在运放 N_1 的输入端

(R_2 前）输入该波形，用双踪示波器测量并同时显示输入电压及输出电压 u_{o1} 的波形，如图 2-14 所示。

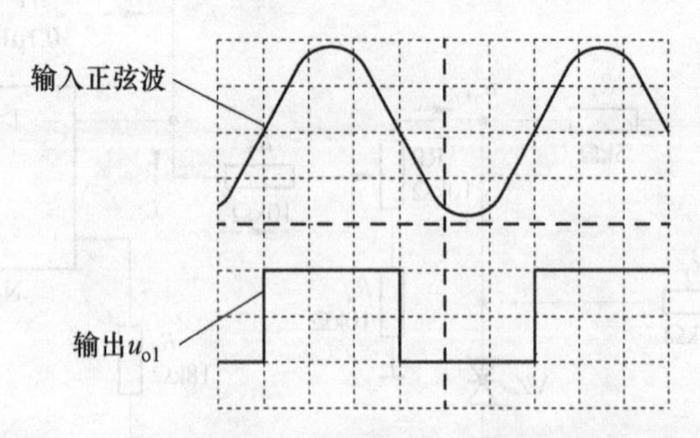

图 2-14 双踪示波器显示的输入电压及输出电压 u_{o1} 波形

(4) 按下双踪示波器“X-Y”键，测量显示传输特性如图 2-15 所示。在图 2-16 中记录传输特性。

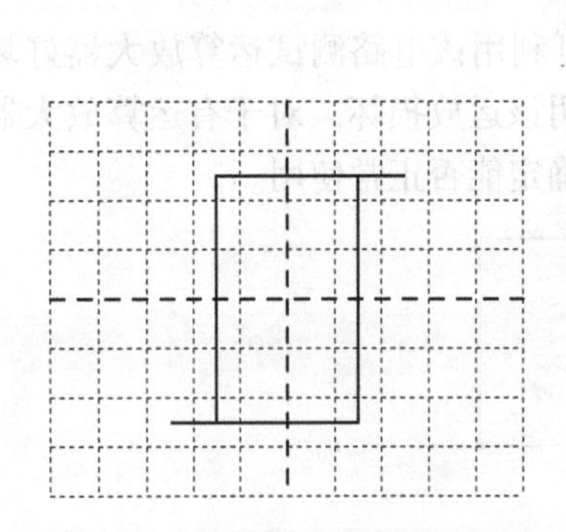

图 2-15 测量显示传输特性波形

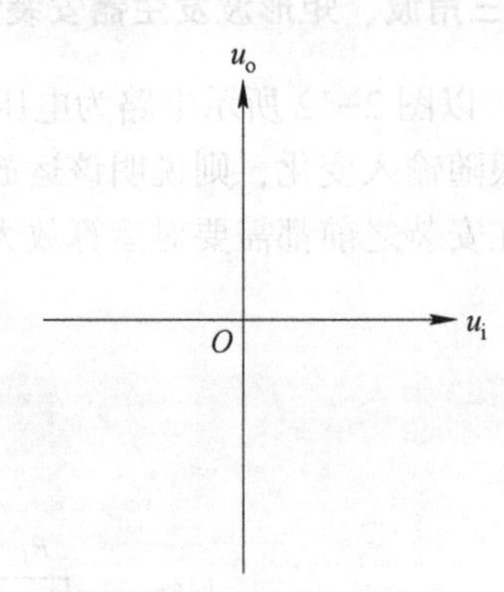

图 2-16 记录传输特性

(5) 完成全部电路的接线，用双踪示波器测量输出电压 u_{o1} 的波形如图 2-17 所示，输出电压 u_{o2} 的波形如图 2-18 所示。双踪示波器显示 u_{o1}、u_{o2} 波形对应关系如图 2-19 所示。

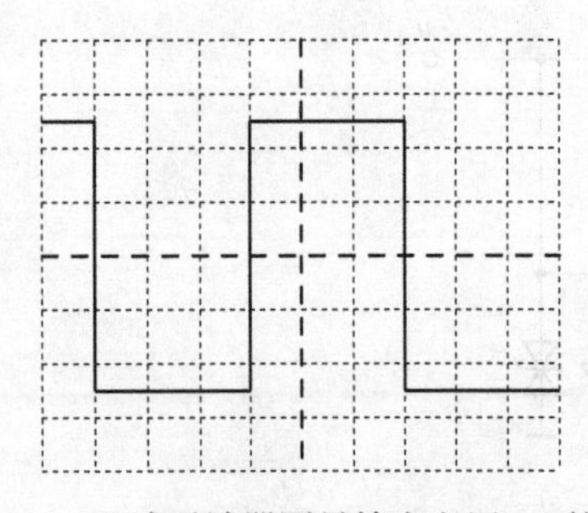

图 2-17 双踪示波器测量输出电压 u_{o1} 的波形

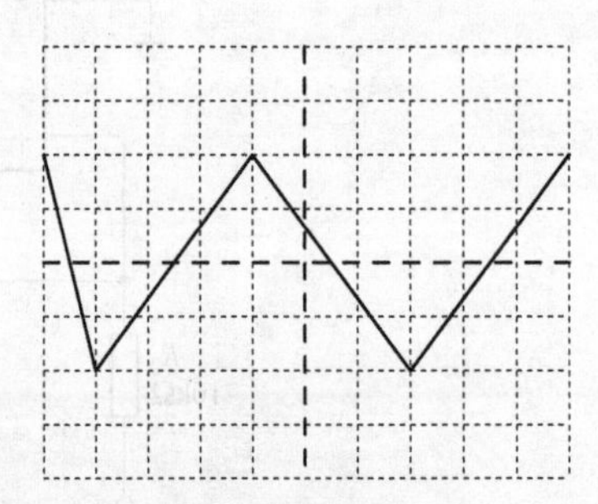

图 2-18 双踪示波器测量输出电压 u_{o2} 的波形

(6) 记录输出电压 u_{o1}、u_{o2} 波形，如图 2-19 所示。其频率 $f=\frac{1}{T}$。

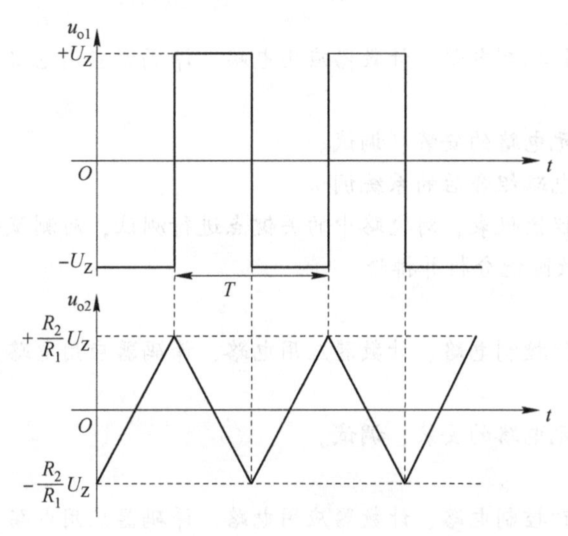

图 2-19　记录输出电压 u_{o1}、u_{o2} 波形

（7）调节电位器 RP，观察输出电压 u_{o2} 的波形有何变化，记录周期调节范围。

2.2　单脉冲顺序控制电路安装与调试

2.2.1　课题分析

单脉冲控制移位寄存器电路如图 2-20 所示。

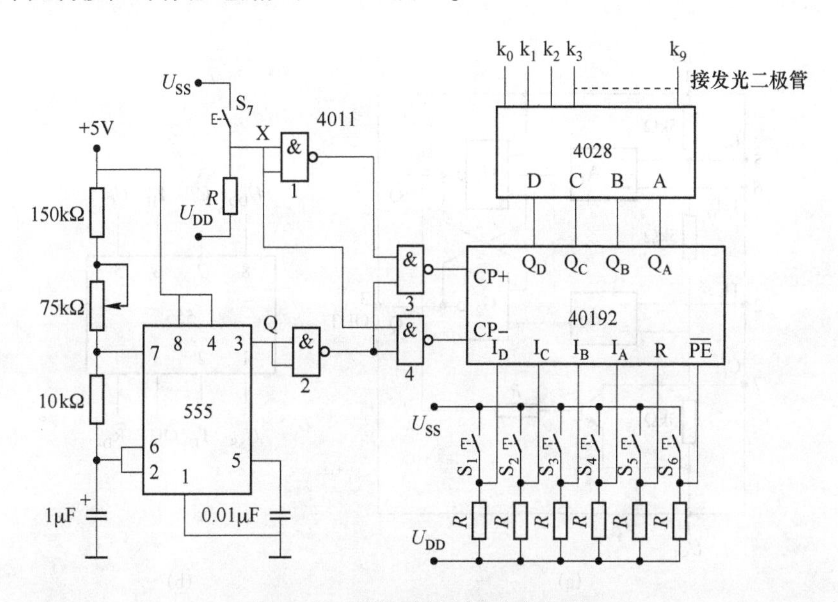

图 2-20　单脉冲控制移位寄存器

课题目的

（1）掌握集成电路的实际应用电路，本课题涉及 4011、40192、4028、555 等 CMOS

集成芯片的实际应用。

（2）能分析由按钮控制电路、计数器应用电路、译码器应用电路、多谐振荡器各单元电路的原理。

（3）掌握上述单元电路的安装、调试。

（4）掌握各单元电路组合后的系统调试。

（5）能使用各种仪器仪表，对电路中的关键点进行测试，对测试的数据进行分析、判断，对电路中设置的故障能分析并排除。

课题重点

（1）能分析由按钮控制电路、计数器应用电路、译码器应用电路、多谐振荡器各单元电路的原理。

（2）掌握上述单元电路的安装、调试。

课题难点

（1）能分析由按钮控制电路、计数器应用电路、译码器应用电路、多谐振荡器各单元电路的原理。

（2）掌握各单元电路组合后的系统调试。

（3）能使用各种仪器仪表，对电路中的关键点进行测试，对测试的数据进行分析、判断，对电路中设置的故障能分析并排除。

2.2.2　各单元电路的工作原理

2.2.2.1　555时基集成电路构成的多谐振荡器

555集成电路内部电路方框图和各引脚图如图2-21所示。各引脚功能见表2-1。

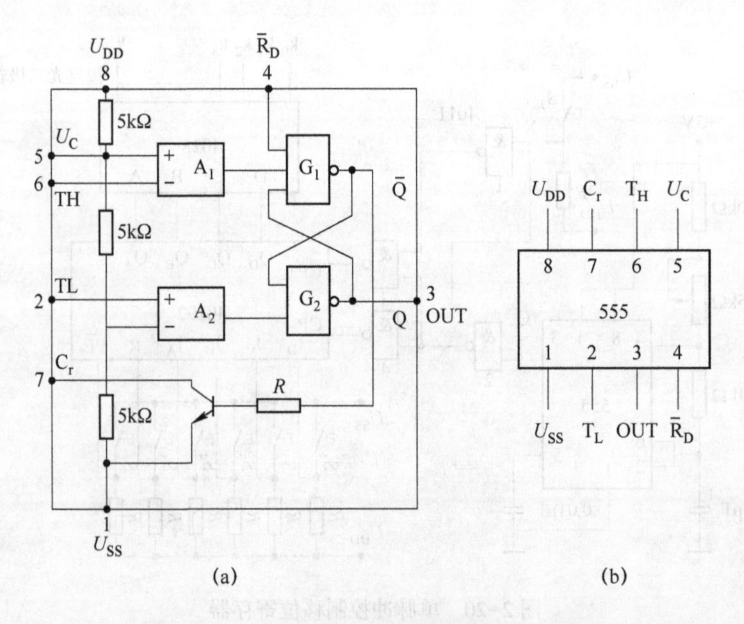

图2-21　555电路的内部电路方框图及引脚图

（a）内部方框图；（b）引脚图

表 2-1 555 时基集成电路引脚功能

引脚号	名称	功能
1	U_{SS}	接地端
2	TL	低电平触发输入端
3	OUT	输出端输出电流 200mA，可直接驱动发光二极管、继电器、扬声器等，输出电压“1”时约为 U_{DD}；输出电压“0”时为零电平
4	$\overline{R}_D$	电压控制复位端，输入负脉冲或其电位低于 0.7V 直接复位置“0”
5	U_C	抗干扰端，用于改变上、下触发电平值，通常用 0.01μF 电容接地，可以防止干扰脉冲引入
6	TH	高电平触发输入端
7	C_r	放电端
8	U_{DD}	电源端，可在 5~18V 范围内使用

555 电路内部方框图含有两个电压比较器，一个基本 RS 触发器，一个放电开关管 T，比较器参考电压由三只 5kΩ 电阻器构成的分压器提供。它们分别使高电平比较器 A_1 的同相输入端和低电平比较器 A_2 的反相输入端的参考电平为 $\frac{2}{3}U_{DD}$ 和 $\frac{1}{3}U_{DD}$。A_1 与 A_2 的输出端控制 RS 触发器状态和放电管开关状态。当输入信号自 6 脚输入，即高电平触发输入并超过参考电平 $\frac{2}{3}U_{DD}$ 时，触发器复位，输出端 3 脚输出低电平，同时放电开关管导通；当输入信号自 2 脚输入并低于 $\frac{1}{3}U_{DD}$ 时，触发器置位，3 脚输出高电平，同时放电开关管截止。$\overline{R}_D$ 是复位端（4 脚），当 $\overline{R}_D=0$，输出低电平，平时 $\overline{R}_D$ 端开路或接 U_{DD}。

多谐振荡器是一种无稳态电路，该电路通电后，不需要外加触发信号，能自动产生周期性矩形波信号输出。由于矩形波中含有谐波分量很多，所以又称为多谐振荡器。多谐振荡器不具有稳态，仅有两个暂态，且两个暂态的时间长短由电路定时元件的数值来确定。

图 2-22（a）所示的电路是一个由 555 定时器和外接元件 R_1、R_2、C 构成的多谐振荡器，其 2 脚与 6 脚直接相连，电路没有稳态，仅存在两个暂稳态，电路也不需要外加触发信号，利用电源通过 R_1、R_2 向 C 充电，以及 C 通过 R_2 向放电端 C_t 放电，使电路产生振荡。电容 C 在 $\frac{1}{3}U_{DD}$ 和 $\frac{2}{3}U_{DD}$ 之间充电和放电，其波形如图 2-22（b）所示。输出信号的时间参数：

$$T = T_1 + T_2$$
$$T_1 = 0.7(R_1 + R_2)C$$
$$T_2 = 0.7R_2C$$
$$T = 0.7(R_1 + 2R_2)C$$

555 电路要求 R_1 与 R_2 大于或等于 1kΩ，且 R_1+R_2 应小于或等于 3.3MΩ。外部元件的稳定性决定了多谐振荡器的稳定性，其定时器配以少量的元件即可获得较高精度的振荡频率和较强的功率输出能力。因此，这种形式的多谐振荡器应用很广。

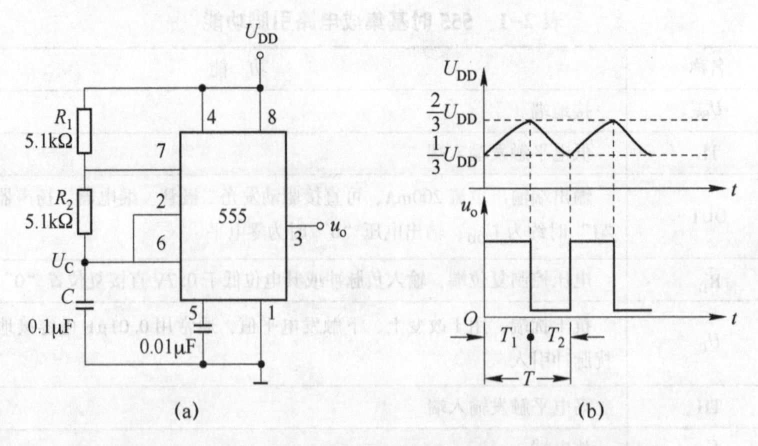

图 2-22 555 集成电路组成的多谐振荡器及输出波形图

（a）多谐荡器；（b）波形图

如图 2-23 所示，该电路为输出频率在一定范围内可调的多谐振荡器。图中的电阻 75kΩ 和可变电阻 150kΩ 之和相当于原理图中的 R_1，电阻 10kΩ 相当于 R_2。

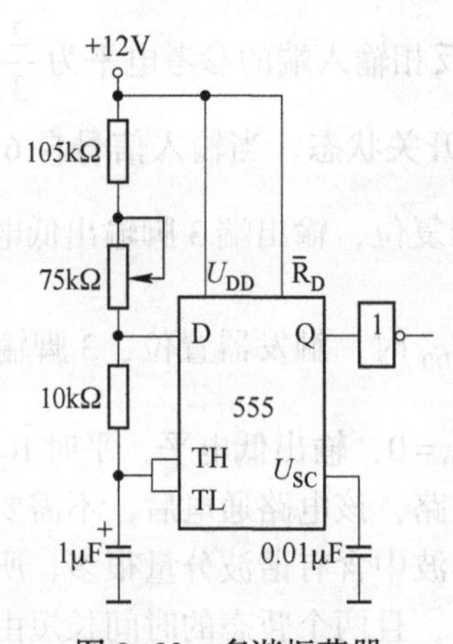

图 2-23 多谐振荡器

该多谐振荡器的频率调节范围：

$$f_1 = \frac{1}{0.7 \times (75 + 150 + 2 \times 10) \times 1 \times 10^{-3}} \approx 5.8\text{Hz}$$

$$f_2 = \frac{1}{0.7 \times (150 + 2 \times 10) \times 1 \times 10^{-3}} \approx 8.5\text{Hz}$$

通过上式计算可得：图 2-23 所示的振荡器电路的频率可调范围为 5.8~8.5Hz。

2.2.2.2 CC40192 同步十进制可逆计数器

CC40192 是同步十进制可逆计数器，具有双时钟输入、清除和置数等功能，其引脚排列及逻辑符号如图 2-24 所示。

CC40192（同 74LS192，两者可互换使用）的功能见表 2-2。

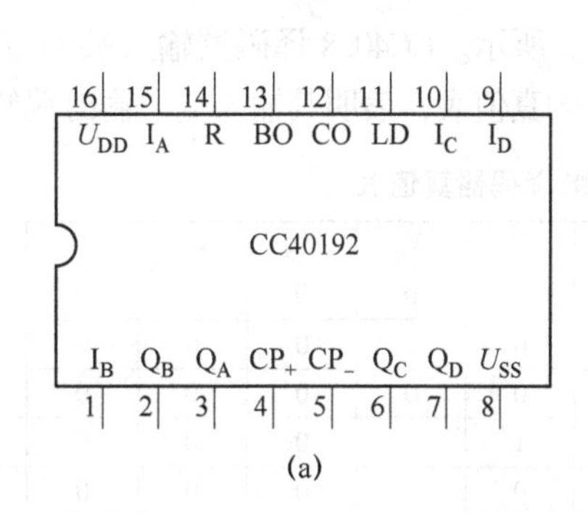

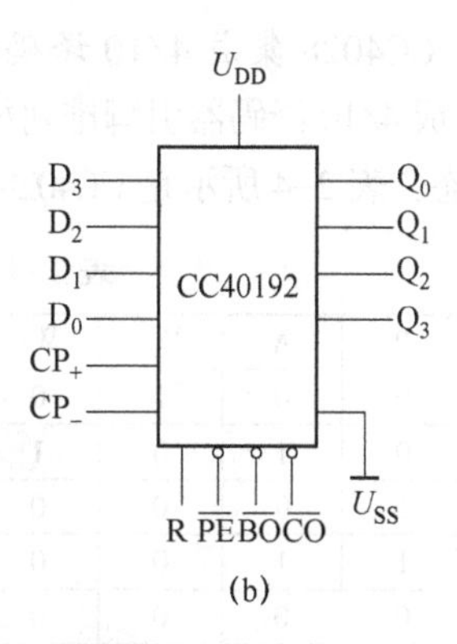

图 2-24 CC40192 引脚排列及逻辑符号

（a）引脚排列；（b）逻辑符号

$\overline{PE}$—置数端；CP_+—加计数端；CP_-—减计数端；$\overline{CO}$—非同步进位输出端；$\overline{BO}$—非同步借位输出端；R—清零端；I_A，I_B，I_C，I_D—计数器置数输入端；Q_A，Q_B，Q_C，Q_D—数据输出端

表 2-2 CC40192 的功能

输入								输出			
R	$\overline{PE}$	CP_+	CP_-	I_D	I_C	I_B	I_A	Q_D	Q_C	Q_B	Q_A
1	×	×	×	×	×	×	×	0	0	0	0
0	0	×	×	d	c	b	a	d	c	b	a
0	1	↑	1	×	×	×	×	加计数			
0	1	1	↑	×	×	×	×	减计数			

当清除端 R 为高电平“1”时，计数器直接清零；R 置低电平，则执行其他功能。

当 R 为低电平，置数端 $\overline{PE}$ 也为低电平时，数据直接从置数端 I_A、I_B、I_C、I_D 置入计数器。

当 R 为低电平，$\overline{PE}$ 为高电平时，执行计数功能。在执行加计数时，减计数端 CP_- 接高电平，计数脉冲由 CP_+ 输入；在计数脉冲上升沿进行 8421 码十进制加法计数。在执行减计数时，加计数端 CP_+ 接高电平，计数脉冲由减计数端 CP_- 输入，表 2-3 为 8421 码十进制加、减计数器的状态转换表。

表 2-3 8421 码十进制加、减计数器的状态转换表

加法计数 →

输入脉冲数		0	1	2	3	4	5	6	7	8	9
置数输出	Q_D	0	0	0	0	0	0	0	0	1	1
	Q_C	0	0	0	0	1	1	1	1	0	0
	Q_B	0	0	1	1	0	0	1	1	0	0
	Q_A	0	1	0	1	0	1	0	1	0	1

← 减法计数

2.2.2.3 CC4028 集成 4/10 译码器

CC4028 集成 4/10 译码器引脚排列如图 2-25 所示。CC4028 译码器输入端的每一个状态对应一个输出状态，表 2-4 所示是 CC4028 译码器的真值表，表明其输入端与输出端的对应关系。

表 2-4 CC4028 译码器真值表

D	C	B	A	W_0	W_1	W_2	W_3	W_4	W_5	W_6	W_7	W_8	W_9
0	0	0	0	1	0	0	0	0	0	0	0	0	0
0	0	0	1	0	1	0	0	0	0	0	0	0	0
0	0	1	0	0	0	1	0	0	0	0	0	0	0
0	0	1	1	0	0	0	1	0	0	0	0	0	0
0	1	0	0	0	0	0	0	1	0	0	0	0	0
0	1	0	1	0	0	0	0	0	1	0	0	0	0
0	1	1	0	0	0	0	0	0	0	1	0	0	0
0	1	1	1	0	0	0	0	0	0	0	1	0	0
1	0	0	0	0	0	0	0	0	0	0	0	1	0
1	0	0	1	0	0	0	0	0	0	0	0	0	1

图 2-26 所示的是 4/10 译码器的应用接线图。由于 4/10 译码器每次输出只有一位是高电平，所以电路中只用一个限流电阻 R，计算公式：

$$R = \frac{U_{DD} - U_D}{I_D}$$

式中 I_D——发光二极管额定电流，mA；

U_D——发光二极管管压降，V。

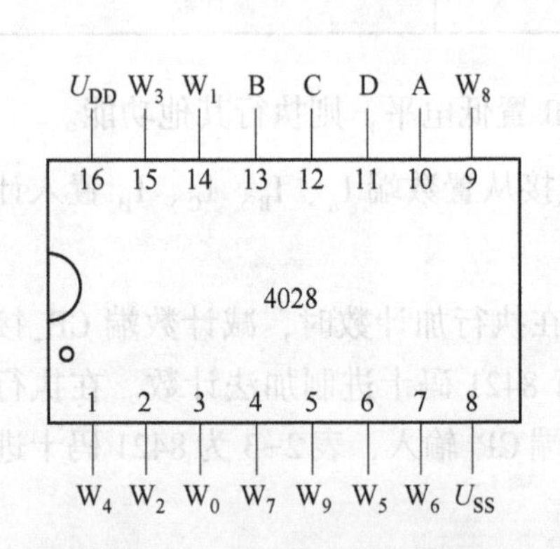

图 2-25 4/10 译码器引脚排列

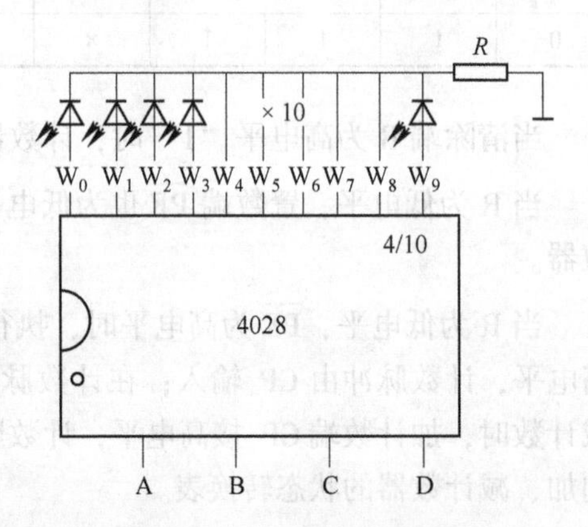

图 2-26 4/10 译码器接线图

例如，输入端的 ABCD=0000，则输出端 W_0 为高电平，其他输出端均为低电平；又如，输入端的 ABCD=1001，则输出端的 W_9 为高电平，其他输出端均为低电平。4/10 译码器的输出端通常与发光二极管相连，主要用来显示译码器的工作状态。

2.2.2.4 4011 与非门构成的顺序控制电路

顺序控制电路主要用于控制计数器加、减计数功能的转换。电路由一片 CC4011 组成，一片 CC4011 含有 4 个两端输入的与非门，其中 2 个与非门改接成非门，如图 2-27（a）所示。开关 S_{10} 可改变 1 号非门输入端的逻辑电平，假设某一时刻为“1”，即高电平，按与非门口诀“有 0 出 1”“全 1 出 0”，可得到图 2-27（b）标注的电平和脉冲波形图，这

时 CP_+为脉冲，CP_-为“1”高电平，可使计数器进入加法计数；当 S_{10}开关使 1 号非门输入端为低电平时，分析后得 CP_+为“1”，CP_-为脉冲，使计数器进入减法计数。图示电路起到计数器加、减计数功能的转换。

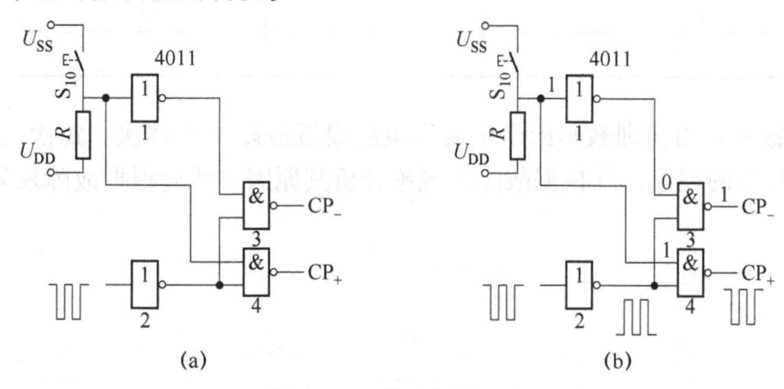

图 2-27 顺序控制电路

2.2.3 单脉冲顺序控制电路安装调试步骤及实测波形记录

（1）选择相关的集成芯片和电子元件、并判断其好坏。按实训电路原理图在实训装置进行线路的连接，先接振荡器线路。

（2）用示波器调试振荡器，为了便于测试，在调试时可提高频率，将电容器 1μF 换成 0.01μF（调试结束后把电容器再还回来）。

（3）按实训电路原理图中的计数器，译码，显示，包括预置数输入端 I_A、I_B、I_C、I_D、以及功能端 $\overline{PE}$，R 等进行接线。

（4）调试预制数功能，将 $\overline{PE}$ = “0”、R = “0”，拨动预制数开关，看预制数开关状态与数显示是否相符。

（5）将脉冲送入计数器的 CP_-，并将 CP+置“1”，调试计数器的减法功能。

（6）将线路完整进行总调试，先调试置数功能，然后再调试加、减法计数功能。

（7）断开振荡器与计数器之间的电路连接，用示波器测量并记录振荡电路输出波形的幅度以及周期的调节范围，并将测得波形图绘制在图 2-28 中，计算振荡频率（如波形无法稳定，可把振荡电容改为 0.01μF 测量，测完后再把电容复原）。

振荡频率 f=__________。

1）绘制振荡器输出波形：

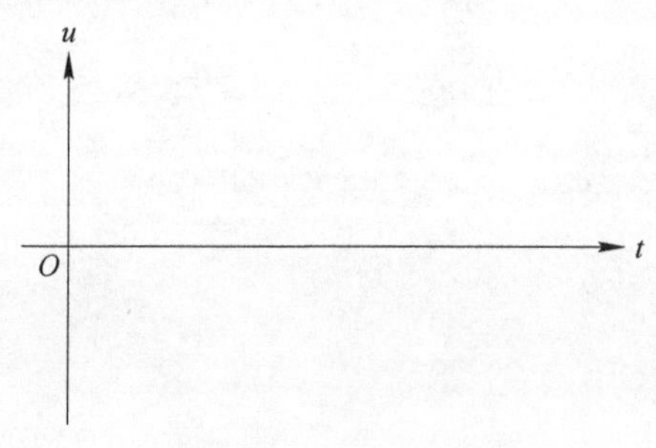

图 2-28 绘制波形

2）记录开关S_{10}取不同电位时，4011四个门的输出情况：

X	Y_1	Y_2	Y_3	Y_4
0				
1				

（8）排除故障：由实训教师给学生实训电路设置故障，共两次，每次出一个故障点，学生首先写出故障的现象，并根据故障的现象分析其原因，然后根据故障现象进行排除。

3 电力电子技术线路装调

3.1 带电感负载的三相半波可控整流电路

3.1.1 课题分析

带电感负载的三相半波可控整流电路如图 3-1 所示。

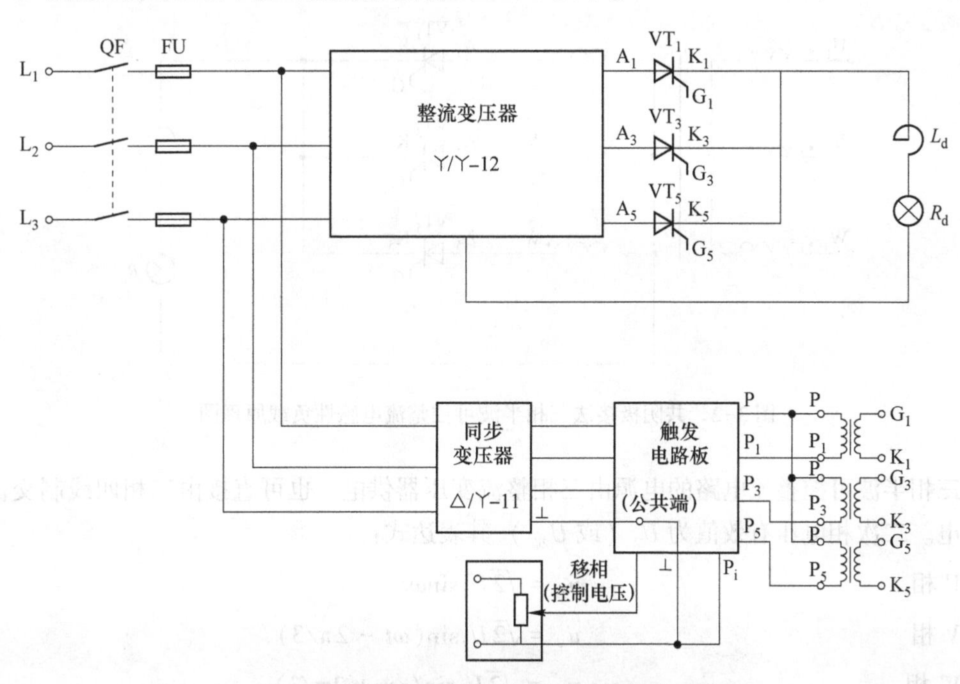

图 3-1 带电感负载的三相半波可控整流电路

课题目的

(1) 掌握带电感负载的三相半波可控整流电路的工作原理。

(2) 能够运用工作原理完成带电感负载的三相半波可控整流电路的分析。

(3) 会使用各种仪器仪表，能对电路中的关键点进行测试，并对测试波形进行分析、判断以及故障排除。

课题重点

(1) 能够阅读、分析带电感负载的三相半波可控整流电路线路图，并进行线路的安装接线。

(2) 能进行带电感负载的三相半波可控整流电路的通电调试，正确使用示波器测量绘制波形。

课题难点

（1）在独立完成电路接线的基础上，进行电路的调试，使电路能够正常稳定的工作。

（2）用双踪示波器测量并记录输出电压 u_d 和晶闸管 VT_1、VT_3、VT_5 两端的电压 u_{VT1}、u_{VT3} 和 u_{VT5} 的波形，根据测量的波形对电路的工作状态进行分析判断。

（3）能够根据电路的工作情况完成线路的故障分析与排除故障。

3.1.2 带电感负载的三相半波可控整流电路的工作原理

图 3-1 所示为三相半波可控整流电感性电路原理图。三相半波可控整流电路的接法有两种：共阴极接法和共阳极接法。图 3-2 中三个晶闸管 VT_1、VT_3、VT_5 的阴极接在一起，这种接法叫共阴极接法，由于共阴极接法的晶闸管有公共端，使用调试方便，所以共阴极接法三相半波电路常被采用。当电感 L_d 足够大，且满足 $\omega L_d \gg R_d$，称为大电感负载。

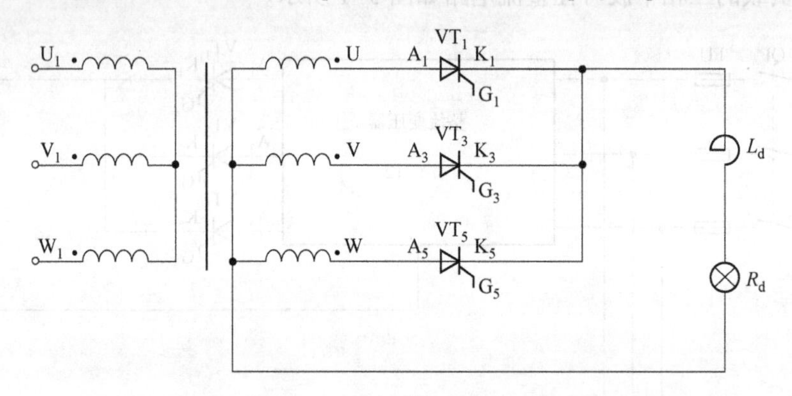

图 3-2 共阴极接法三相半波可控整流电感性负载原理图

三相半波可控整流电路的电源由三相整流变压器供电，也可直接由三相四线制交流电网供电。二次相电压有效值为 U_2（或 $U_{2\phi}$）其表达式：

U 相 $$u_U = \sqrt{2} U_2 \sin\omega t$$

V 相 $$u_V = \sqrt{2} U_2 \sin(\omega t - 2\pi/3)$$

W 相 $$u_W = \sqrt{2} U_2 \sin(\omega t + 2\pi/3)$$

三相电压的波形图如图 3-3 所示，图中的 1、3、5 交点为电源相电压正半波的相邻交点，称为自然换相点。也就是三相半波可控整流各相晶闸管移相控制角 α 的起始点，即 $\alpha = 0°$ 点。由于自然换相点距相电压原点为 30°，所以，触发脉冲距对应相电压的原点为 $30° + \alpha$。

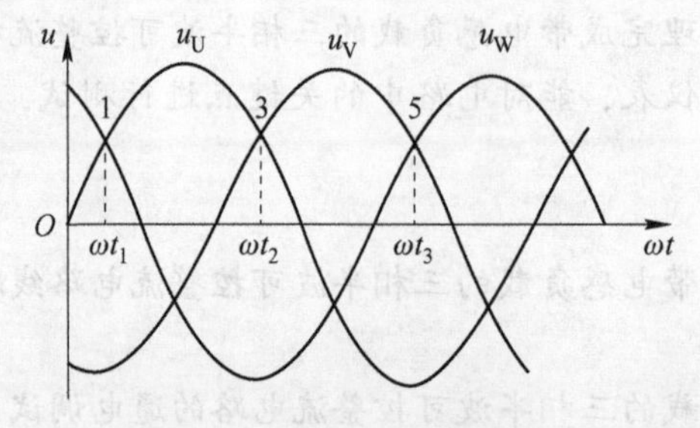

图 3-3 三相电压的波形图

3.1.2.1 $\alpha \leqslant 30°$时的波形分析

图3-4（a）和（b）所示为$\alpha=30°$的输出电压和晶闸管VT_1两端的理论波形。

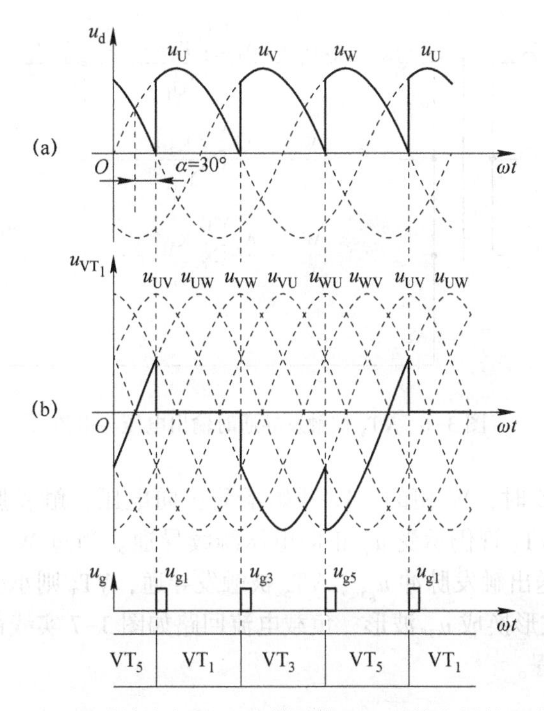

图3-4　$\alpha=30°$时输出电压u_d和晶闸管VT_1两端电压的理论波形

设电路已在工作，W相VT_5已导通，经过自然换相点1时，虽然U相VT_1开始承受正向电压，但触发脉冲u_{g1}尚未送到，VT_1无法导通，于是VT_5管仍承受u_W正向电压继续导通。当过U相自然换相点30°，即$\alpha=30°$时，触发电路送出触发脉冲u_{g1}，VT_1被触发导通，VT_5则承受反压u_{WU}而关断，输出电压u_d波形由u_W波形换成u_U波形，负载电流回路如图3-5实线部分所示。

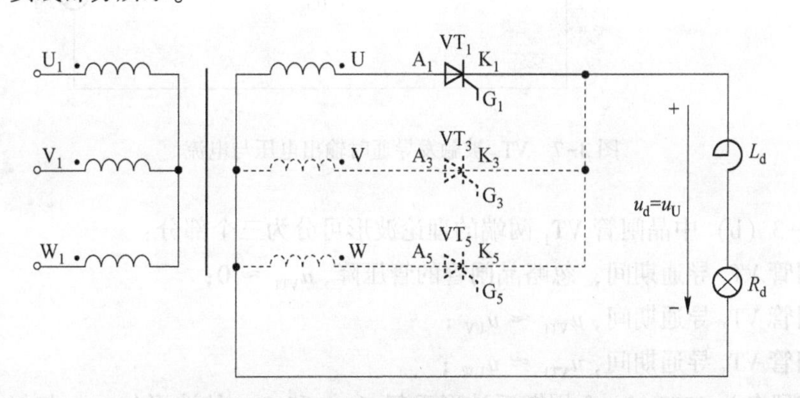

图3-5　VT_1被触发导通时输出电压与电流

经过自然换相点3时，V相的VT_3开始承受正向电压，但触发脉冲u_{g3}尚未送到，则VT_3无法导通，于是VT_1管仍承受u_U正向电压继续导通。当过V相自然换相点30°，即

$\alpha=30°$时，触发电路送出触发脉冲 u_{g3}，VT_3 被触发导通，VT_1 则承受反压 u_{UV} 而关断，输出电压 u_d 波形由 u_U 波形换成 u_V 波形，负载电流回路如图 3-6 实线部分所示。

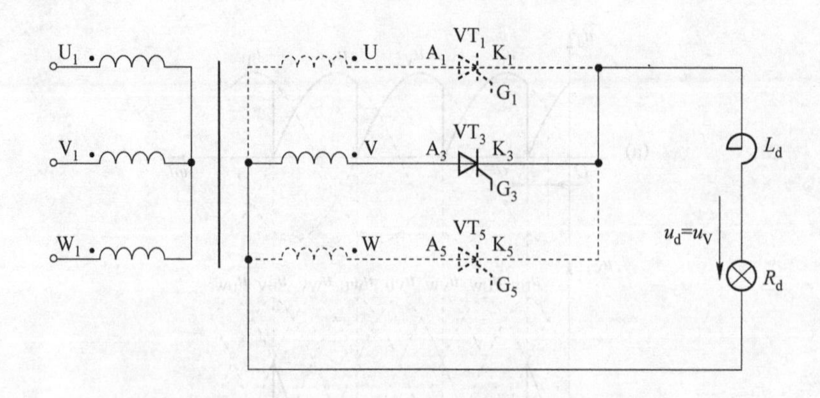

图 3-6 VT_3 被触发导通时输出电压与电流

经过自然换相点 5 时，W 相的 VT_5 开始承受正向电压，触发脉冲 u_{g5} 尚未送到，则 VT_5 无法导通，于是 VT_3 管仍承受 u_V 正向电压继续导通。当过 W 相自然换相点 30°，即 $\alpha=30°$时，触发电路送出触发脉冲 u_{g5}，VT_5 被触发导通，VT_3 则承受反压 u_{VW} 而关断，输出电压 u_d 波形由 u_V 波形换成 u_W 波形，负载电流回路如图 3-7 实线部分所示。这样就完成了一个周期的换流过程。

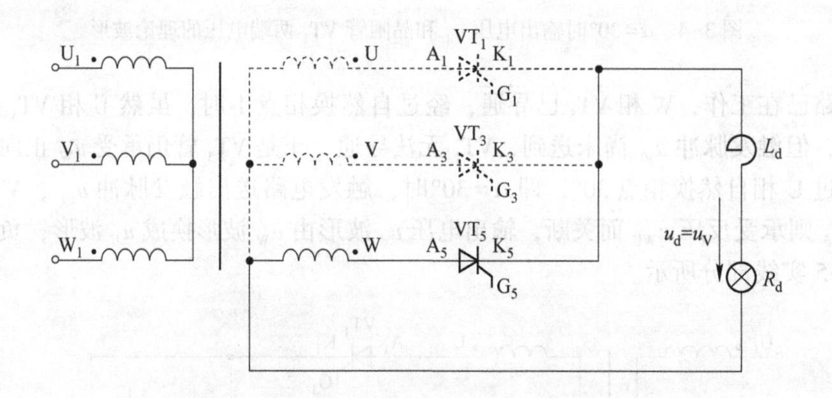

图 3-7 VT_5 被触发导通时输出电压与电流

在图 3-3（b）中晶闸管 VT_1 两端的理论波形可分为三个部分：

在晶闸管 VT_1 导通期间，忽略晶闸管的管压降，$u_{VT1}\approx 0$；

在晶闸管 VT_3 导通期间，$u_{VT1}\approx u_{UV}$；

在晶闸管 VT_5 导通期间，$u_{VT1}\approx u_{UW}$；

以上三段各为 120°，一个周期后波形重复。u_{VT3} 和 u_{VT5} 的波形与 u_{VT1} 相似，但相应依次互差 120°，如图 3-8 所示。

3.1.2.2 $\alpha > 30°$时的波形分析

图 3-9 所示为 $\alpha=60°$的负载两端的输出电压和晶闸管两端承受的电压的理论波形。

在 ωt_1 时刻U相晶闸管 VT_1 承受正向电压，被 u_{g1} 触发导通，$u_d = u_U$，$u_{VT1} \approx 0$，负载电流回路如图3-10实线部分所示。

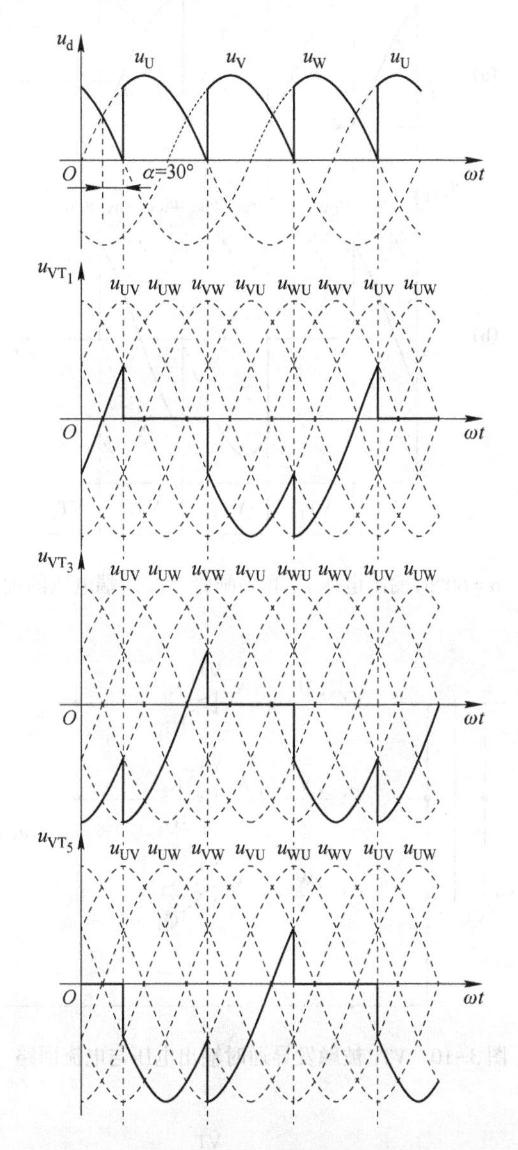

图3-8 $\alpha = 30°$时输出电压和各晶闸管两端电压的理论波形

当电压 u_U 过零变负（ωt_2 时刻）时，流过负载的电流 i_d 减小，在大电感 L_d 上产生感应出电动势 e_L，方向如图3-11所示。在 e_L 的作用下流过晶闸管 VT_1 的电流大于维持电流，使管子处于导通状态，负载电压 u_d 出现负半周，将电感 L_d 中的能量反送回电源。

在 ωt_3 时刻V相触发晶闸管 VT_3 导通，VT_1 承受反压被关断，$u_d = u_V$，$u_{VT1} \approx u_{UV}$，负载电流回路如图3-12实线部分所示。

当电压 u_V 过零变负（ωt_4 时刻）时，同样在大电感 L_d 上产生感应出电动势 e_L，其方向如图3-13所示，晶闸管 VT_3 持通导维状态，负载电压 u_d 出现负半周，将电感 L_d 中的能量反送回电源。

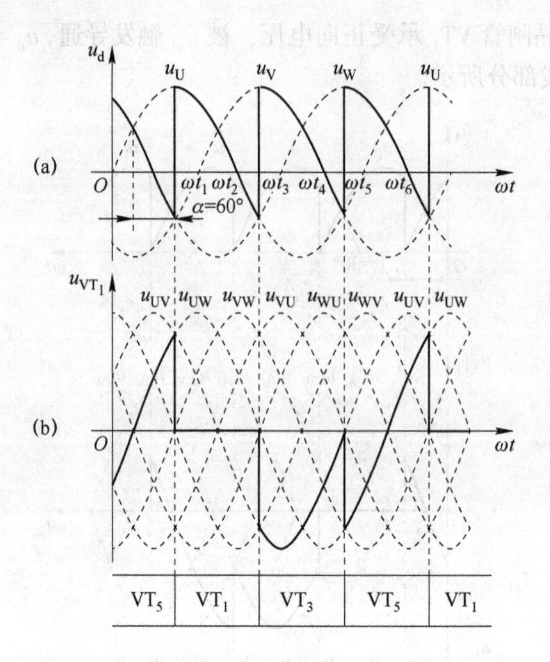

图 3-9 $\alpha=60°$时输出电压 u_d 和晶闸管 VT_1 两端电压的理论波形

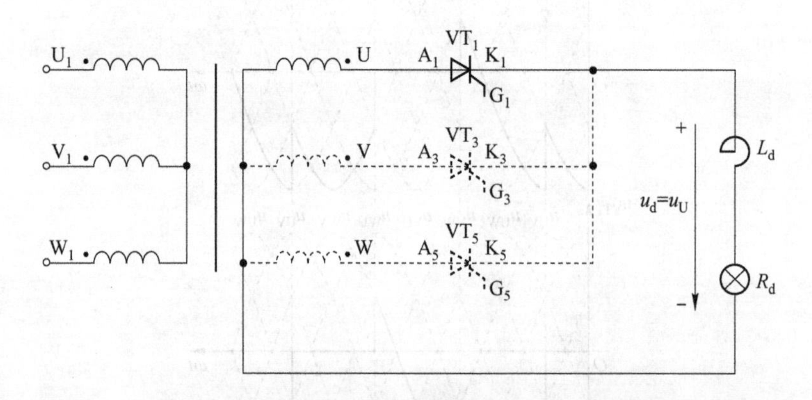

图 3-10 VT_1 被触发导通时输出电压与电流回路

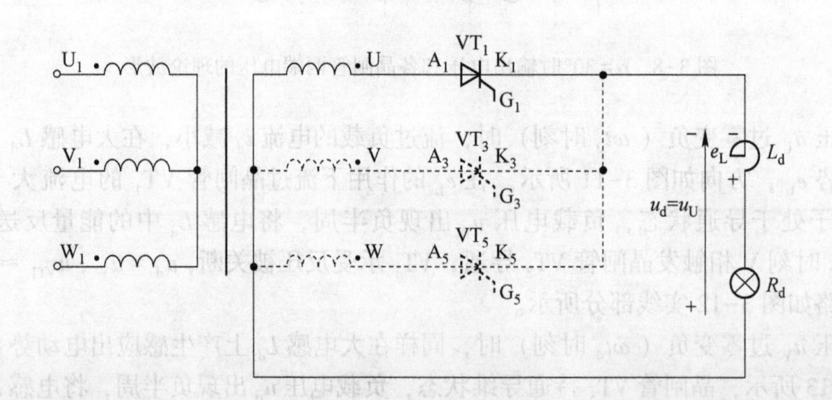

图 3-11 电压 u_U 过零变负管子继续导通时输出电压与电流回路

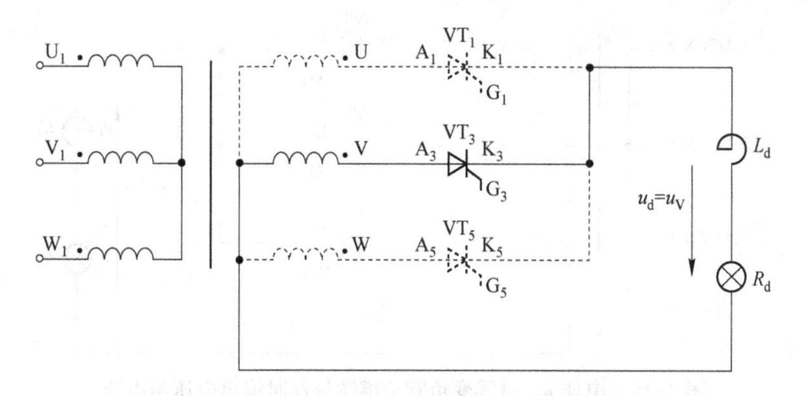

图 3-12 VT_3 被触发导通时输出电压与电流回路

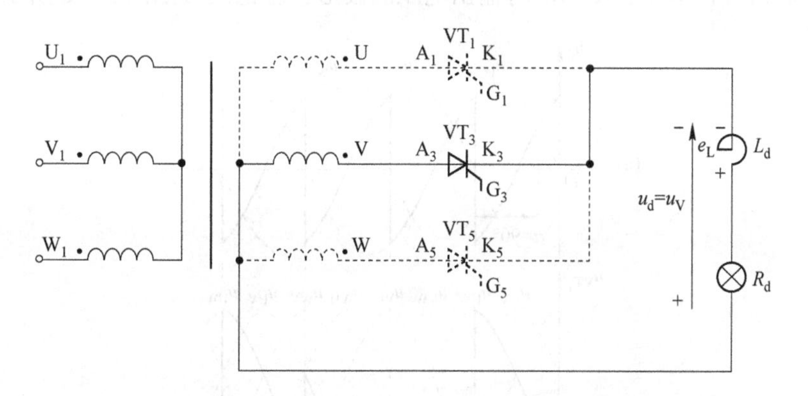

图 3-13 电压 u_V 过零变负管子继续导通时输出电压与电流回路

在 ωt_5 时刻 W 相触发晶闸管 VT_5 导通，VT_3 承受反压被关断，$u_d = u_W$，$u_{VT1} \approx u_{UW}$，负载电流回路如图 3-14 实线部分所示。

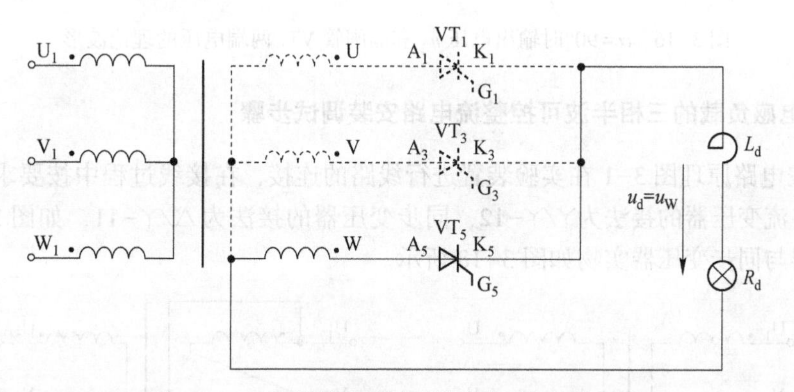

图 3-14 VT_5 被触发导通时输出电压与电流回路

当电压 u_W 过零变负（ωt_6 时刻）时，同样在大电感 L_d 上产生感应出电动势 e_L，其方向如图 3-15 所示，晶闸管 VT_5 持通导维状态，负载电压 u_d 出现负半周，将电感 L_d 中的能量反送回电源。如此完成一个周期的循环，在负载上得到一个完整的波形。

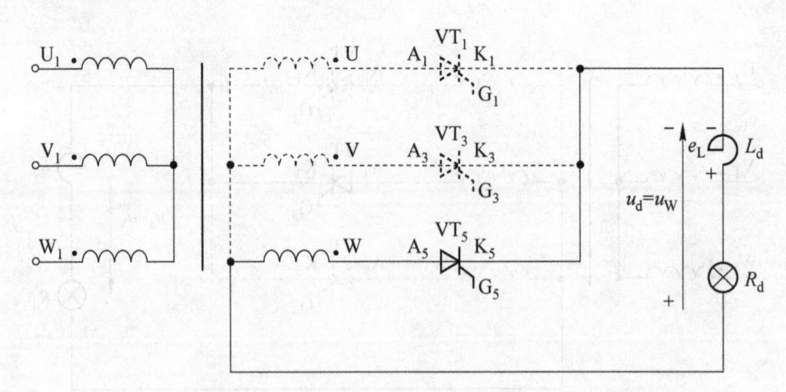

图 3-15　电压 u_W 过零变负管子继续导通时输出电压与电流

改变控制角 α 的大小，$\alpha=90°$时输出电压的波形，理论波形如图 3-16 所示。

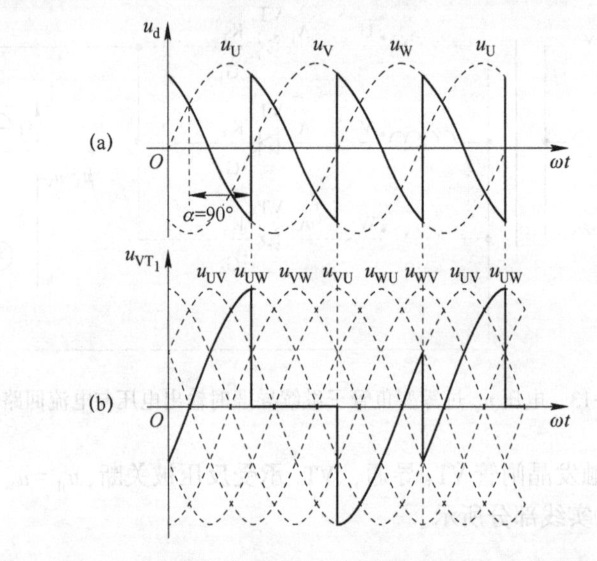

图 3-16　$\alpha=90°$时输出电压 u_d 和晶闸管 VT_1 两端电压的理论波形

3.1.3　带电感负载的三相半波可控整流电路安装调试步骤

（1）按电路原理图 3-1 在实验装置进行线路的连接，在接线过程中按要求照图配线。本课题中整流变压器的接法为Y/Y-12，同步变压器的接法为Δ/Y-11，如图 3-17 所示。整流变压器与同步变压器实物如图 3-18 所示。

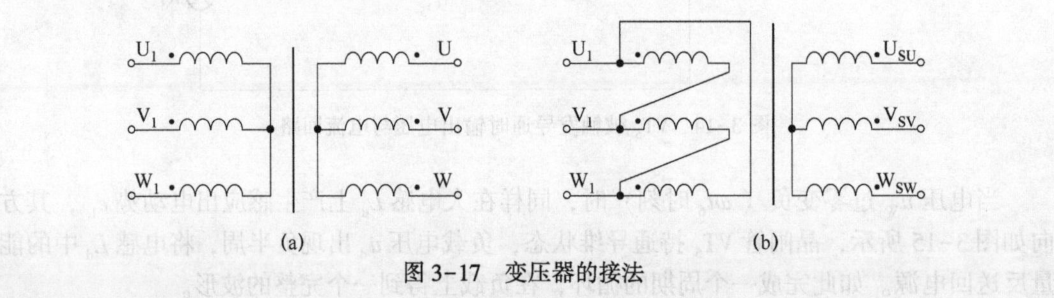

图 3-17　变压器的接法

（a）Y/Y-12；（b）Δ/Y-11

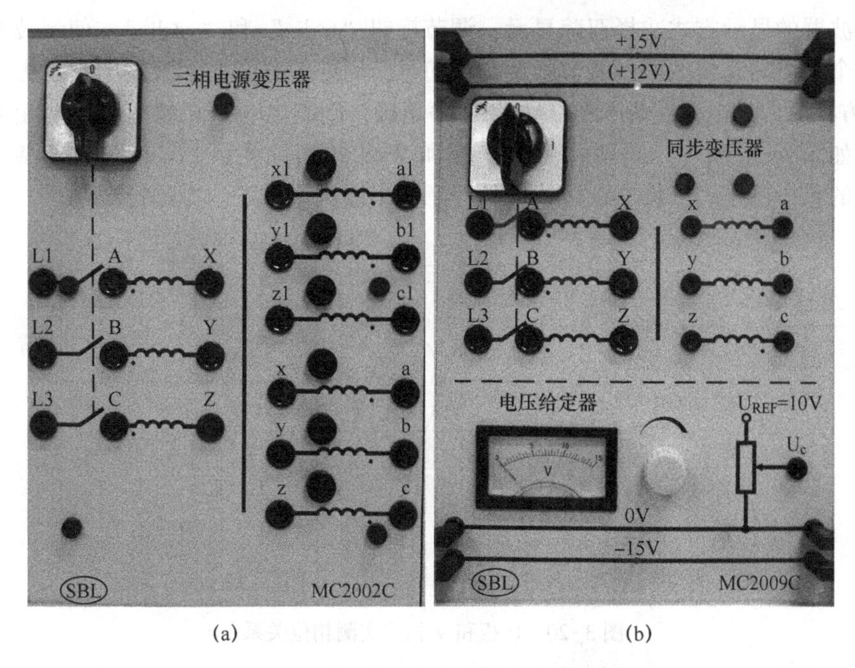

(a) (b)

图 3-18 整流变压器与同步变压器实物图

（a）整流变压器；（b）同步变压器

由变压器的知识可以分析出同步变压器原边相电压与整流变压器原边线电压同相，即：u_{SU} 与 u_{UV} 同相，其相量关系如图 3-19 所示。

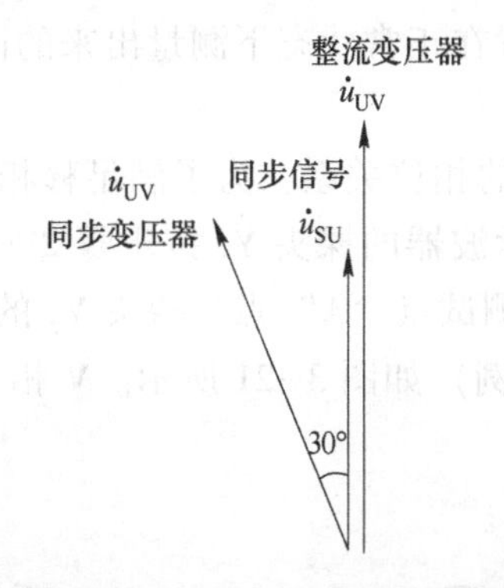

图 3-19 同步变压器原边相电压与整流变压器原边线电压相量关系

在晶闸管整流电路中，必须根据被触发的晶闸管阳极电压相位正确确定各触发电路特定相位的同步电压，才能使触发电路分别在各晶闸管需要触发脉冲的时刻输出触发脉冲。一般是先确定三相整流变压器的界限组别后，再通过同步变压器不同接线组别或配合阻容移相来得到所要求相位的同步电压。

（2）检查接线正确无误后送电，进行电路的调试。

1）测定电源的相序。对于三相可控整流电路来说，三相交流电的相序是非常重要的，可以用双踪慢扫描示波器进行电源相序的测定。将示波器探头 Y_1 的接地端接在整流变压器次级的中性点上，探头 Y_1 的测试端测出 U 相电压的波形，将探头 Y_2 的测试端接在 V

相上。示波器的显示方式选择双踪显示，调节旋钮“t/div”和“v/div”，使示波器稳定显示至少一个周期的完整波形，调节微调旋钮使每个周期的宽度在示波器上显示为六个方格（即每个方格对应的电角度为60°）。如果相序正确，则测出的U相将超前于V相120°，示波器显示如图3-20所示。同理可测出V相和W相的相位关系：V相超前于W相120°。如果测出的相序不正确，将三根进线中的任意两根线调换一下，再进行测量。

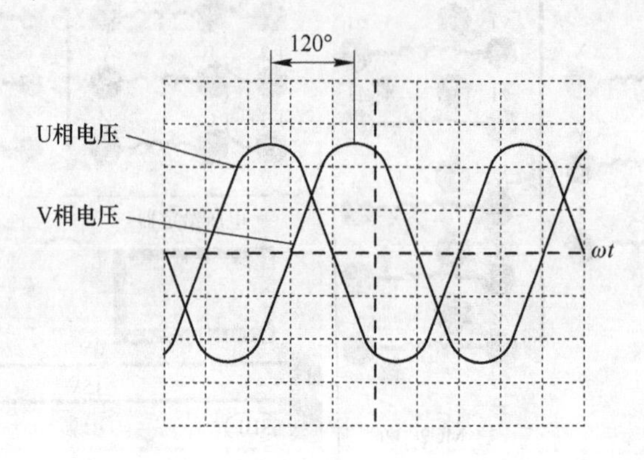

图3-20 U相和V相的实测相位关系

2）触发电路的测定。

① 断开负载 R_d，使整流输出电路处于开路状态。

② 确定同步电压与主电压的相位关系：将探头的接地端接到同步变压器次级的中性点上，探头的测试端分别接同步变压器次级输出端进行 u_{SU}、u_{SV}、u_{SW} 的测量，确定与主电路的相位关系是否正确。本装置在正常状态下测量出来的同步电压 u_{SU}、u_{SV}、u_{SW} 分别与 u_{UV}、u_{VW}、u_{WU} 同相。

③ 确定同步电压与锯齿波的相位关系：为了满足移相和同步的要求，同步电压与锯齿波有一定的相位差。用双踪示波器的探头 Y_1 按步骤②所示测量同步电压 u_{SU}，将探头 Y_2 的测试端接在面板的锯齿波测试点“A”点，探头 Y_2 的接地端悬空，测得同步电压与锯齿波的相位关系（以U相为例）如图3-21所示。V相、W相依次滞后120°，请自行分析。

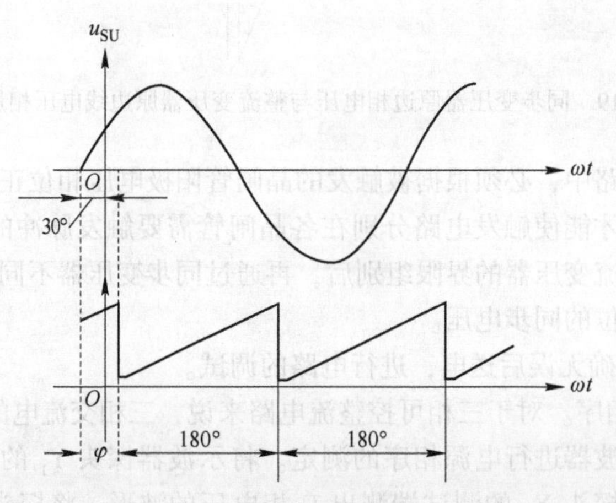

图3-21 同步电压与锯齿波的相位关系

图 3-21 中锯齿波滞后同步电压一个电角度 φ（由触发板中的 RC 移相产生），该角度在不同的设备中取值有所不同，本书采用的实验装置中 φ 约为 60°。特别指出的是：在双脉冲触发电路实验板的面板上有三个“RC 移相”旋钮，如图 3-22 所示。这三个旋钮是用来调节三相锯齿波斜率的，测量过程中可进行适当调节，使三相锯齿波的斜率基本一致。

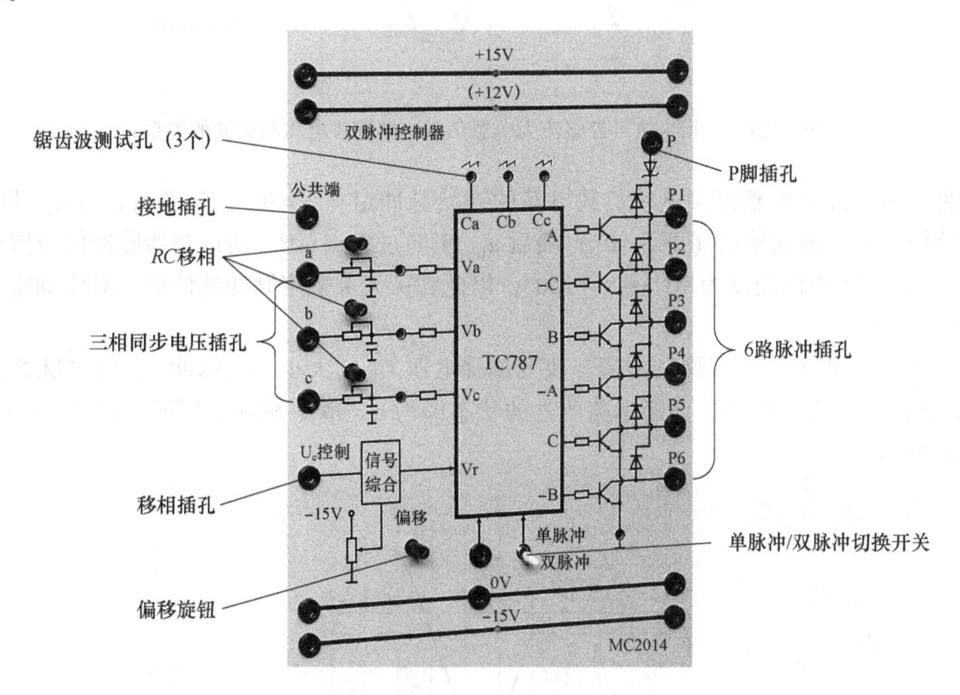

图 3-22 触发装置面板图

3）确定初始脉冲的位置。

① 调节电压给定装置调节器控制电压 U_c，如图 3-23 所示，使控制电压 $U_c = 0$。

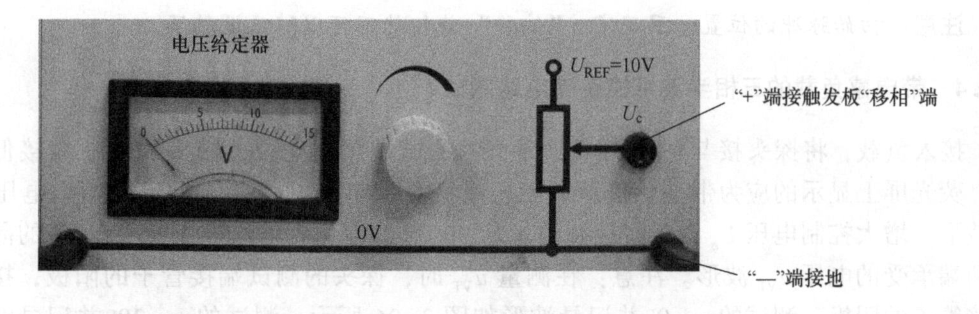

图 3-23 电压给定装置调节器

② 将 Y_1 探头的接地端接到脉冲触发电路实验板的面板的“⊥”点上，探头的测试端接在面板的“U_{P_1}”测量同步电压 u_{SU}，在荧光屏上确定 u_{SU} 正向过零点的位置。将 Y_2 探头的测试端接到面板上的“P_1”点处，探头的接地端悬空，荧光屏上显示出脉冲 u_{P_1} 的波形，如图 3-24 所示。

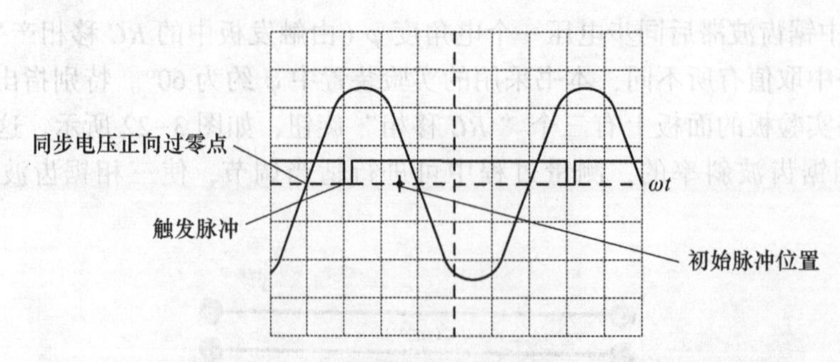

图 3-24 三相半波可控整流大电感负载电路同步电压与脉冲的关系

将三相半波可控整流大电感负载电路的初始脉冲定在 $\alpha=90°$，因为 u_{SU} 与 u_{UV} 同相，且电路控制角 α 的起始点（即 $\alpha=0°$）滞后 u_{UV} 正向过零点 60°，所以初始脉冲的位置应滞后 u_{SU} 正向过零点的角度为 90°+60°=150°，以此在荧光屏确定脉冲的位置。对应确定位置标于图 3-24 中。

③ 调节面板上的“偏移”旋钮，改变偏移电压 U_b 的大小，将脉冲 u_{P_1} 的主脉冲移至距 u_{SU} 正向过零点 150°处，此时电路所处的状态即为 $\alpha=90°$，输出电压平均值 $U_d=0$，如图3-25所示。

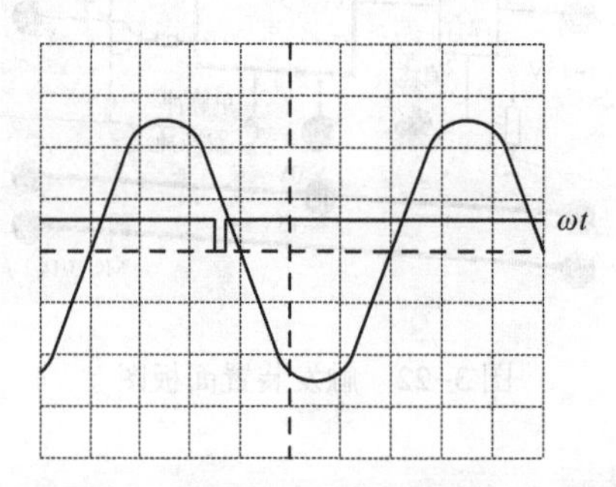

图 3-25 调节完后同步电压与脉冲的位置关系

注意：初始脉冲的位置一旦确定，“偏移”旋钮就不可以随意调整了。

3.1.4 带电感负载的三相半波可控整流电路测试

接入负载，将探头接与负载两端，探头的测试端接高电位，探头的接地端接低电位，荧光屏上显示的应为带电感负载的三相半波可控整流电路 $\alpha=90°$时的输出电压 u_d 的波形。增大控制电压 U_c，观察控制角 α 从 90°～0°变化时输出电压 u_d 及对应的晶闸管两端承受的电压 u_{VT} 波形。注意：在测量 u_{VT} 时，探头的测试端接管子的阳极，接地端接管子的阴极。测试的 $\alpha=0°$并记录波形如图 3-26 所示，测试的 $\alpha=30°$并记录波形如图 3-27 所示，测试 $\alpha=60°$并记录波形如图 3-28 所示，测试 $\alpha=90°$并记录波形如图 3-29所示。

要求能用示波器测量并在图 3-30 中绘制出 $\alpha=$15°、30°、45°、60°、75°（由授课教师选择其中之一，下同）时的输出直流电压 u_d 的波形，晶闸管触发电路功放管集电极电压 u_P 1、3、5 波形，晶闸管两端电压 u_{VT} 1、3、5 波形及同步电压 u_S U、V、W 波形。

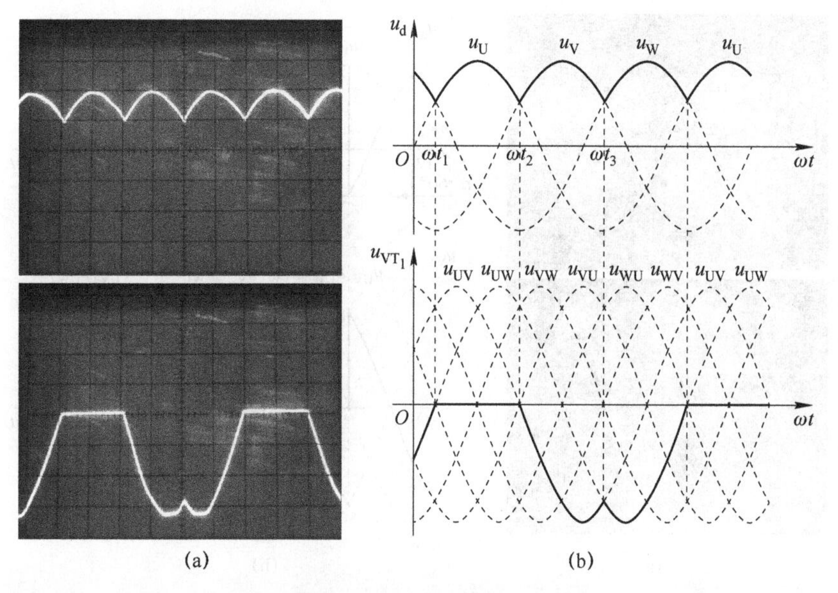

图 3-26　$\alpha=0°$实测波形与记录波形

（a）实测波形；（b）记录波形

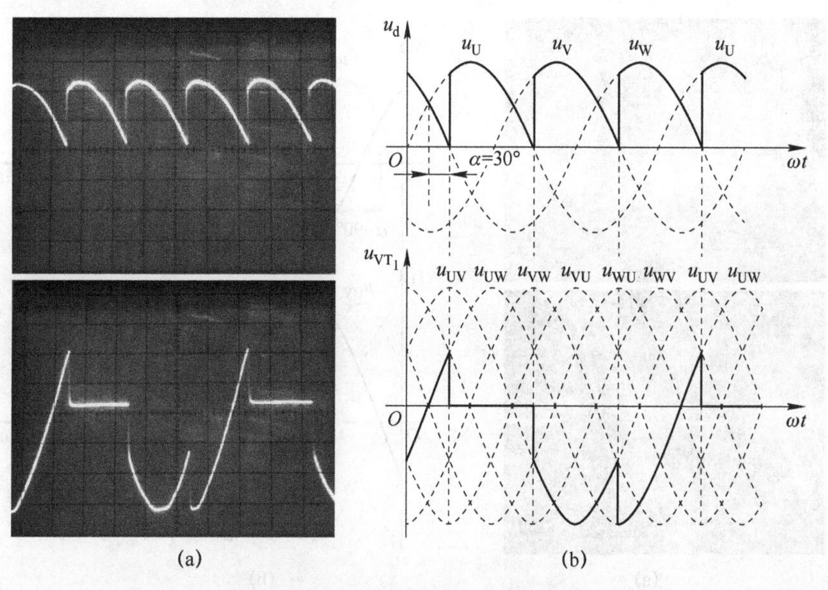

图 3-27　$\alpha=30°$实测波形与记录波形

（a）实测波形；（b）记录波形

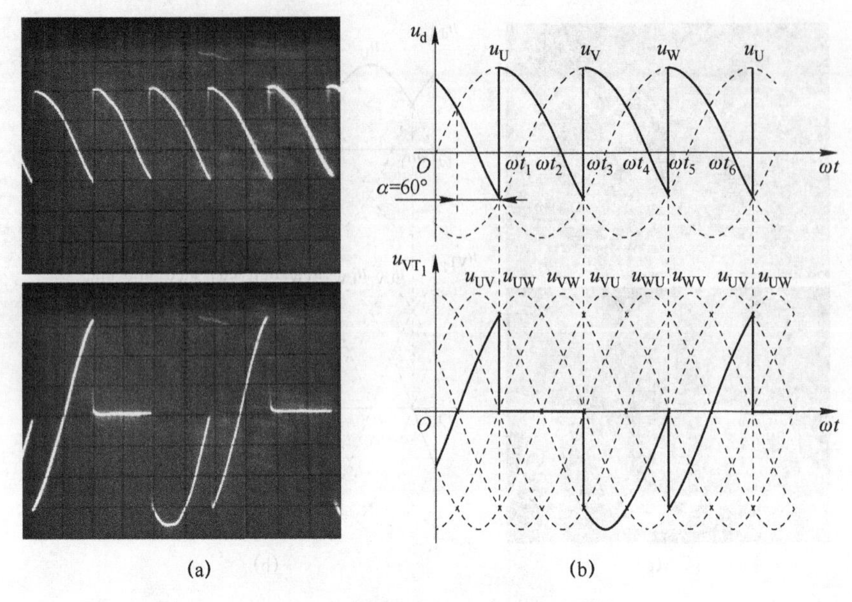

图 3-28 $\alpha=60°$实测波形与记录波形

（a）实测波形；（b）记录波形

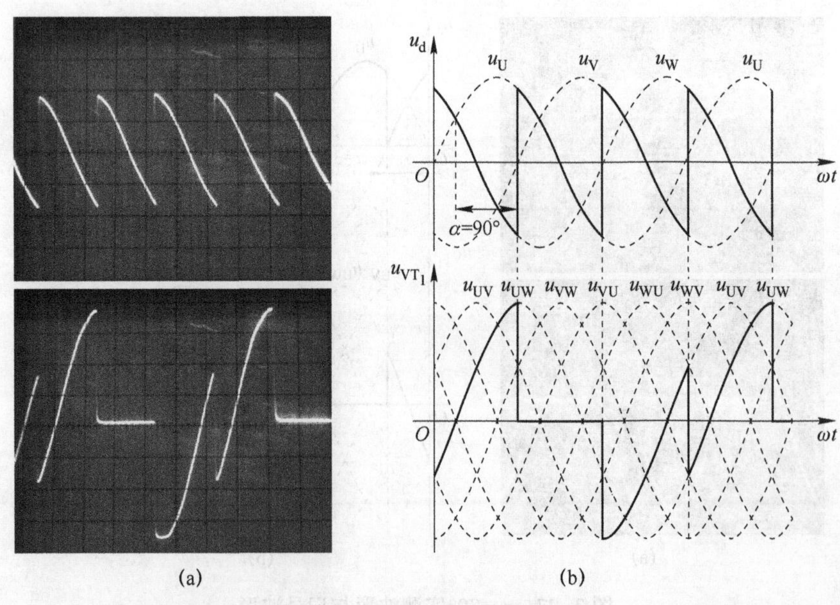

图 3-29 $\alpha=90°$实测波形与记录波形

（a）实测波形；（b）记录波形

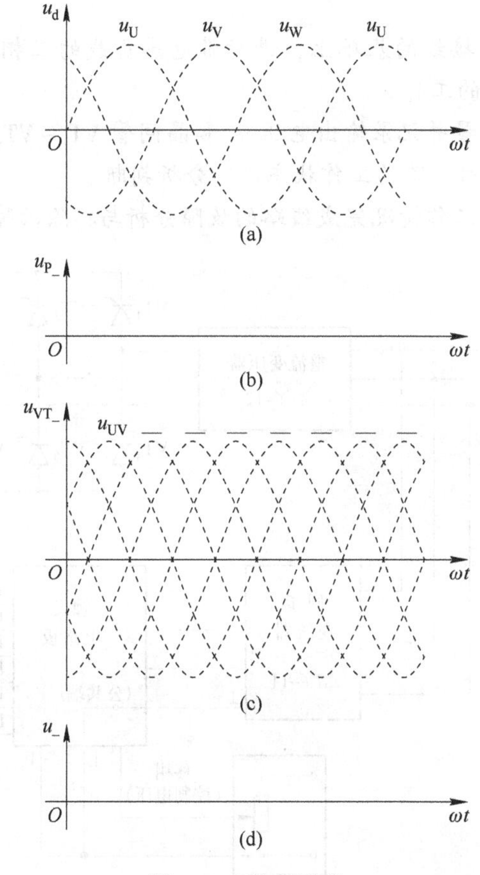

图 3-30　绘制波形

(a) 输出直流电压 u_d 的波形；(b) 晶闸管触发电路功放管集电极 $u_{P_}$波形
(c) 在波形图上标齐电源相序，画出晶闸管两端电压 $u_{VT_}$波形；(d) 同步电压 $u_{S_}$波形

3.2　带电感负载的三相全控桥式整流电路

3.2.1　课题分析

带电感负载的三相全控桥式整流电路如图 3-31 所示。

课题目的

(1) 掌握带电感负载的三相全控桥式整流电路的工作原理。

(2) 能够运用工作原理进行带电感负载的三相全控桥式整流电路的分析。

(3) 会使用各种仪器仪表，能对电路中的关键点进行测试，并对测试波形进行分析、判断以及故障排除。

课题重点

(1) 能够阅读、分析带电感负载的三相全控桥式整流电路线路图，并进行线路的安装接线。

(2) 能进行带电感负载的三相全控桥式整流电路的通电调试，正确使用示波器测量绘制波形。

课题难点

(1) 在独立完成电路接线的基础上，进行带电感负载的三相全控桥式整流电路的调试，使电路能够正常稳定的工作。

(2) 用双踪示波器测量并记录输出电压 u_d 和晶闸管 $VT_1 \sim VT_6$ 两端的电压 $u_{VT_1} \sim u_{VT_6}$ 的波形，根据测量的波形对电路的工作状态进行分析判断。

(3) 能够根据电路的工作情况完成线路的故障分析与排除故障。

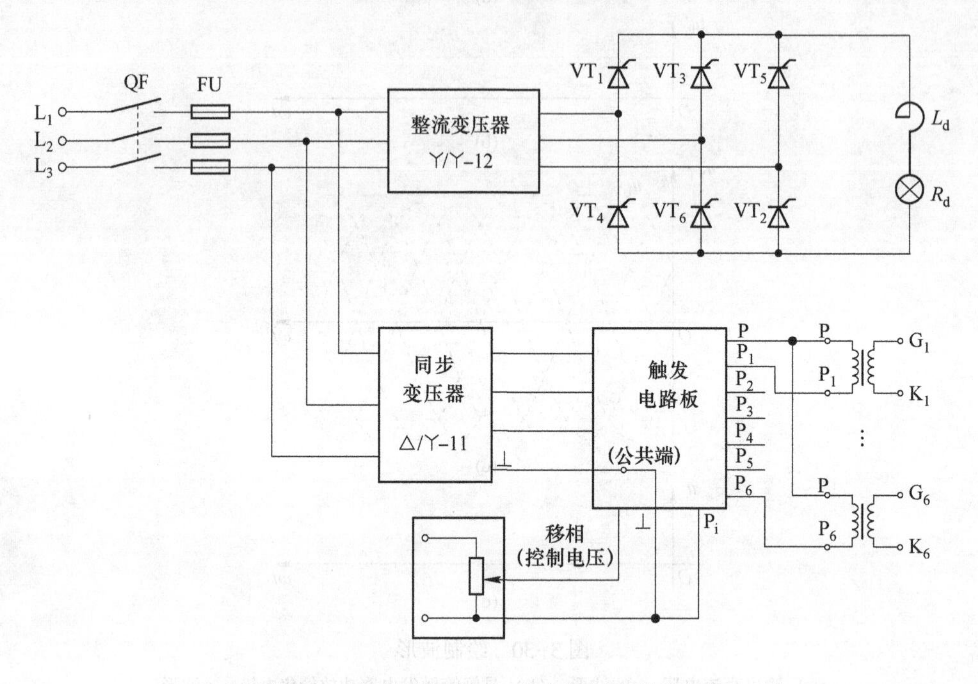

图 3-31 带电感负载的三相全控桥式整流电路

3.2.2 带电感负载的三相全控桥式整流电路的工作原理

图 3-32 所示为三相全控桥式整流电感性负载电路原理图。其中晶闸管 VT_1、VT_3、VT_5 的阴极接在一起，构成共阴极接法；VT_2、VT_4、VT_6 的阳极接在一起，构成共阳极接法。任何时刻，电路中都必须在共阴和共阳极组中各有一个晶闸管导通，才能使负载端有输出电压。可见三相全控桥式整流电感性负载电路实质上是由一组共阴极组与一组共阳极

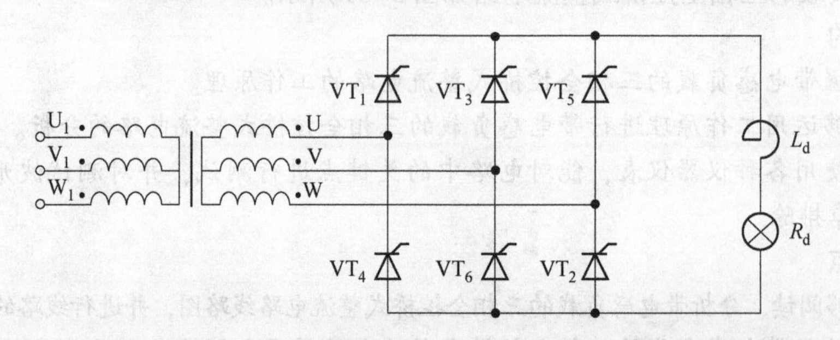

图 3-32 三相全控桥式整流电感性负载原理图

组的三相全控桥式整流电路相串联构成。三相全控桥式整流大电感负载电路主电路电感 L_d 足够大，且满足 $\omega L_d \gg R_d$ 。

三相相电压与线电压的对应关系波形图如图 3-33 所示，各线电压正半波的交点 1~6 就是三相全控桥式电路 6 只晶闸管（VT_1~VT_6）的 $\alpha=0°$的点。为了分析方便，将以线电压为主进行介绍。

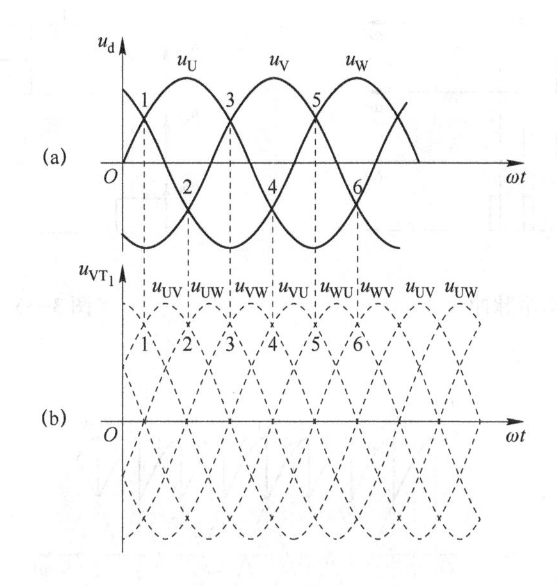

图 3-33　相电压与线电压的对应关系

注意：三相全控桥式整流电路在任何时刻都必须有两只晶闸管同时导通，而且其中一只是在共阴极组，另一只在共阳极组。为了保证电路能启动工作，或在电流断续后再次导通工作，必须对两组中应导通的两只晶闸管同时加触发脉冲，通常采用的触发方式有双窄脉冲触发和单宽脉冲触发两种。

（1）采用双窄脉冲触发。图 3-34 所示为双窄脉冲。触发电路送出的是窄的矩形脉冲（宽度一般为 18°~20°）。在送出某一相晶闸管脉冲的同时，向前一相晶闸管补发一个触发脉冲，称为补脉冲（或辅脉冲）。例如，在送出 u_{g3}触发 VT_3 的同时，触发电路也向 VT_2 送出 u'_{g2}辅脉冲，故 VT_3 与 VT_2 同时被触发导通，输出电压 u_d 为 u_{VW} 。

（2）采用单宽脉冲触发。图 3-35 所示为单宽脉冲，每一个触发脉冲的宽度大于 60°而小于 120°（一般取 80°~ 90°为宜），这样在相隔 60°要触发换相时，当后一个触发脉冲出现时刻，前一个脉冲还未消失，这样就保证在任一换向时刻都有相邻的两个晶闸管有触发脉冲。例如，在送出 u_{g3}触发 VT_3 的同时，由于 u_{g2}还未消失，故 VT_3 与 VT_2 便同时被触发导通，整流输出电压 u_d 为 u_{VW} 。

显然，双窄脉冲的作用和宽脉冲的作用是一样的，但是双窄脉冲触发可减少触发电路的功率和脉冲变压器铁心体积。

3.2.2.1　$\alpha \leqslant 60°$时的波形分析

$\alpha=30°$时的波形分析，图 3-36（a）和（b）所示为 $\alpha=30°$的输出电压和晶闸管 VT_1 两端的理论波形。

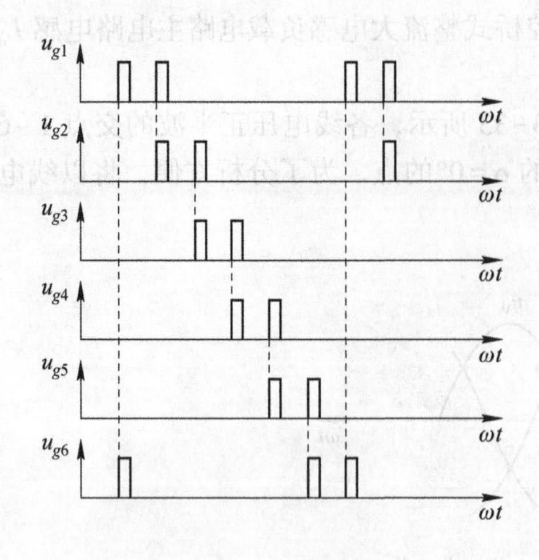

图 3-34 双窄脉冲

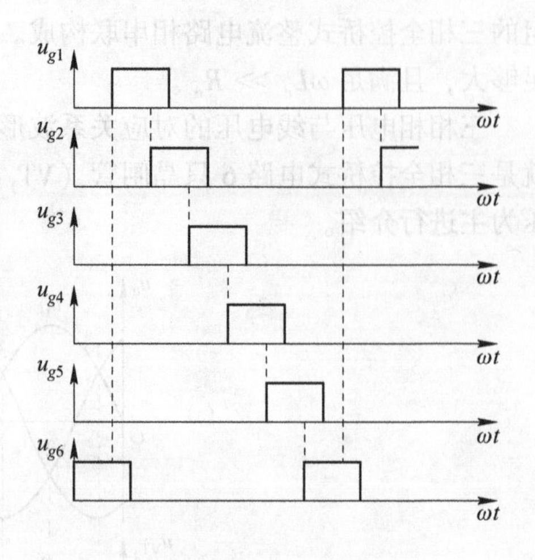

图 3-35 单宽脉冲

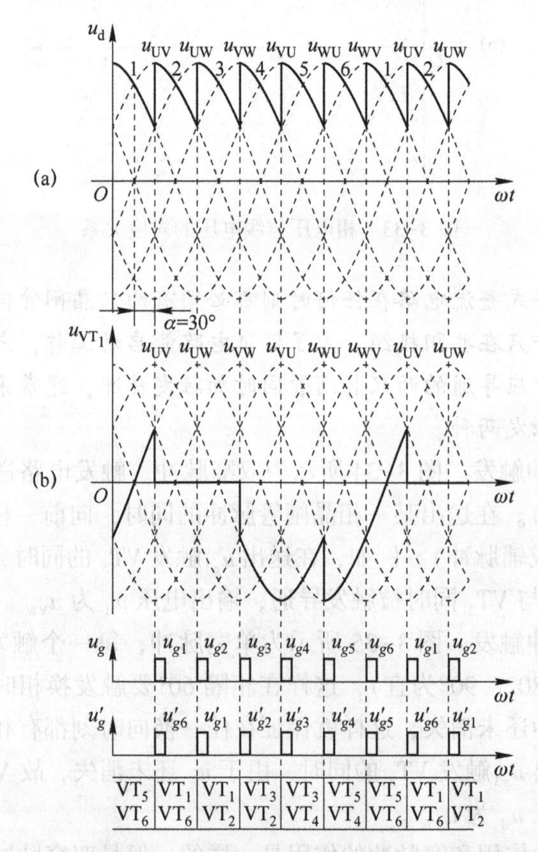

图 3-36 α=30°时输出电压 u_d 和晶闸管 VT_1 两端电压的理论波形

图 3-36 所示波形中，设电路已在工作，VT_5、VT_6 已导通，输出电压 u_{WV}，经过自然换相点 1 时，虽然 U 相 VT_1 开始承受正向电压，但触发脉冲 u_{g1} 尚未送到，VT_1 无法导通，于是 VT_5 管仍承受正向电压继续导通。当过 U 相（1 号管）自然换相点 30°，即 α = 30°

时，触发电路送出触发脉冲 u_{g1}、u'_{g6}，触发 VT_1、VT_6 导通，VT_5 则承受反压而关断，输出电压 u_d 波形由 u_{WV} 波形换成 u_{UV} 波形，负载电流回路如图 3-37 实线部分所示。

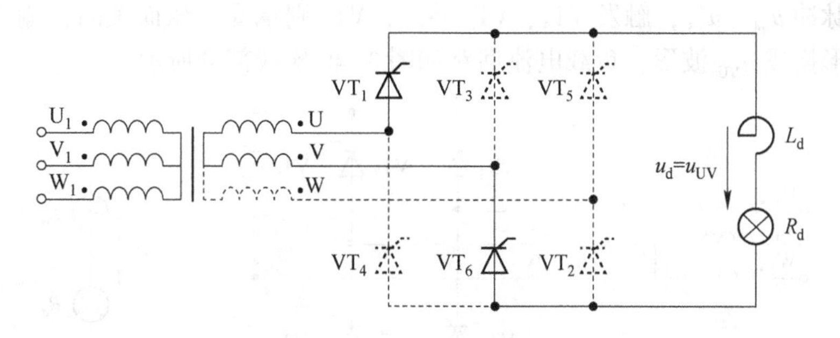

图 3-37 VT_1、VT_6 触发导通时输出电压与电流

经过自然换相点 2 时，虽然 W 相 VT_2 开始承受正向电压，但触发脉冲 u_{g2} 尚未送到，VT_1 无法导通，于是 VT_6 管仍承受正向电压继续导通。当过 2 号管自然换相点 30°时，触发电路送出触发脉冲 u_{g2}、u'_{g1}，触发 VT_1、VT_2 导通，VT_6 则承受反压而关断，输出电压 u_d 波形由 u_{UV} 波形换成 u_{UW} 波形，负载电流回路如图 3-38 实线部分所示。

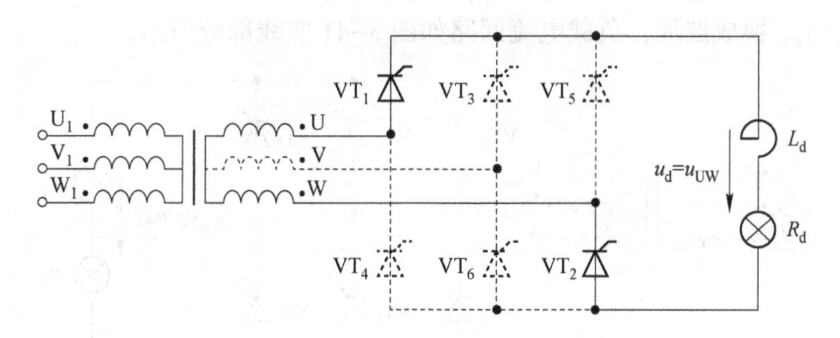

图 3-38 VT_1、VT_2 触发导通时输出电压与电流

经过自然换相点 3 时，V 相的 VT_3 开始承受正向电压，但触发脉冲 u_{g3} 尚未送到，VT_3 无法导通，于是 VT_1 管仍承受正向电压继续导通。当过 3 号管自然换相点 30°时，触发电路送出触发脉冲 u_{g3}、u'_{g2}，触发 VT_3、VT_2 导通，VT_1 则承受反压而关断，输出电压 u_d 波形由 u_{UW} 波形换成 u_{VW} 波形，负载电流回路如图 3-39 实线部分所示。

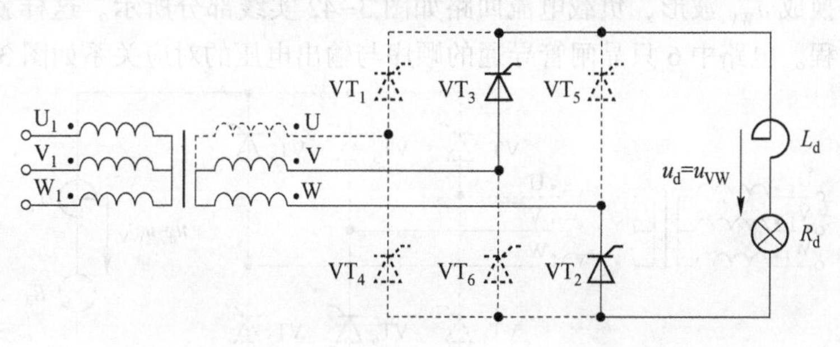

图 3-39 VT_3、VT_2 触发导通时输出电压与电流

经过自然换相点4时，U相的VT_4开始承受正向电压，但触发脉冲u_{g4}尚未送到，VT_3无法导通，于是VT_2管仍承受正向电压继续导通。当过4号管自然换相点30°时，触发电路送出触发脉冲u_{g4}、u'_{g3}，触发VT_3、VT_4导通，VT_2则承受反压而关断，输出电压u_d波形由u_{VW}波形换成u_{VU}波形，负载电流回路如图3-40实线部分所示。

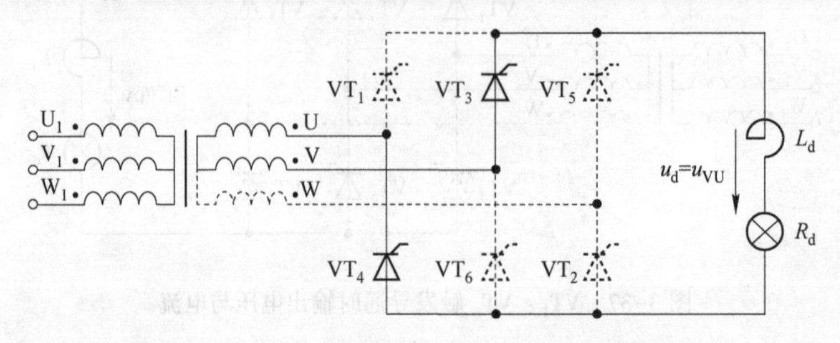

图3-40 VT_3、VT_4被触发导通时输出电压与电流

经过自然换相点5时，W相的VT_5开始承受正向电压，但触发脉冲u_{g5}尚未送到，VT_5无法导通，于是VT_3管仍承受正向电压继续导通。当过5号管自然换相点30°时，触发电路送出触发脉冲u_{g5}、u'_{g4}，触发VT_5、VT_4导通，VT_3则承受反压而关断，输出电压u_d波形由u_{VU}波形u_{WU}换成波形，负载电流回路如图3-41实线部分所示。

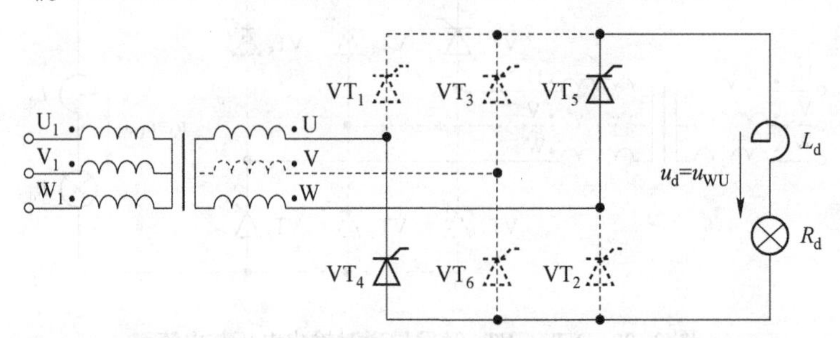

图3-41 VT_5、VT_4被触发导通时输出电压与电流

经过自然换相点6时，V相的VT_6开始承受正向电压，但触发脉冲u_{g6}尚未送到，VT_6无法导通，于是VT_4管仍承受正向电压继续导通。当过6号管自然换相点30°时，触发电路送出触发脉冲u_{g6}、u'_{g5}，触发VT_5、VT_6导通，VT_4则承受反压而关断，输出电压u_d波形由u_{WU}波形换成u_{WV}波形，负载电流回路如图3-42实线部分所示。这样就完成了一个周期的换流过程。电路中6只晶闸管导通的顺序与输出电压的对应关系如图3-43所示。

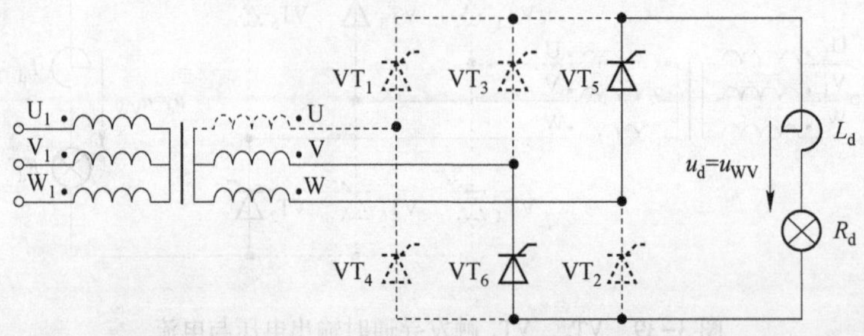

图3-42 VT_5、VT_6被触发导通时输出电压与电流

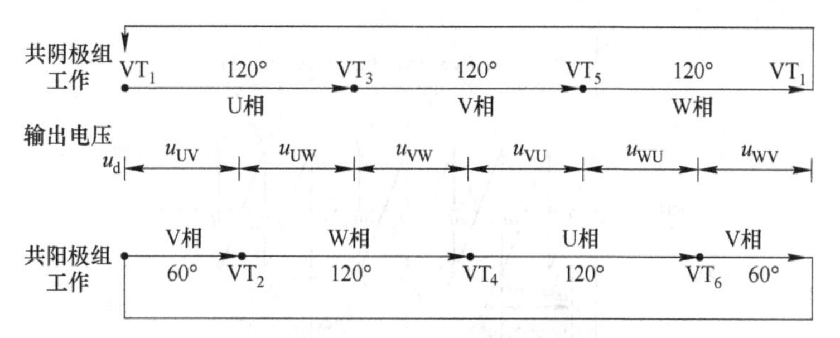

图 3-43　6 只晶闸管导通的顺序与输出电压的对应关系

在图 3-36（b）中，晶闸管 VT_1 两端的理论波形可分为三个部分：在晶闸管 VT_1 导通期间，忽略晶闸管的管压降，$u_{VT1}\approx 0$；在晶闸管 VT_3 导通期间，$u_{VT1}\approx u_{UV}$；在晶闸管 VT_5 导通期间，$u_{VT1}\approx u_{UW}$。以上三段各为 120°，一个周期后波形重复。

$u_{VT2}\sim u_{VT6}$ 的波形与 u_{VT1} 相似，但相应依次互差 60°。如图 3-44 所示，晶闸管 VT_2 两端的理论波形同样可分为三个部分：在晶闸管 VT_2 导通期间，忽略晶闸管的管压降，$u_{VT2}\approx 0$；在晶闸管 VT_4 导通期间，$u_{VT2}\approx u_{UW}$；在晶闸管 VT_6 导通期间，$u_{VT2}\approx u_{VW}$。其他管子波形读者可自行分析。

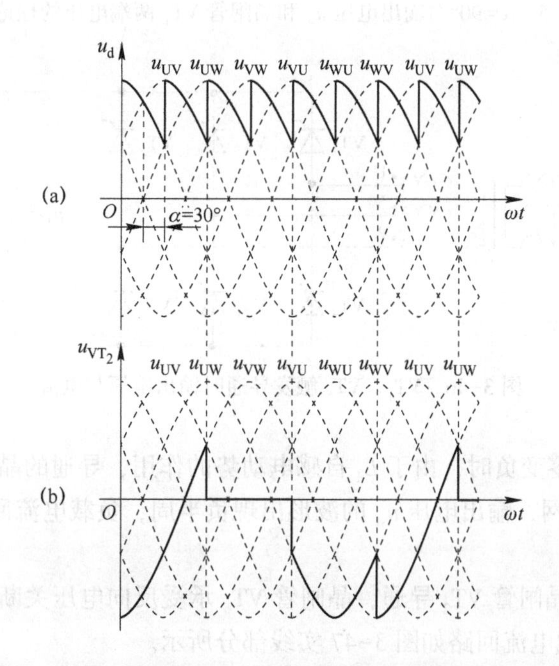

图 3-44　$\alpha=30°$时输出电压 u_d 和晶闸管 VT_2 两端电压的理论波形

3.2.2.2　$\alpha>60°$时的波形分析

图 3-45 所示为 $\alpha=90°$的负载两端的输出电压和晶闸管 VT_1 两端承受的电压的理论波形。

在 ωt_1 时刻加入触发脉冲触发晶闸管 VT_1 导通。晶闸管 VT_6 此时也处于导通状态，忽略管压降，负载上得到的输出电压 u_d 为 u_{UV}，负载电流回路如图 3-46 实线部分所示。

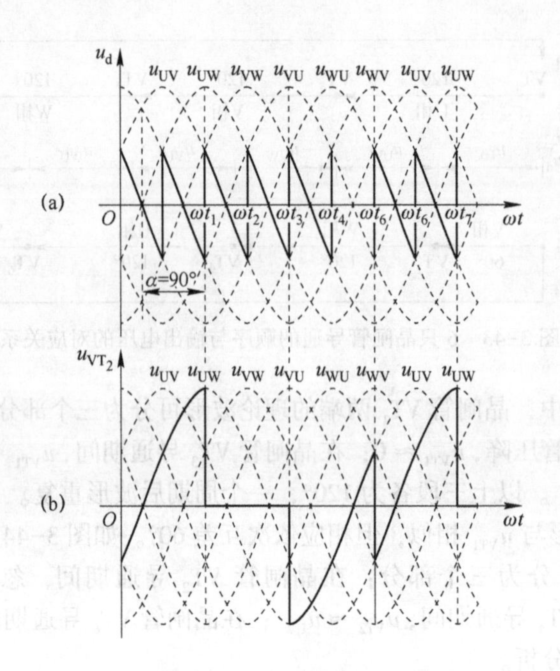

图 3-45　$\alpha=90°$时输出电压 u_d 和晶闸管 VT_1 两端电压的理论波形

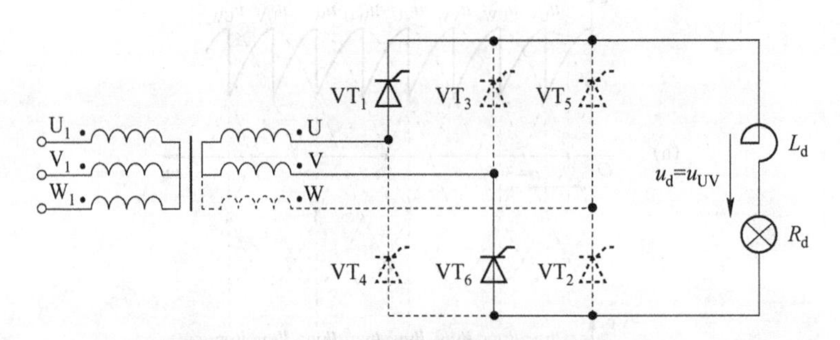

图 3-46　VT_1、VT_6 触发导通时输出电压与电流

当线电压 u_{UV} 过零变负时，由于 L_d 自感电动势的作用，导通的晶闸管不会关断，将 L_d 释放的能量回馈给电网，输出电压 u_d 的波形出现负半周，负载电流回路依然如图 3-46 实线部分所示。

在 ωt_2 时刻触发晶闸管 VT_2 导通，晶闸管 VT_6 承受反向电压关断，负载上得到的输出电压 u_d 为 u_{UW}，负载电流回路如图 3-47 实线部分所示。

同样当线电压 u_{UW} 过零变负时，在自感电动势的作用，维持晶闸管持续导通，将 L_d 释放的能量回馈给电网，输出电压 u_d 的波形出现负半周，负载电流回路依然如图 3-47 实线部分所示。

在 ωt_3 时刻触发晶闸管 VT_3 导通，晶闸管 VT_1 承受反向电压关断，输出电压 u_d 为 u_{VW}，负载电流回路如图 3-48 实线部分所示。

当线电压 u_{VW} 过零变负时，在自感电动势的作用下，输出电压 u_d 的波形出现负半周，负载电流回路依然如图 3-48 实线部分所示。

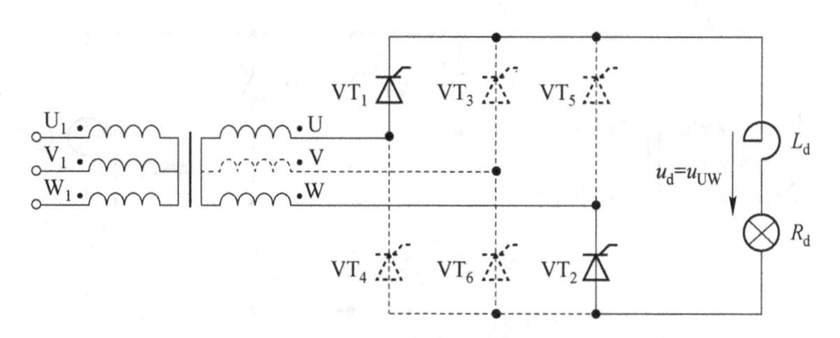

图 3-47 VT_1、VT_2 触发导通时输出电压与电流

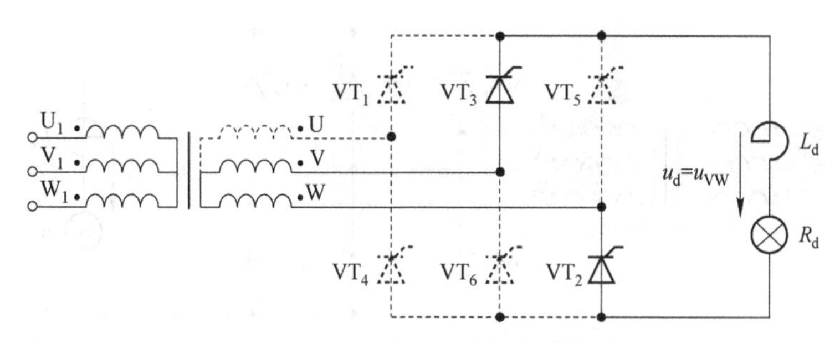

图 3-48 VT_3、VT_2 导通时输出电压与电流

在 ωt_4 时刻触发晶闸管 VT_4 导通，晶闸管 VT_2 承受反向电压关断，输出电压 u_d 为 u_{VU}，负载电流回路如图 3-49 实线部分所示。

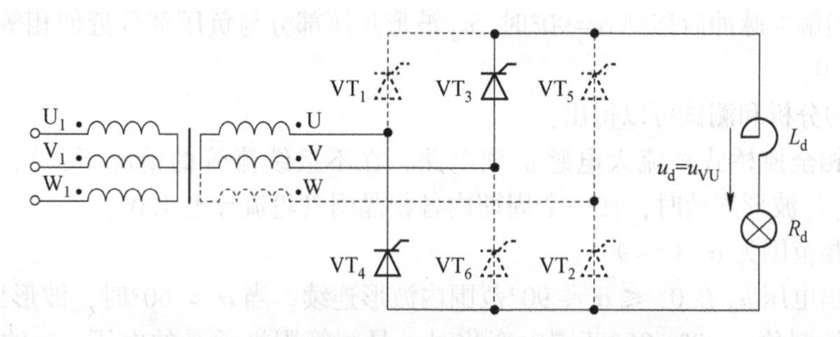

图 3-49 VT_3、VT_4 导通时输出电压与电流

当线电压 u_{VU} 过零变负时，在自感电动势的作用下，输出电压 u_d 的波形出现负半周，负载电流回路依然如图 3-49 实线部分所示。

在 ωt_5 时刻触发晶闸管 VT_5 导通，晶闸管 VT_3 承受反向电压关断，输出电压 u_d 为 u_{WU}，负载电流回路如图 3-50 实线部分所示。

当线电压 u_{WU} 过零变负时，在自感电动势的作用下，输出电压 u_d 的波形出现负半周，负载电流回路依然如图 3-50 实线部分所示。

在 ωt_6 时刻触发晶闸管 VT_6 导通，晶闸管 VT_4 承受反向电压关断，输出电压 u_d 为 u_{WV}，负载电流回路如图 3-51 实线部分所示。

当线电压 u_{WV} 过零变负时，在自感电动势的作用下，输出电压 u_d 的波形出现负半周，负载电流回路依然如图 3-51 实线部分所示。

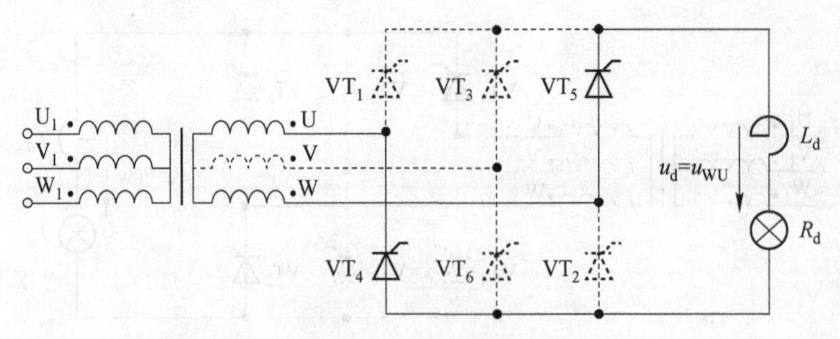

图 3-50 VT_5、VT_4 导通时输出电压与电流

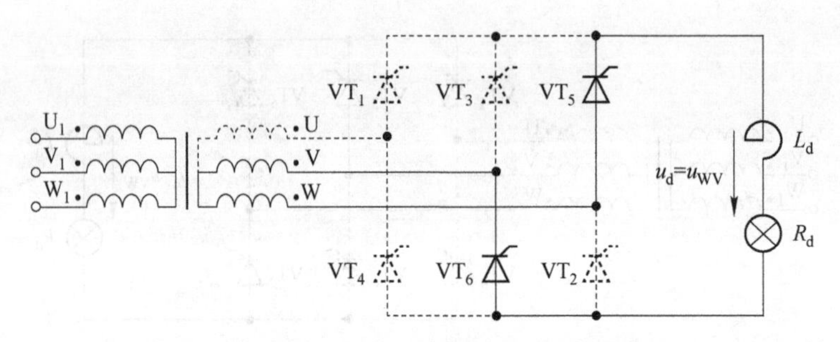

图 3-51 VT_5、VT_6 导通时输出电压与电流

在 ωt_7 时刻再次触发晶闸管 VT_1 导通，输出电压 u_d 为 u_{UV}，至此完成一个周期的工作，在负载上得到一个完整的波形。

显然，当触发脉冲后移到 $\alpha=90°$时，u_d 波形正压部分与负压部分近似相等，输出电压平均值 $U_d \approx 0$。

由以上的分析和测试可以得出：

（1）三相全控桥式整流大电感负载电路，在不接续流管的情况下，当 $\omega L_d \gg R_d$，$\alpha \leqslant 90°$，u_d、i_d 波形连续时，在一个周期内各相晶闸管轮流导电 120°。

（2）移相范围为 $\alpha=0°\sim90°$。

（3）输出电压 u_d 在 $0° \leqslant \alpha \leqslant 90°$范围内波形连续，当 $\alpha > 60°$时，波形出现负半周。

（4）在控制角 $\alpha=0°\sim90°$范围内变化时，晶闸管阳极承受的电压 u_{VT} 的波形分为三段：闸管导通时，$u_{VT} \approx 0$（忽略管压降），其他任一相导通时，都使晶闸管承受相应的线电压。

3.2.3 带电感负载的三相全控桥式整流电路安装调试步骤

（1）按电路原理图 3-31 在实验装置进行线路的连接，在接线过程中按要求照图配线。其中整流变压器和同步变压器的接法与 3.1 节一致，此处不再赘述。

（2）检查接线正确无误后送电，进行电路的调试，其方法与 3.1 节一致，此处不再赘述。

1）测定电源的相序。

2）触发电路的测定。

3）确定初始脉冲的位置。

① 调节控制电压 U_c 调节器，使控制电压 $U_c=0$。

② 将 Y_1 探头的接地端接到触发脉冲电路实验板的面板的“⊥”点上，探头的测试端接在面板的“U_{R_1}”测量同步电压 u_{SU}，在荧光屏上确定 u_{SU} 正向过零点的位置。将 Y_2 探头的测试端接到面板上的“P_1”点处，探头的接地端悬空，荧光屏上显示出脉冲 u_{P_1} 的波形，如图 3-52 所示。

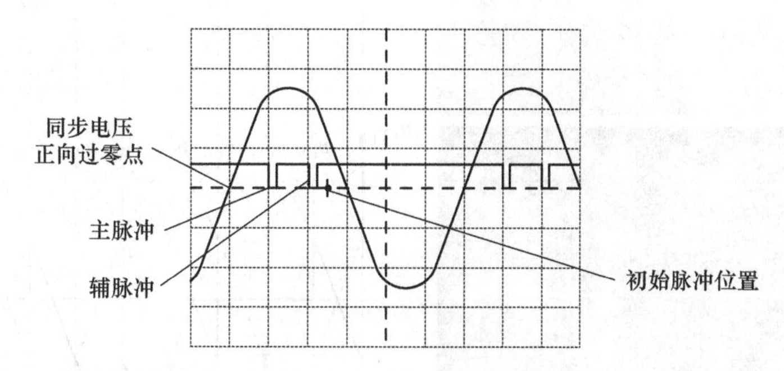

图 3-52 带电感负载的三相全控桥式可控整流电路同步电压与脉冲的关系

将三相全控桥式电感负载的初始脉冲定在 $\alpha=90°$，因为 u_{SU} 与 u_{UV} 同相位，电路控制角 α 的起始点（即 $\alpha=0°$）滞后 u_{UV} 正向过零点 60°，所以初始脉冲的位置应滞后 u_{SU} 正向过零点的角度为 90°+60°=150°，以此在荧光屏确定脉冲的位置。

③ 调节面板上的“偏移”旋钮，改变偏移电压 U_b 的大小，将脉冲 u_{P_1} 的主脉冲移至距 u_{SU} 正向过零点 150°处，此时电路所处的状态即为 $\alpha=90°$，输出电压平均值 $U_d=0$，如图3-53所示。

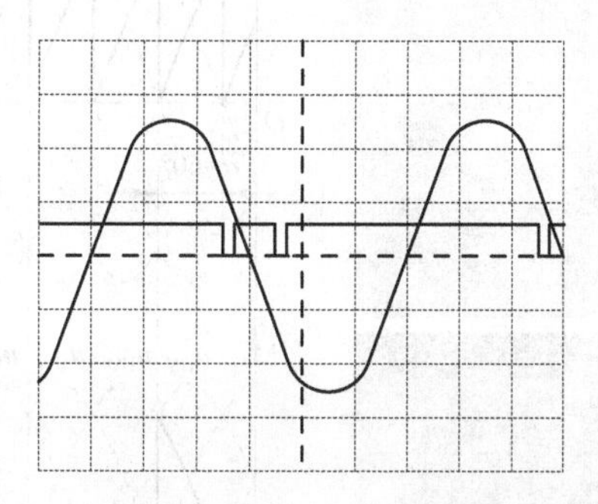

图 3-53 调节完后同步电压与脉冲的位置关系

注意：初始脉冲的位置一旦确定，“偏移”旋钮就不可以随意调整了。

3.2.4 带电感负载的三相全控桥式整流电路测试

接入负载，将探头接于负载两端，探头的测试端接高电位，探头的接地端接低电位，荧光屏上显示的应为带电感负载的三相全控桥式整流电路 $\alpha=90°$时的输出电压 u_d 的波形。增大控制电压 U_c，观察控制角 α 从 90°~0°变化时输出电压 u_d 及对应的晶闸管两端承受的电压 u_{VT} 波形。注意：在测量 u_{VT} 时，探头的测试端接管子的阳极，接地端接管子的阴极。测试 $\alpha=30°$并记录波形如图 3-54 所示，测试 $\alpha=60°$并记录波形如图 3-55 所示，测试$\alpha=90°$并记录波形如图 3-56 所示。

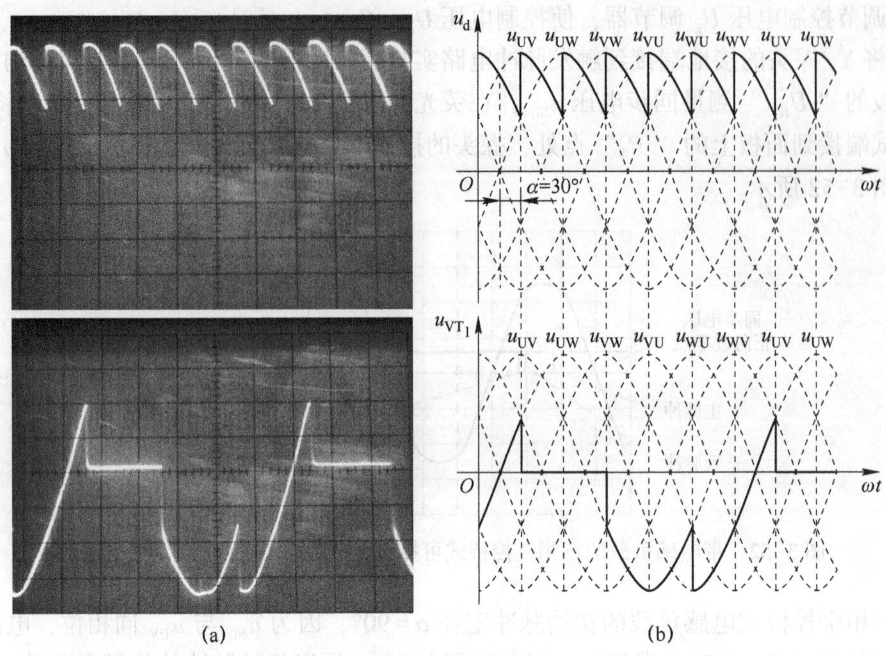

图 3-54 $\alpha=30°$实测波形与记录波形

（a）实测波形；（b）记录波形

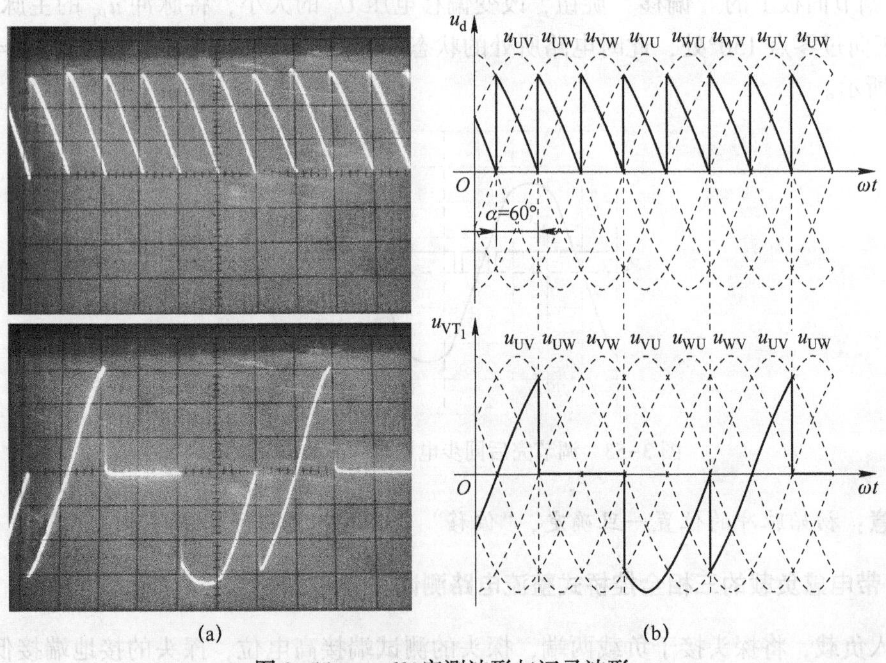

图 3-55 $\alpha=60°$实测波形与记录波形

（a）实测波形；（b）记录波形

要求能用示波器测量并在图 3-57 中绘制出 α=15°、30°、45°、60°、75°（由指导教师选择其中之一，下同）时的输出直流电压 u_d 的波形，晶闸管触发电路功放管集电极电压 u_P 1、2、3、4、5、6 波形，晶闸管两端电压 u_{VT} 1、2、3、4、5、6 波形，及同步电压 u_s U、V、W 波形。

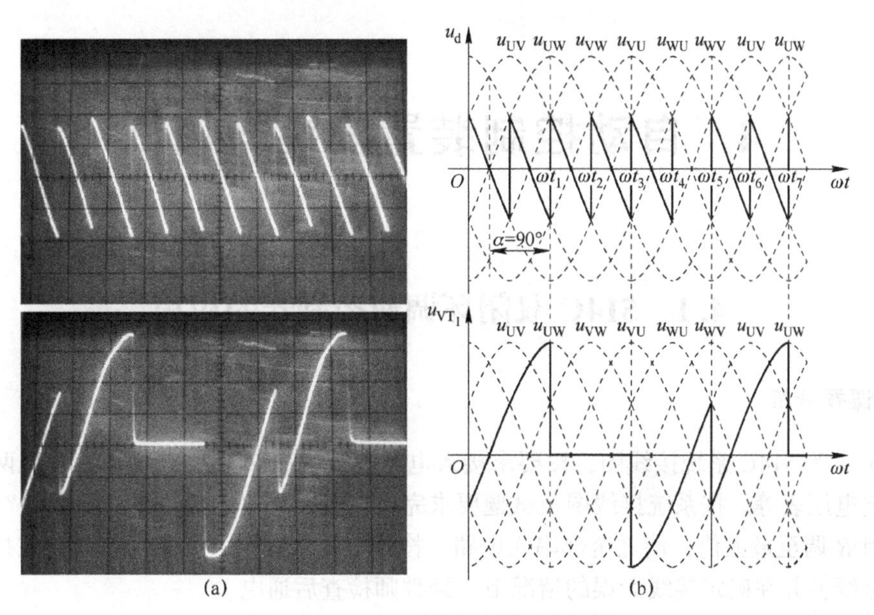

图 3-56　$\alpha=90°$实测波形与记录波形

（a）实测波形；（b）记录波形

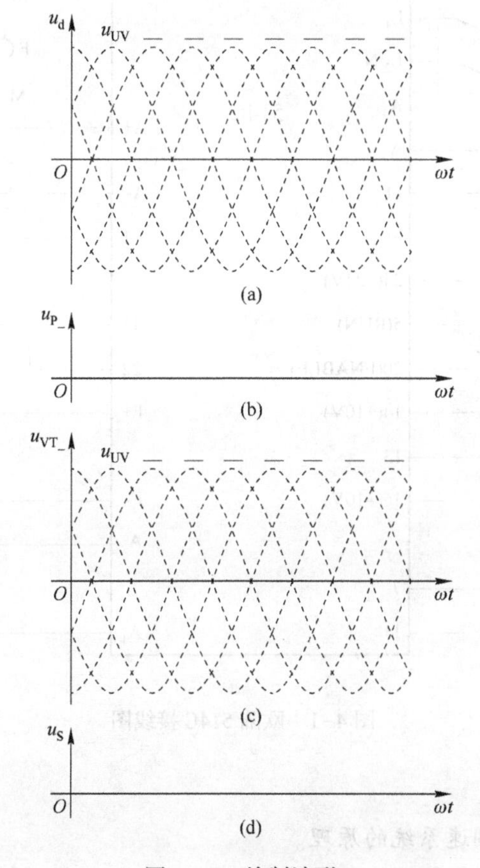

图 3-57　绘制波形

（a）输出直流电压 u_d 的波形；（b）晶闸管触发电路功放管集电极 $u_{P_}$波形；

（c）在波形图上标齐电源相序，画出晶闸管两端电压 $u_{VT_}$波形；（d）同步电压 $u_{S_}$波形

4 自动控制装置安装与调试

4.1 514C 双闭环调速控制器的应用

4.1.1 课题分析

图 4-1 为 514C 系统接线图，按要求接入电枢电流表、转速表、测速发电机两端电压表及给定电压表等。按系统接线图及试题要求完成接线，置象限开关于“单象限”处，将负载电阻 R 调至最大值，使之全部串入电路。按规定要求进行电流限幅整定。在技能实训装置上接线，并在确定接线无误的情况下，经教师检查后通电。

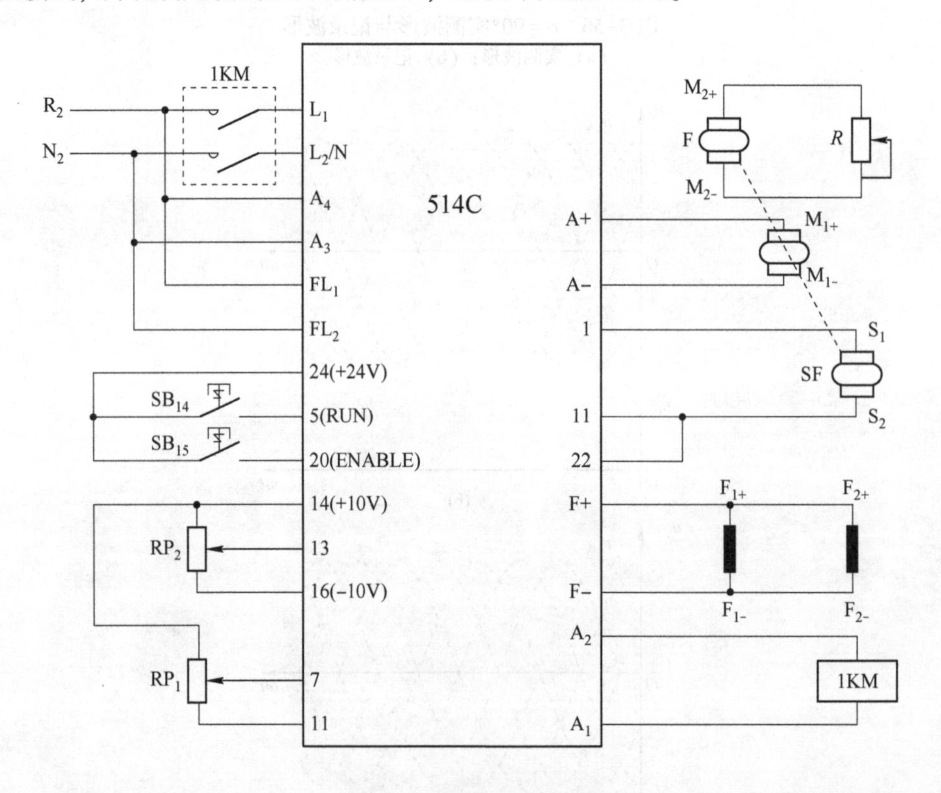

图 4-1 欧陆 514C 接线图

课题目的

(1) 能分析双闭环调速系统的原理。

(2) 能完成欧陆 514C 不可逆调速装置的接线。

(3) 能完成欧陆 514C 不可逆调速装置的调试运行，达到控制要求。

课题重点

(1) 能完成欧陆 514C 不可逆调速装置的接线，按要求接入电枢电流表、转速表、测速发电机两端电压表及给定电压表等。

(2) 能完成欧陆 514C 不可逆调速装置的调试运行，达到控制要求。

课题难点

(1) 根据给定的设备和仪器仪表，在规定时间内完成接线、调试、运行及特性测量分析工作，达到考试规定的要求。调试过程中一般故障自行解决。

(2) 测量与绘制调节特性曲线。

(3) 画出直流调速装置转速、电流双闭环不可逆调速系统原理图。

4.1.2 514C 双闭环直流调速器的功能

欧陆 514C 调速装置系统是英国欧陆驱动器器件公司生产的一种以运算放大器作为调节元件的模拟式直流可逆调速系统。欧陆 514C 主要用于对他励式直流电动机或永磁式直流电动机的速度进行控制，能控制电动机的转速在四象限中运行。它由两组反并联连接的晶闸管模块、驱动电源印制电路板、控制电路印制电路板和面板四部分组成。欧陆 514C 外观如图 4-2 所示。

图 4-2 欧陆 514C 外观图

欧陆 514C 调速装置控制接线端子分布如图 4-3 所示。各控制端子功能见表 4-1。

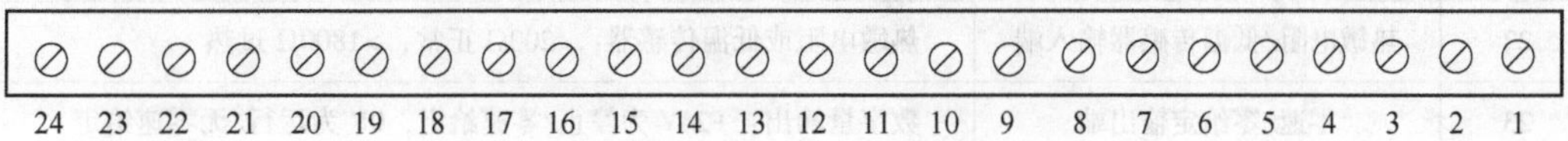

⊘	⊘	⊘	⊘	⊘	⊘	⊘	⊘	⊘	⊘	⊘	⊘	⊘	⊘	⊘	⊘	⊘	⊘	⊘	⊘	⊘	⊘	⊘	⊘
24	23	22	21	20	19	18	17	16	15	14	13	12	11	10	9	8	7	6	5	4	3	2	1

图 4-3 欧陆 514C 控制器控制接线端子分布

表 4-1 控制端子功能

端子号	功 能	说 明
1	测速反馈信号输入端	接测速发电机输入信号，根据电机转速要求，设置测速发电机反馈信号大小，最大电压为 350V
2	未使用	
3	转速表信号输出端	模拟量输出：0~±10V，对应 0~100%转速
4	未使用	
5	运行控制端	24V 运行，0V 停止
6	电流信号输出	$SW_{1/5}$=OFF 电流值双极性输出 $SW_{1/5}$=ON 电流值输出
7	转矩/电流极限输入端	模拟量输入：0~+7.5V，对应 0~150%标定电流
8	0V 公共端	模拟/数字信号公共地
9	给定积分输出端	0~±10V，对应 0~±100%积分给定
10	辅助速度给定输入端	模拟量输入：0~±10V，对应 0~±100%速度
11	0V 公共端	模拟/数字信号公共地
12	速度总给定输出端	模拟量输出：0~±10V，对应 0~±100%速度
13	积分给定输入端	模拟量输入： 0~-10V，对应 0~100%反转速度 0~+10V，对应 0~100%正转速度
14	+10V 电源输出端	输出+10V 电源
15	故障排除输入端	数字量输入：故障检测电路复位，输入+10V 为故障排除
16	-10V 电源输出端	输出-10V 电源
17	负极性速度给定修正输入端	模拟量输入： 0~-10V，对应 0~100%正转速度 0~+10V，对应 0~100%反转速度
18	电流给定输入/输出端	模拟量输入/输出： $SW_{1/8}$=OFF 电流给定输入 $SW_{1/8}$=ON 电流给定输出 0~±7.5V，对应 0~±150%标定电流
19	“正常”信号端	数字量输出：+24V 为正常无故障
20	始能输入端	控制器始能输入：+10~+24V 为允许输入，0V 为禁止输入
21	速度总给定反向输出端	模拟量输出：10~0V，对应 0~100%正向速度
22	热敏电阻/低温传感器输入端	热敏电阻或低温传感器：<200Ω 正常，>1800Ω 过热
23	零速/零给定输出端	数字量输出：+24V 为停止/零速给定，0V 为运行/无零速给定
24	+24V 电源输出端	输出+24V 电源

欧陆 514C 调速装置使用单相交流电源，主电源由一个开关进行选择采用～220V，50Hz。直流电动机的速度通过一个带反馈的线性闭环系统来控制。反馈信号通过一个开关进行选择，可以使用转速负反馈，也可以使用控制器内部的电枢电压负反馈电流来进行正反馈补偿。

反馈的形式由功能选择开关 $SW_{1/3}$ 进行选择。如采用电压负反馈，则可使用电位器 RP_8 加上电流正反馈作为速度补偿，如果采用转速负反馈则电流正反馈，电位器 RP_8 应逆时针转到底，关闭电流正反馈补偿功能。速度负反馈系数通过功能选择开关 $SW_{1/1}$ 进行选择，$SW_{1/2}$ 用来设定反馈电压的范围。

欧陆 514C 调速装置控制回路外环是一个速度环，内环是电流环的双闭环调速系统，同时采用了无环流控制器对电流调节器的输出进行控制，分别触发正、反转晶闸管单相全控桥式整流电路，以控制电动机正、反转的四象限运行。

欧陆 514C 调速装置主电源端子功能见表 4-2。

表 4-2 电源接线端子功能

端子号	功能说明	端子号	功能说明
L_1	接交流主电源输入相线 1	FL_1	接励磁整流电源
L_2/N	接交流主电源输入相线 2/中线	FL_2	接励磁整流电源
A_1	接交流电源接触器线圈	A_+	接电动机电枢正极
A_2	接交流电源接触器线圈	A_-	接电动机电枢负极
A_3	接辅助交流电源中线	F_+	接电动机励磁正极
A_4	接辅助交流电源相线	F_-	接电动机励磁负极

欧陆 514C 调速装置控制器面板 LED 指示灯实物及含义如图 4-4 所示，作用见表 4-3。

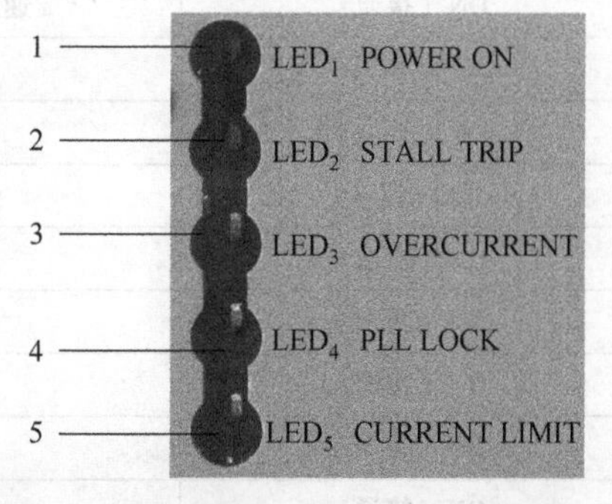

图 4-4 欧陆 514C 控制器面板 LED 指示灯实物及指示灯含义

1—电源；2—堵转故障跳闸；3—过电流；4—锁相；5—电流限制

表 4-3 欧陆 514C 控制器面板 LED 指示灯含义

指示灯	含义	显示方式	说 明
LED_1	电源	正常时灯亮	辅助电源供电
LED_2	堵转故障跳闸	故障时灯亮	装置为堵转状态，转速环中的速度失控 60s 后跳闸
LED_3	过电流	故障时灯亮	电枢电流超过 4.5 倍校准电流
LED_4	锁相	正常时灯亮	故障时闪烁
LED_5	电流限制	故障时灯亮	装置在电流限制、失速控制、堵转条件下 60s 后跳闸

欧陆 514C 控制器功能选择开关如图 4-5 所示，其作用见表 4-4 和表 4-5。

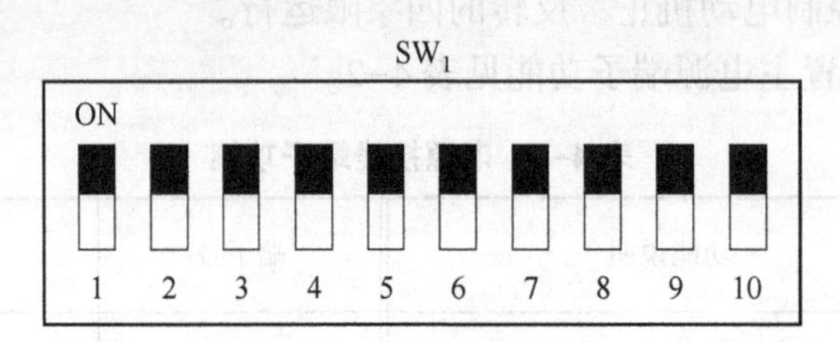

图 4-5 功能选择开关

表 4-4 额定转速下的测速发电机/电枢电压的反馈电压范围设置

$SW_{1/1}$	$SW_{1/2}$	反馈电压范围/V	备 注
OFF（断开）	ON（接通）	10~25	用电位器 P_{10} 调整达到最大速度时所对应的反馈电压数值
ON（接通）	ON（接通）	25~75	
OFF（断开）	OFF（断开）	75~125	
ON（接通）	OFF（断开）	125~325	

表 4-5 电位器功能开关作用

开关名称	状 态	作 用
速度反馈开关 $SW_{1/3}$	OFF（断开）	速度控制测速发电机反馈方式
	ON（接通）	速度控制电枢电压反馈方式
零输出开关 $SW_{1/4}$	OFF（断开）	零速度输出
	ON（接通）	零给定输出
电流电位计开关 $SW_{1/5}$	OFF（断开）	双极性输出
	ON（接通）	单极性输出
积分隔离开关 $SW_{1/6}$	OFF（断开）	积分输出
	ON（接通）	无积分输出
逻辑停止开关 $SW_{1/7}$	OFF（断开）	禁止逻辑停止
	ON（接通）	允许逻辑停止
电流给定开关 $SW_{1/8}$	OFF（断开）	18 号控制端电流给定输入
	ON（接通）	电流给定输出

续表 4-5

开关名称	状　态	作　用
过流接触器跳闸禁止开关 $SW_{1/9}$	OFF（断开）	过流时接触器跳闸
	ON（接通）	过流时接触器不跳闸
速度给定信号选择开关 $SW_{1/10}$	OFF（断开）	总给定
	ON（接通）	积分给定输入

欧陆 514C 控制器面板上各电位器位置如图 4-6 所示，电位器功能见表 4-6。

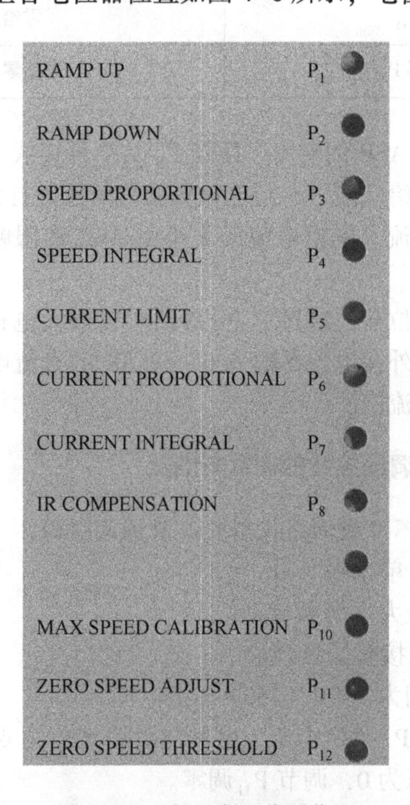

图 4-6　面板上各电位器位置

表 4-6　面板电位器功能

电位器名称	功　能
上升斜率电位器 P_1	调整上升积分时间（线性 1~40s）
下降斜率电位器 P_2	调整下降积分时间（线性 1~40s）
速度环比例系数电位器 P_3	调整速度环比例系数
速度环积分系数电位器 P_4	调整速度环积分系数
电流限幅电位器 P_5	调整电流限幅值
电流环比例系数电位器 P_6	调整电流环比例系数

续表 4-6

电位器名称	功能
电流环积分系数电位器 P_7	调整电流环积分系数
电流补偿电位器 P_8	调节采用电枢电压负反馈时的电流正反馈补偿值
P_9	未使用
最高转速电位器 P_{10}	控制电机最大转速
零速偏移电位器 P_{11}	零给定时，调节零速
零速检测阈值电位器 P_{12}	调整零速的检测门槛电平

特别指出：转速调节器 ASR 的输出电压经 P_5 及 7 号接线端子上所接的外部电位器调整限幅后，作为电流内环的给定信号，与电流负反馈信号进行比较，加到电流调节器的输入端，以控制电动机电枢电流。电枢电流的大小由 ASR 的限幅值以及电流负反馈系数加以确定。

在 7 号端子上不外接电位器，通过 P_5 可得到对应最大电枢电流为 1.1 倍标定电流的限幅值。在 7 号端子上通过外接电位器输入 0~+7.5V 的直流电压时，通过 RP_5 可得到最大电枢电流为 1.5 倍标定电流值。

4.1.3 514C 双闭环不可逆调速控制的调试与测试

4.1.3.1 514C 双闭环不可逆调速控制的安装调试步骤

（1）将象限开关置于“单象限”处。

（2）将电阻箱 R 调至最大（轻载启动）。

（3）按下 SB_{14}，可听到接触器吸合动作。

（4）将 RP_2 电流限幅调为 7.5V（150%标定电流）。

（5）按下 SB_{15}，调整 RP_1 给定电压，电机能跟随 RP_1 的变化稳定旋转。

（6）调整 RP_1 给定电压为 0，调节 P_{11} 调零。

（7）调整 RP_1 给定电压为要求电压，调节 P_{10} 使电动机转速为要求的转速。

4.1.3.2 514C 双闭环不可逆调速控制的测试

（1）绘制调节特性曲线。设定给定电压 U_{gn} 为 0~________V（此处由教师填写），使电机转速 n 为 0 ~________r/min（此处由教师填写）。实测并标明电压和转速于表 4-7，并在图 4-7 中绘制调节特性曲线。

表 4-7 实测数据记录

n/r · min^{-1}								
U_{gn}/V	0							
U_{Tn}/V	0							

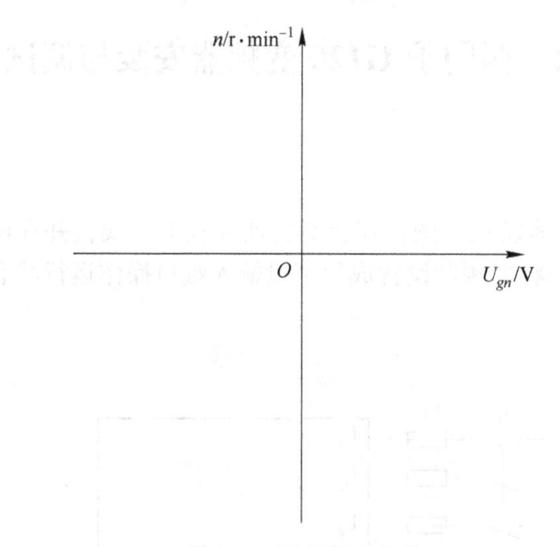

图 4-7 调节特性曲线

（2）绘制静特性曲线。设定给定电压 U_{gn} 为 0~________V（此处由教师填写），使电机转速 n 为 0~________r/min（此处由教师填写）。

当 n =________r/min（此处由教师填写）时的静态特性，实测并标明电压和转速见表 4-8，并在图 4-8 中绘制静特性曲线。

表 4-8 实测数据记录

I_d /A	空载						
U_{Tn} /V							
n /r · min^{-1}							

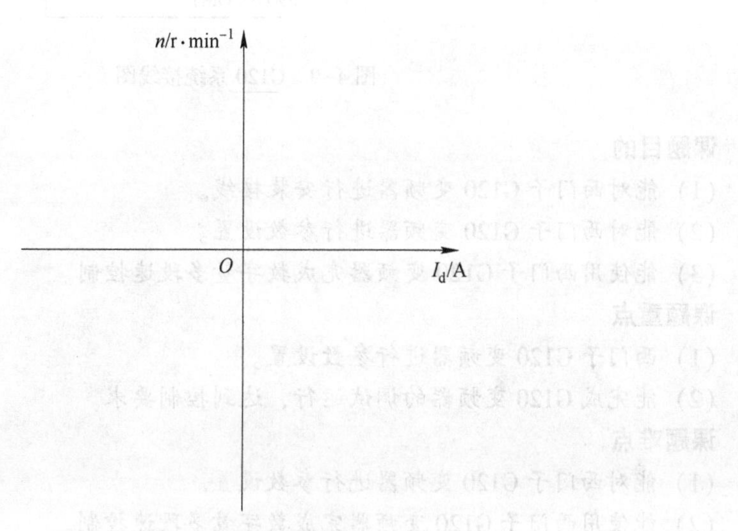

图 4-8 静特性曲线

4.2 西门子 G120 变频器安装与调试

4.2.1 课题分析

图 4-9 所示为 G120 系统接线图，在技能实训装置上接线，并在确定接线无误的情况下，经教师检查后通电。将变频器设置成数字量输入端口操作运行状态，线性 V/F 控制方式，多段转速控制。

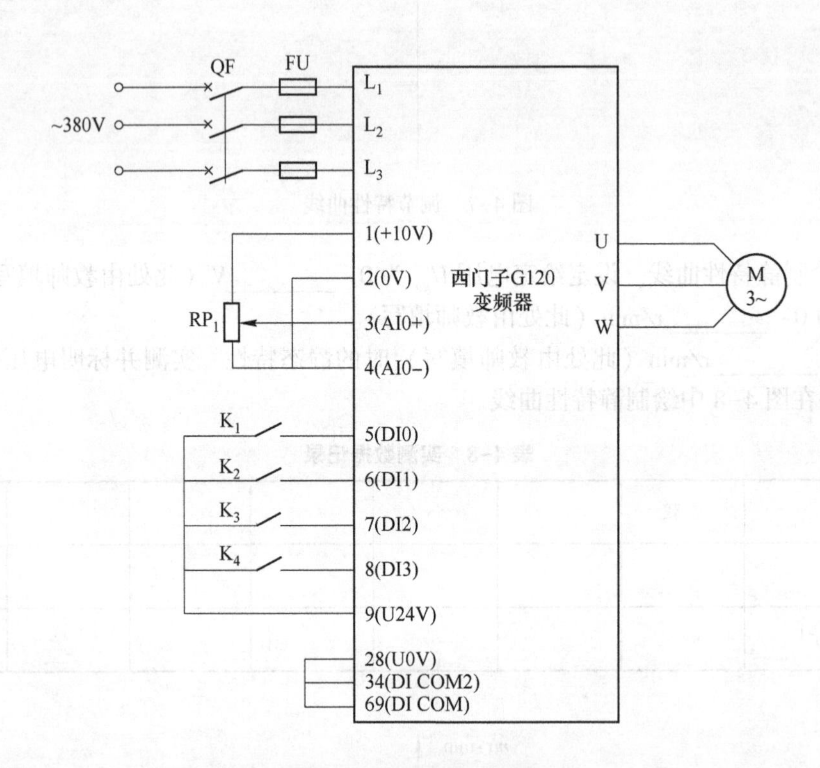

图 4-9 G120 系统接线图

课题目的

(1) 能对西门子 G120 变频器进行安装接线。

(2) 能对西门子 G120 变频器进行参数设置。

(3) 能使用西门子 G120 变频器完成数字量多段速控制。

课题重点

(1) 西门子 G120 变频器进行参数设置。

(2) 能完成 G120 变频器的调试运行，达到控制要求。

课题难点

(1) 能对西门子 G120 变频器进行参数设置。

(2) 能使用西门子 G120 变频器完成数字量多段速控制。

4.2.2 G120 变频器的端子功能与接线

SINAMICS G120 变频器是一个模块化变频器，主要包括两个部分：控制单元 CU 和功率模块 PM。其功率模块支持的功率范围为 0.37～250kW，其接线图如图 4-10 所示。

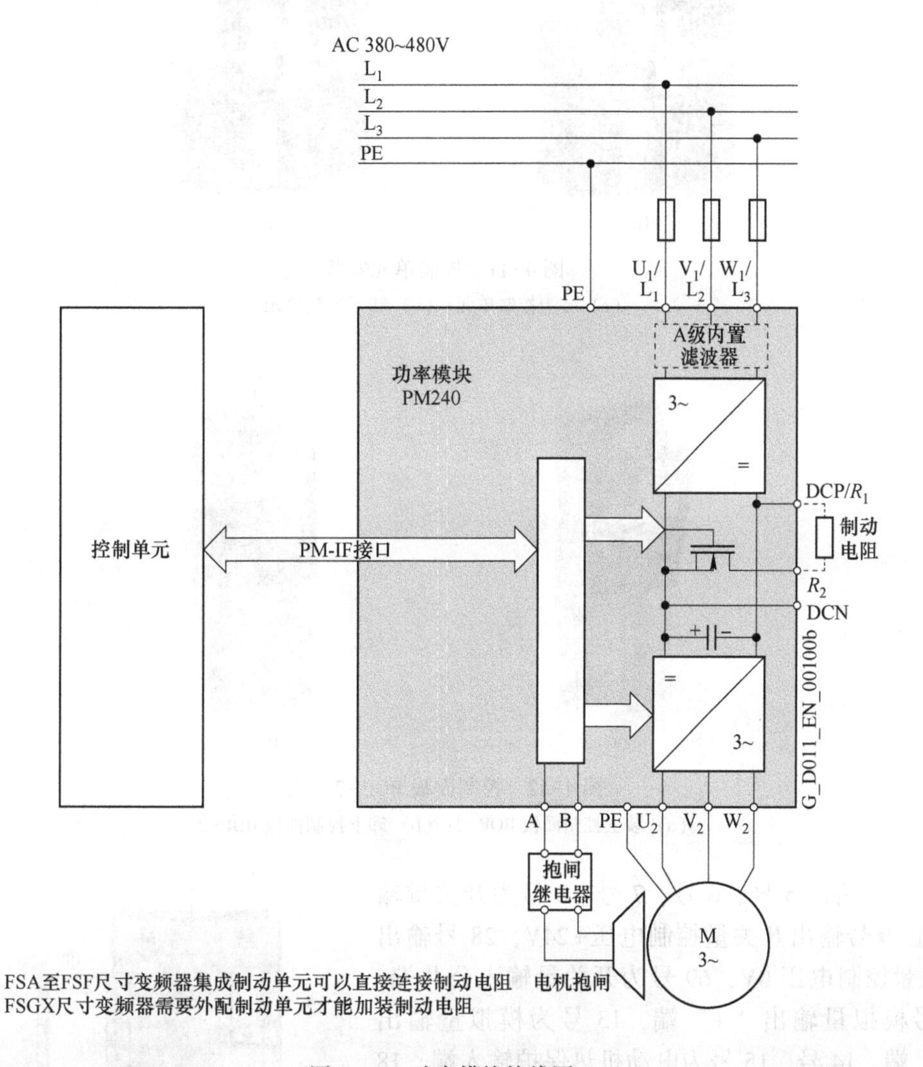

图 4-10 功率模块接线图

功率单元可配置不同的控制单元，采用快速安装模式，如图 4-11 所示。

控制单元可配置不同的控制面板，也可采用快速安装模式，如图 4-12 所示。

控制单元如图 4-13 所示。图中：①为存储卡插槽；②为操作面板接口；③用于连接 STARTER 的 USB 接口；④为状态 LED；⑤用于设置现场总线地址的 DIP 开关；⑥用于设置 AI0（端子 3、4）和 AI1（端子 10、11）的 DIP 开关；⑦为端子排（图中有 3 处）；⑧为端子名称（图中有 3 处）；⑨为现场总线接口。

采用 CU240B-2 的控制单元，其接线端子图如图 4-14 所示。其中 1 号、2 号输出控制电压，1 号为+10V 电压，2 号为 0V 电压，3 号为模拟量输入 0 “+” 端，4 号为模拟量输

(a)

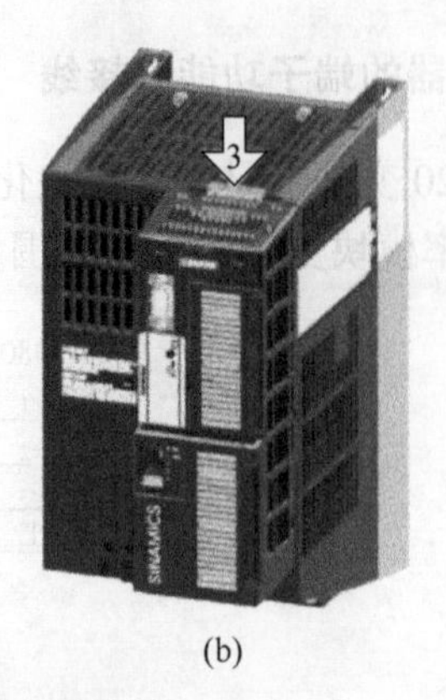

(b)

图 4-11 控制单元安装

(a) 装上控制单元；(b) 卸下控制单元

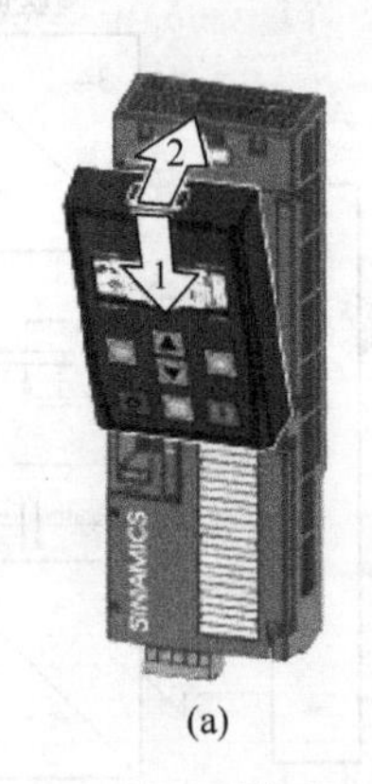

(a)

(b)

图 4-12 控制面板 BOP-2 安装

(a) 装上控制面板 BOP-2；(b) 卸下控制面板 BOP-2

入 0 “-” 端，5 号、6 号、7 号、8 号为开关量输入端，9 号输出开关量控制电压+24V，28 号输出开关量控制电压 0V，69 号为开关量输入公共端，12 号模拟量输出 “+” 端，13 号为模拟量输出 “-” 端，14 号、15 号为电动机热保护输入端，18 号、19 号、20 号为输出继电器对外输出的触点，18 号为常闭，19 号为常开，20 号为公共端，31 号为外接控制电源的 24V 端，32 号为外接控制电源的 0V 端。模拟输入 0（AIN0）可以采用电压输入或电流输入，可通过模拟量输入 DIP 开关进行功能选择。

采用 CU240E-2 的控制单元，其接线端子图如图 4-15 所示。其中 1 号、2 号输出控制电压，1 号为+10V 电压，2 号为 0V 电压，3 号为模拟量输

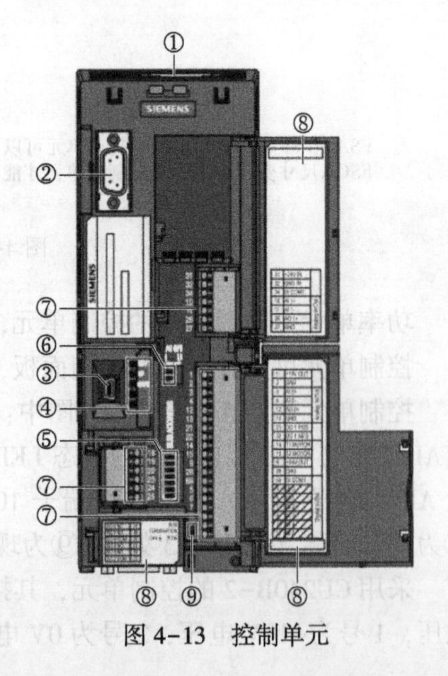

图 4-13 控制单元

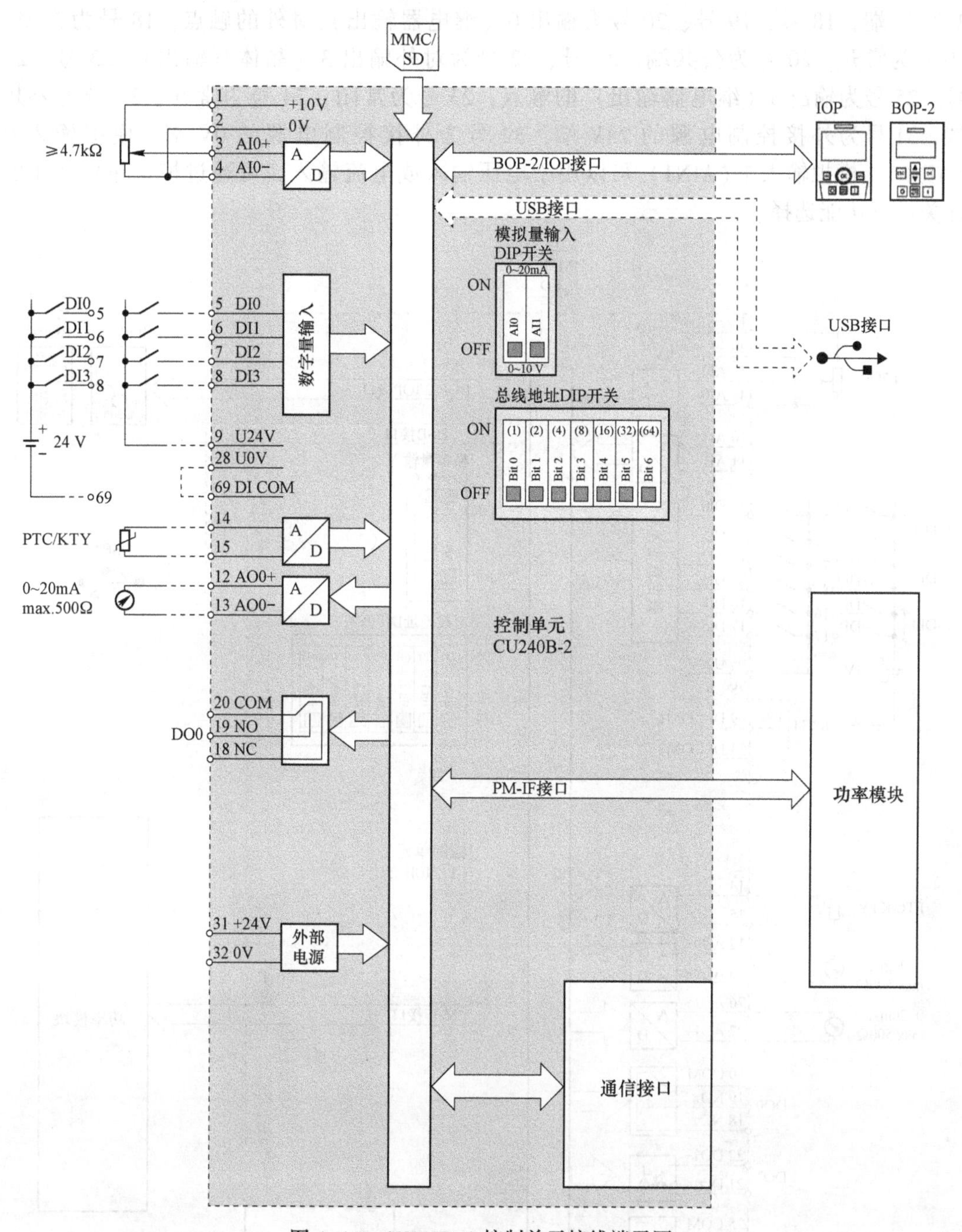

图4-14 CU240B-2控制单元接线端子图

入0“+”端，4号为模拟量输入0“-”端，10号为模拟量输入1“+”端，11号为模拟量输入1“-”端，5号、6号、7号、8号、16号、17号为开关量输入端，9号输出开关量控制电压+24V，28号输出开关量控制电压0V，69号为开关量输入公共端1，34号为开关量输入公共端2，12号模拟量输出1“+”端，13号为模拟量输出1“-”端，14号、15号为电动机热保护输入端，26号模拟量输出2“+”端，27号为模拟量输出

2“-”端，18号、19号、20号为输出0（继电器输出）对外的触点，18号为常闭，19号为常开，20号为公共端，21号、22号为对外输出3（晶体管输出），23号、24号、25号为输出3（继电器输出）的触点，23号为常闭，24号为常开，25号为公共端，31号为外接控制电源的24V端，32号为外接控制电源的0V端。模拟输入0（AIN0）、模拟输入1（AIN1）可以用于电压输入或电流输入，可通过模拟量输入DIP开关进行功能选择。

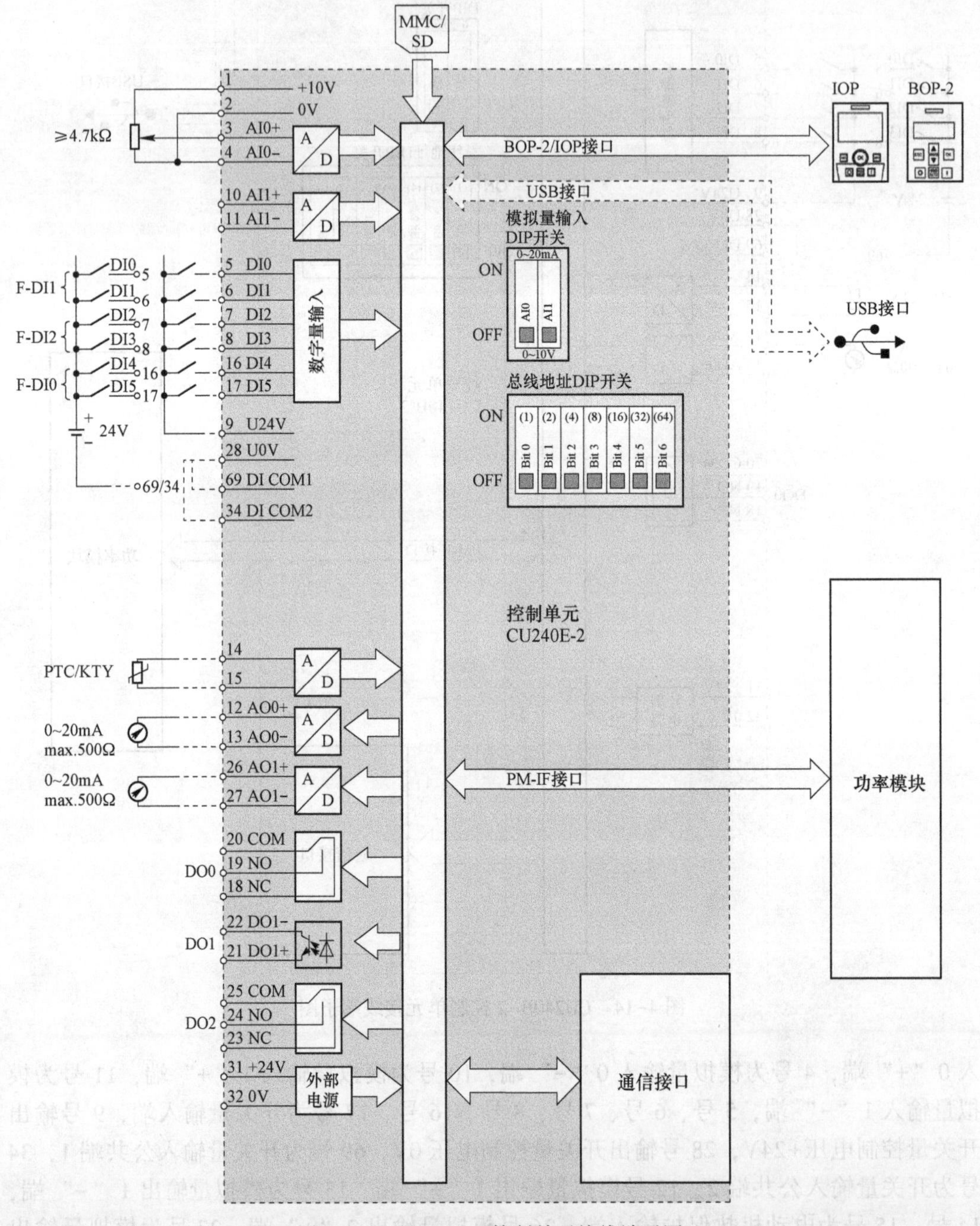

图4-15　CU240E-2控制单元接线端子图

4.2.3 G120 变频器参数设置方法

4.2.3.1 BOP-2 控制单元操作面板

BOP-2 控制单元操作面板如图 4-16 所示，各按键的作用见表 4-9。

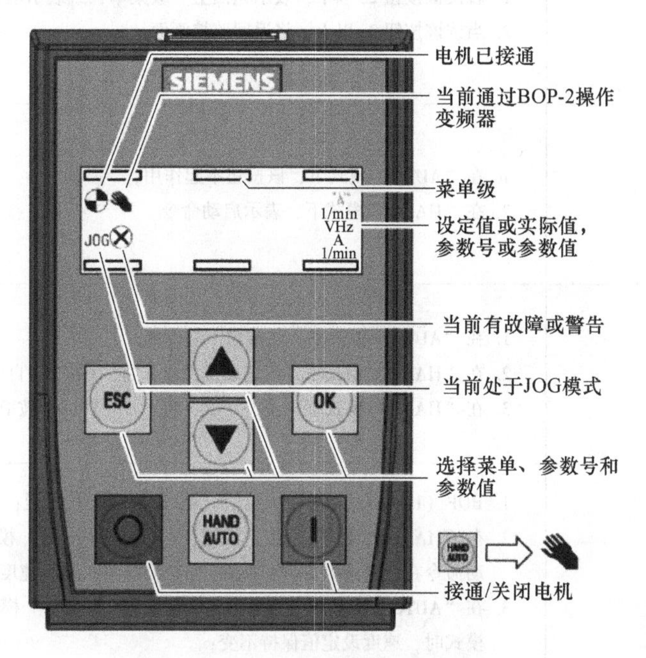

图 4-16 BOP-2 控制单元操作面板

表 4-9 基本操作面板 BOP 上的按键的作用

按　钮	功能的说明
OK	1. 菜单选择时，表示确认所选的菜单项； 2. 当参数选择时，表示确认所选的参数和参数值设置，并返回上一级画面； 3. 在故障诊断画面，使用该按钮可以清除故障信息
▲	1. 在菜单选择时，表示返回上一级画面； 2. 当参数修改时，表示改变参数号或参数值； 3. 在“HAND”模式下，点动运行方式下，长时间同时按▲和▼可以实现以下功能：若在正向运行状态下，则将切换为反向状态；若在停止状态下，则将切换到运行状态
▼	1. 在菜单选择时，表示进入下一级画面； 2. 当参数修改时，表示改变参数号或参数值

续表 4-9

按 钮	功能的说明
ESC	1. 若按该按钮 2s 以下，表示返回上一级菜单，或表示不保存所修改的参数值； 2. 当按该按钮 3s 以上，将返回监控画面
I	1. 在“AUTO”模式下，该按钮不起作用； 2. 在“HAND”模式下，表示启动命令
O	1. 在“AUTO”模式下，该按钮不起作用； 2. 在“HAND”模式下，若连续按两次，将“OFF2”自由停车； 3. 在“HAND”模式下，若按一次，将“OFF1”，即按 P1121 的下降时间停车
HAND AUTO	1. BOP（HAND）与总线或端子（AUTO）的切换按钮； 2. 在“HAND”模式下，按下该键，切换到“AUTO”模式。若自动模式的启动命令在，变频器自动切换到“AUTO”模式下的速度给定值； 3. 在“AUTO”模式下，按下该键，切换到“HAND”模式。切换到“HAND”模式时，速度设定值保持不变； 4. 在电机运行期间可以实现“HAND”模式和“AUTO”模式的切换

若要锁住或解锁按键，只需同时按 ESC 和 OK 3s 以上即可。

基本操作面板液晶显示图标含义见表 4-10。

表 4-10 基本操作面板 BOP 面板液晶显示图标含义

图 标	功 能	状 态	功能的说明
	控制源	手动模式	“HAND”模式下会显示，“AUTO”模式不显示
	变频器状态	运行状态	表示变频器处于运行状态，该图标是静止的
JOG	点动功能	点动功能激活	——
	故障和报警	静止表示报警 闪烁表示故障	故障状态下闪烁，变频器会自动停止。静止图标表示处于报警状态

BOP-2 操作面板菜单结构如图 4-17 所示。各菜单功能见表 4-11。

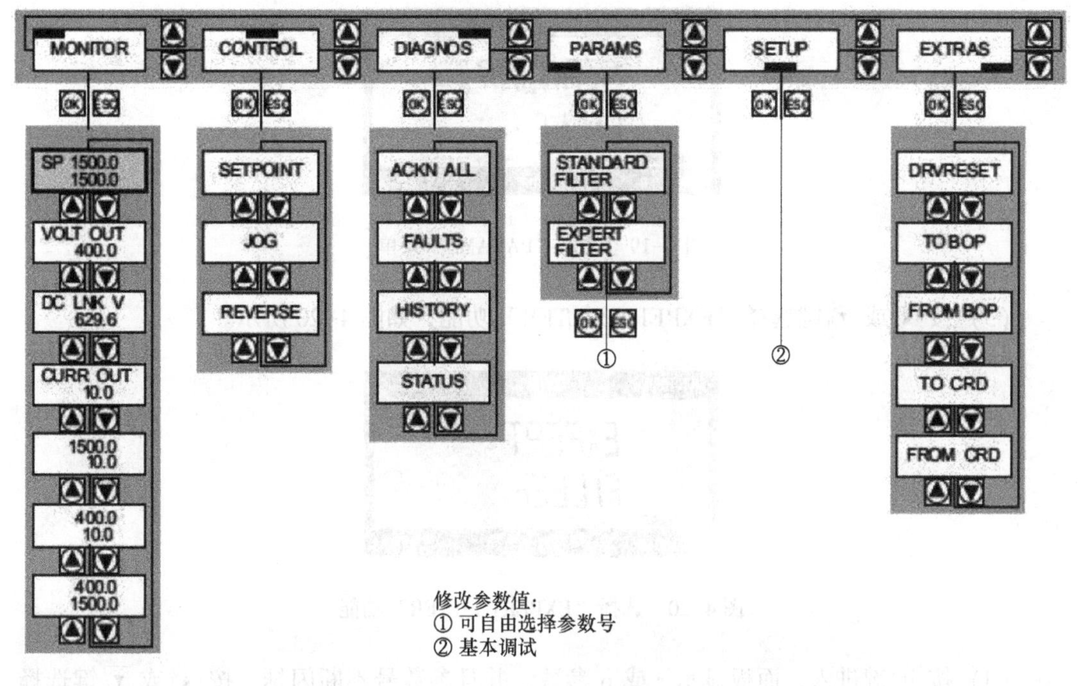

图 4-17 BOP-2 操作面板菜单结构

表 4-11 BOP-2 操作面板菜单功能

按　钮	功能的说明
MONITOR	监视菜单：运行速度、电压和电流值显示
CONTROL	控制菜单：使用 BOP-2 面板控制变频器
DIAGNOS	诊断菜单：故障报警和控制字、状态字的显示
PARAMS	参数菜单：查看或修改参数
SETUP	调试向导：快速调试
EXTRAS	附加菜单：设备的工厂复位和数据备份。

4.2.3.2 BOP-2 操作面板设置参数方法

(1) 按▲或▼键将光标移动到“PARAMS”，面板显示如图 4-18 所示。

图 4-18 移动到“PARAMS”面板显示

（2）按OK键进入“PARAMS”菜单，如图 4-19 所示。

图 4-19 进入“PARAMS”菜单

（3）按▲或▼键选择“EXPERT FILTER”功能，如图 4-20 所示。

图 4-20 选择“EXPERT FILTER”功能

（4）按OK键进入，面板显示 r 或 p 参数，并且参数号不断闪烁，按▲或▼键选择所需的参数 P700，如图 4-21 所示。

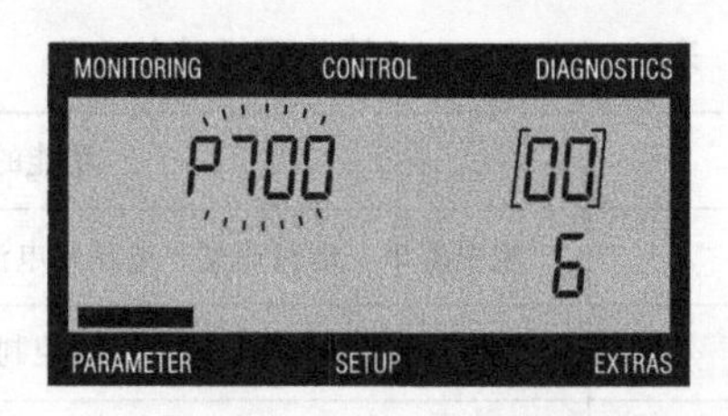

图 4-21 参数号不断闪烁

（5）按OK键焦点移动到参数下标［00］，［00］不断闪烁，按▲或▼键可以选择不同的下标。本例选择下标［00］，如图 4-22 所示。

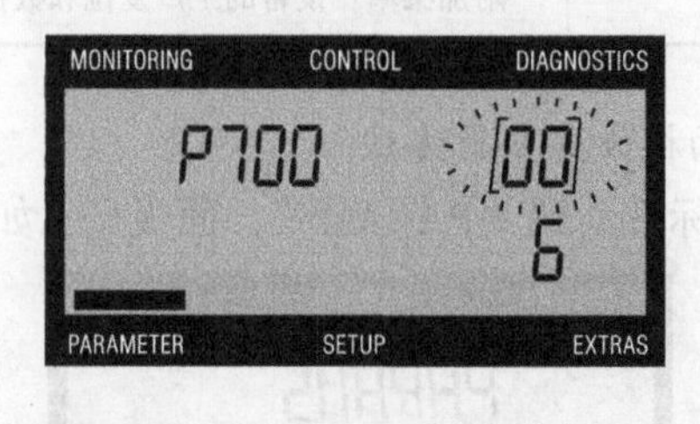

图 4-22 选择不同的下标

（6）按OK键焦点移动到参数值，参数值不断闪烁，按▲或▲键可以调整参数值，如图 4-23 所示。

图 4-23 调整参数值

（7）按OK键保存参数值，画面返回，如图 4-24 所示。

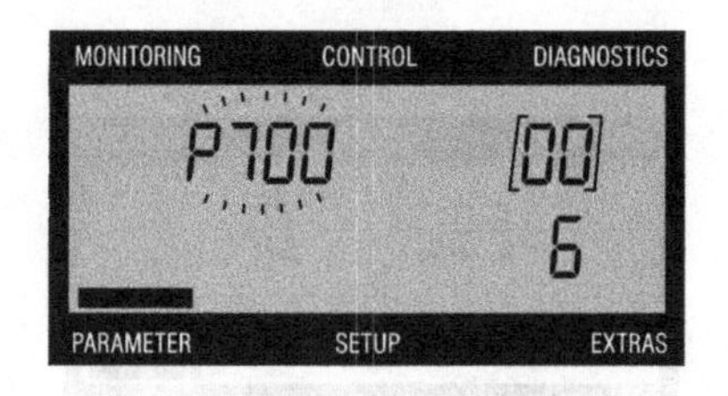

图 4-24 画面返回

（8）按照上述步骤可对变频器的其他参数进行设置。

4.2.4 G120 变频器的常用控制设置

通常一台新的变频器一般需要经过参数复位、基本调试、通能调试三个调试步骤，如图 4-25 所示。

图 4-25 调试步骤

4.2.4.1 参数复位

将变频器参数恢复到出厂值。一般在变频器出厂和参数出现混乱的时候进行该操作。采用 BOP-2 操作面板恢复出厂设置步骤如下。

（1）按▲、▼键将光标移动到“EXTRAS”，液晶屏显示如图 4-26 所示。

图 4-26 光标移动到“EXTRAS”

（2）按OK键进入“EXTRAS”菜单，按▲或▼键找到“DRVRESET”功能，液晶屏显示如图 4-27 所示。

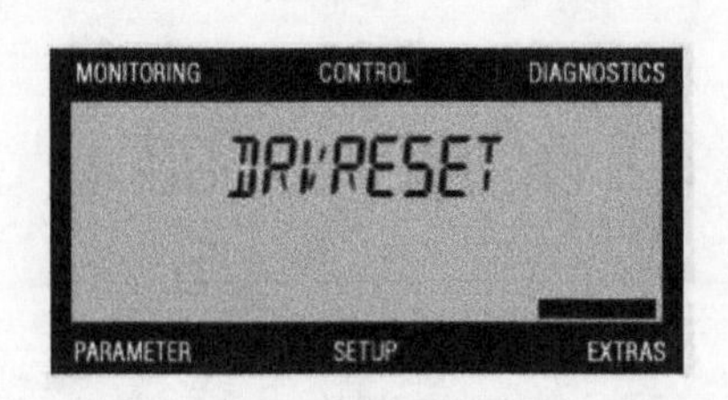

图 4-27 找到“DRVRESET”功能

（3）按 OK 键进行复位出厂设置，按 ESC 取消复位出厂设置，液晶屏显示如图 4-28 所示。

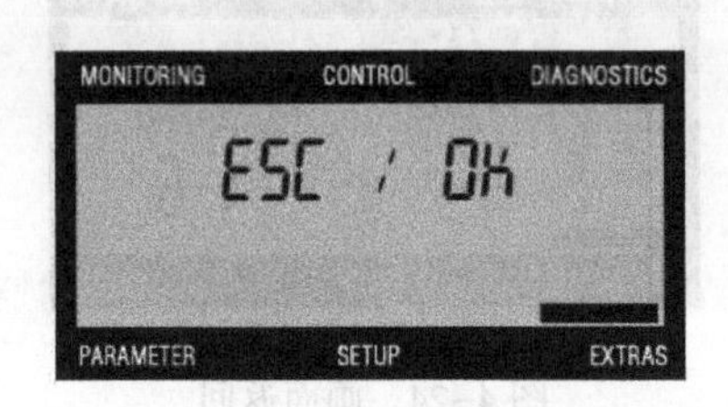

图 4-28 确定是否复位出厂设置

（4）按 OK 键开始恢复参数，液晶屏显示如图 4-29 所示。

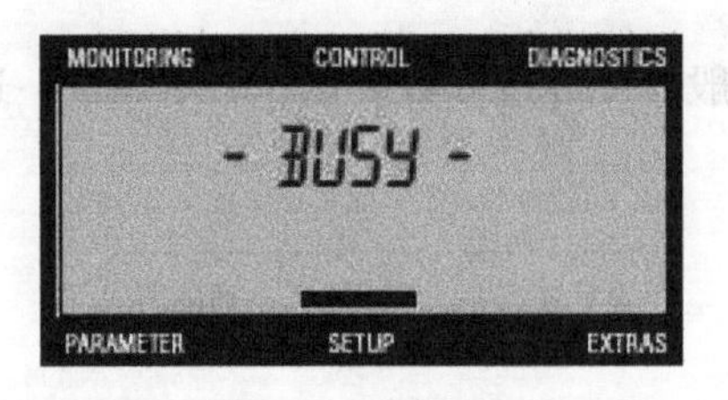

图 4-29 液晶屏显示 BUSY

（5）复位完成后，液晶屏显示如图 4-30 所示。按 OK 或 ESC 键可返回“EXTRAS”菜单。

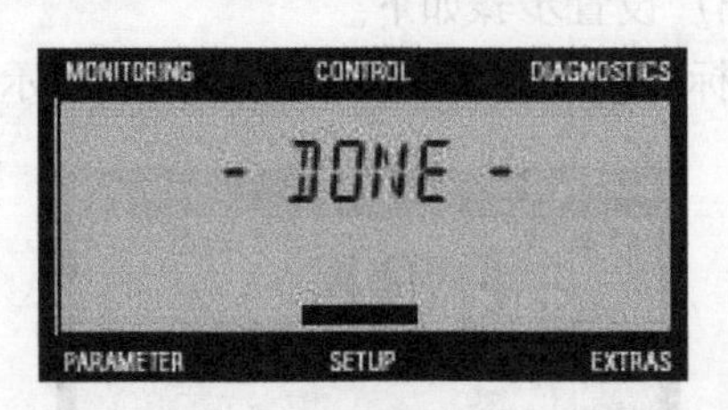

图 4-30 液晶屏显示 DONE

4.2.4.2 快速调试

通过设置电机参数、变频器的命令源、速度设定源等基本参数，从而达到简单快速运转电机的一种操作模式。使用 BOP-2 进行快速调试步骤如下。

（1）按▲、▼键将光标移动到“SETUP”，液晶屏显示如图4-31所示。

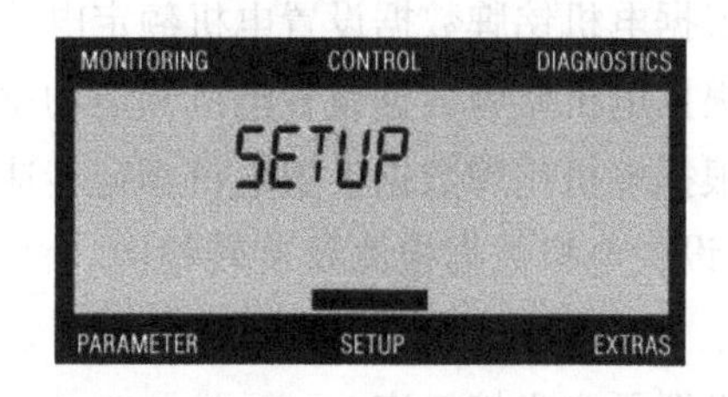

图4-31　光标移动到“SETUP”

（2）按OK键进入“SETUP”菜单，显示工厂复位功能，如果需要复位按OK键，按▲、▼键选择“YES”，按OK键开始出厂复位，面板显示“BUSY“；如不需要出厂复位按▼键，液晶屏显示如图4-32所示。

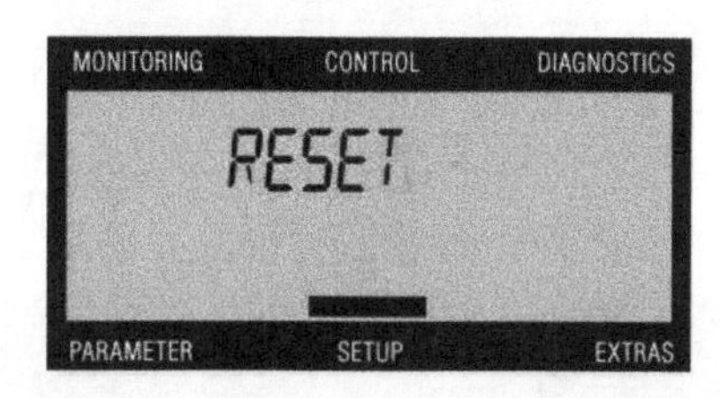

图4-32　液晶屏显示出厂复位功能

（3）按OK键进入P1300参数选择运行方式，按▲、▼键选择参数值，按OK键确认参数。液晶屏显示如图4-33所示。

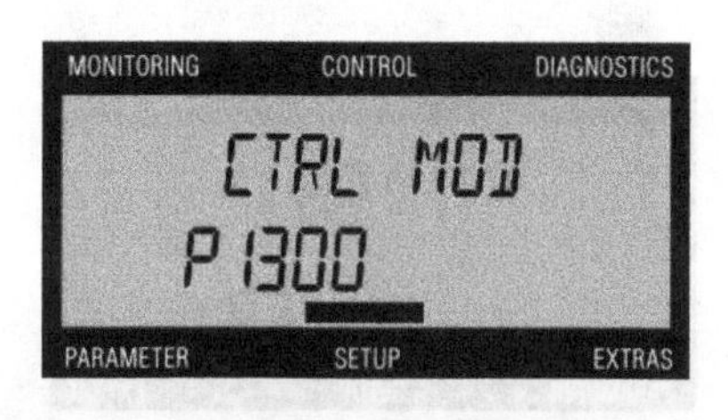

图4-33　液晶屏显示选择运行方式

（4）按OK键进入P100参数选择电机标准IEC/NEMA，按▲、▼键选择参数值，按OK键确认参数，通常国内使用的电机为IEC电机，该参数为0。液晶屏显示如图4-34所示。

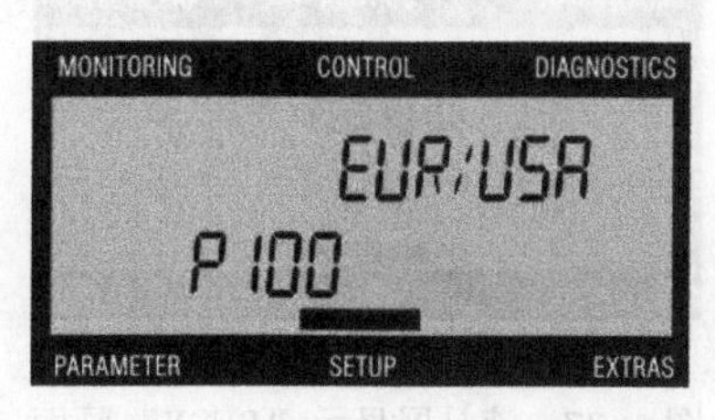

图4-34　液晶屏显示选择电机标准

（5）进入P304参数，根据电机铭牌数据设置电机额定电压。

（6）进入P305参数，根据电机铭牌数据设置电机额定电流。

（7）进入P307参数，根据电机铭牌数据设置电机额定功率。

（8）进入P311参数，根据电机铭牌数据设置电机额定转速。

（9）进入P1900参数，设置电机数据检测及旋转检测，注意当P1300=20或P1300=22时，该参数自动设置为2，表示电机数据检测（静止状态）。

（10）进入P15参数，设置预定义接口宏。

（11）进入P1080参数，设置电机最低转速。

（12）进入P1020参数，设置斜坡上升时间。

（13）进入P1021参数，设置斜坡下降时间。

（14）参数设置完毕后，进入结束快速调试画面，液晶屏显示如图4-35所示。

图4-35 液晶屏显示结束快速调试画面

（15）按OK键进入，按▲、▼键选择“YES”，按OK键确认结束快速调试。液晶屏显示如图4-36所示。

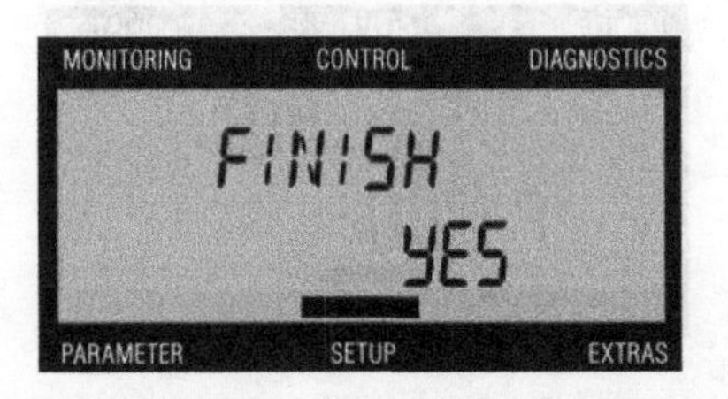

图4-36 液晶屏显示结束快速调试确认画面

（16）面板显示“BUSY”，变频器进行参数计算。液晶屏显示如图4-37所示。

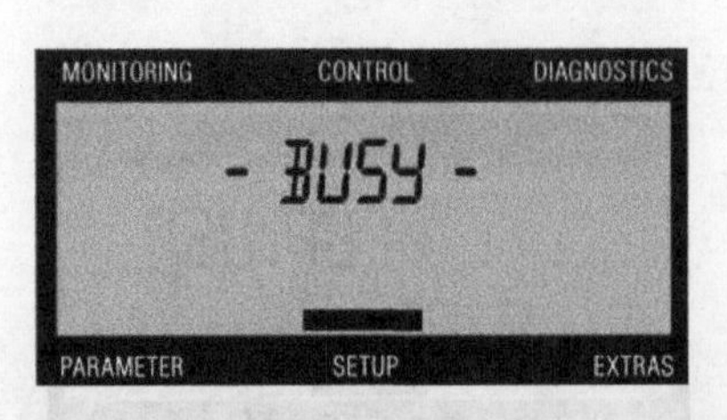

图4-37 液晶屏显示“BUSY”画面

(17) 计算完成短暂显示"DONE"画面，随后光标返回到"MONITOR"菜单。液晶屏显示如图4-38所示。

图4-38 液晶屏短暂显示"DONE"画面

注意： 如果在快速调试中设置P1900不等于0，在快速调试后变频器会显示报警A07991，提示以激活电机数据辨识，等待启动命令。

4.2.4.3 宏文件驱动设备、指令源与设定值源

G120为满足不同接口定义，提供了多种预定义接口宏，利用预定义接口宏可以方便地设置变频器的命令源和设定值源。可以通过参数P0015修改宏。修改P0015参数时，必须在P0010=1情况下进行。在选用宏功能时，应注意以下问题。

(1) 如果其中一种宏定义的接口方式完全符合应用，那么按照该宏的接线方式设计原理图，并在调试时选择相应的宏功能，即可方便地实现控制要求。

(2) 如果所有宏定义的接口方式都不能完全符合应用，可选择与实际应用布线方式相接近的接口宏，然后根据需要来调整输入、输出配置。

当通过预定义接口宏可以定义变频器用什么信号控制启动，由什么信号来控制输出频率，在预定义接口宏不完全符合要求时，必须根据需要通过BICO指令来调整指令源和设定值源。

指令源指的是变频器收到控制指令的接口。在设置预定义接口宏P0015时，变频器会自动对指令源进行定义，见表4-12。

表4-12 部分指令源功能定义举例

参数号	参数值	说明
P0840	722.0	将数字输入DI0定义为启动命令
	2090.0	将现场总线控制字1的第0位定义为启动命令
P0844	722.2	将数字输入DI2定义为OFF命令
	2090.1	将现场总线控制字1的第1位定义为OFF2命令
P2103	722.3	将数字输入DI3定义为故障复位

设定值源指变频器收到设定值的接口，在设置预定义宏P0015时，变频器会自动对设定值源进行定义，例如P1070的常用设定值，见表4-13。

表 4-13 P1070 的常用设定值功能定义举例

参数号	参数值	说　明
P1070	1050	将电动电位计为主设定值
	755.0	将模拟量输入 AI0 作为主设定值
	1024	将固定转速作为主设定值
	2050.1	将现场总线作为主设定值
	755.1	将模拟量输入 AI1 作为主设定值

4.2.4.4 数字量输入、输出功能

CU240B-2 提供 4 路数字量输入，CU240E-2 提供 6 路数字量输入。在必要时，也可以将模拟量输入作为数字量输出使用。CU240B-2 的 DI 所对应的状态位，见表 4-14。CU240E-2 的 DI 所对应的状态位，见表 4-15。

表 4-14 CU240B-2 的 DI 对应功能

数字输入编号	端子号	数字输入状态位
数字输入 0，DI0	5	r0722.0
数字输入 1，DI1	6	r0722.1
数字输入 2，DI2	7	r0722.2
数字输入 3，DI3	8	r0722.3
数字输入 11，DI11	3、4	r0722.11

表 4-15 CU240E-2 的 DI 对应功能

数字输入编号	端子号	数字输入状态位
数字输入 0，DI0	5	r0722.0
数字输入 1，DI1	6	r0722.1
数字输入 2，DI2	7	r0722.2
数字输入 3，DI3	8	r0722.3
数字输入 4，DI4	16	r0722.4
数字输入 5，DI5	17	r0722.5
数字输入 11，DI11	3、4	r0722.11
数字输入 12，DI2	10、11	r0722.12

使用 BOP-2 面板查看数字输入状态流程，如图 4-39 所示。

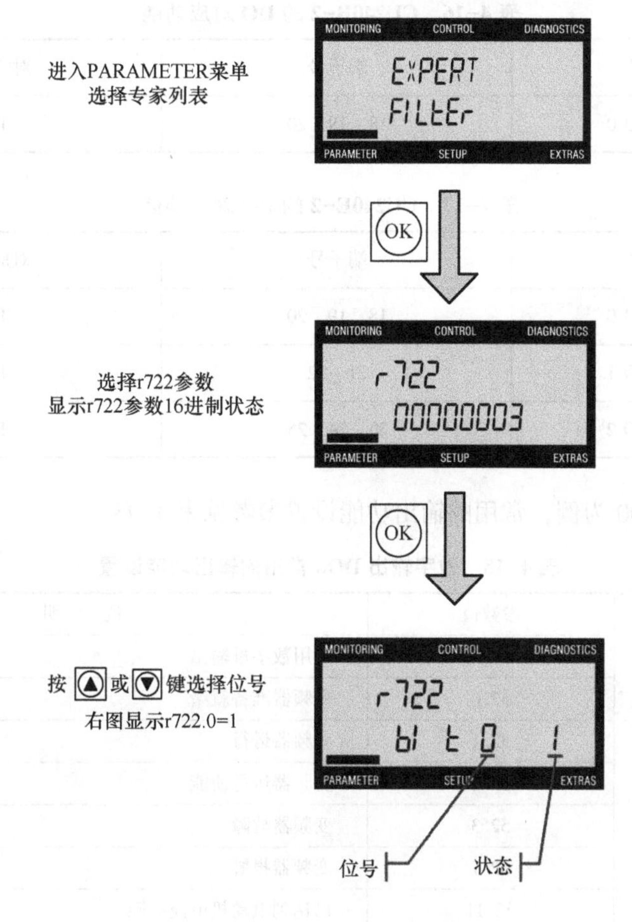

图 4-39 使用 BOP-2 面板查看数字输入状态流程

模拟量输入用作数字量输入时，应将模拟量输入设置为电压输入类型，按照图 4-40 方法设置，并按照图 4-41 方法接线。

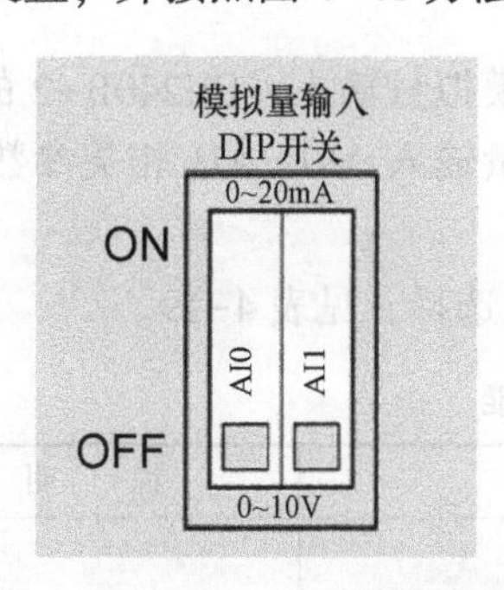

图 4-40 模拟量输入设置为电压输入类型

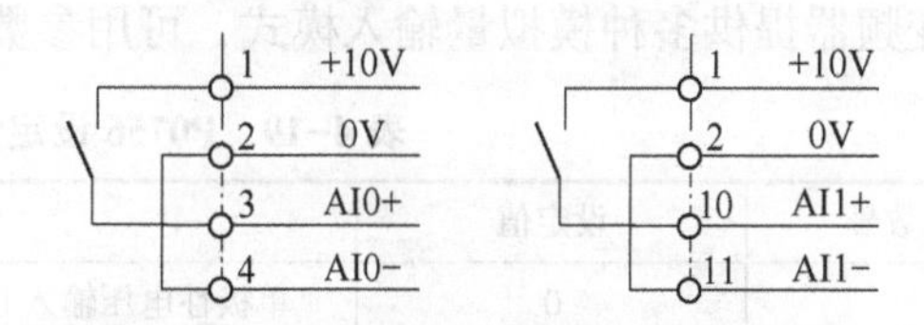

图 4-41 模拟量输入用作数字量输入接线

CU240B-2 提供 1 路继电器输出，CU240E-2 提供 2 路继电器输出、1 路晶体管输出。CU240B-2 的 DO 所对应的输出功能，见表 4-16。CU240E-2 的 DO 所对应的输出功能，见表 4-17。

表 4-16 CU240B-2 的 DO 对应功能

数字输出编号	端子号	对应参数号
数字输出 0，DO 0	18、19、20	P0730

表 4-17 CU240E-2 的 DO 对应功能

数字输出编号	端子号	对应参数号
数字输出 0，DO 0	18、19、20	P0730
数字输出 1，DO 1	21、22	P0731
数字输出 2，DO 2	23、24、25	P0732

以数字输出 DO0 为例，常用的输出功能设置参考见表 4-18。

表 4-18 数字输出 DO0 常用的输出功能设置

参数号	参数值	说　明
P0730	0	禁用数字量输出
	52.0	变频器准备就绪
	52.1	变频器运行
	52.2	变频器运行使能
	52.3	变频器故障
	52.7	变频器报警
	52.11	已达到电动机电流极限
	52.14	变频器正向运行

参数 P0784 给出了数字量输出状态取反，其设置流程如图 4-42 所示。

4.2.4.5 模拟量输入、输出功能

CU240B-2 提供 1 路模拟量输入，CU240E-2 提供 2 路模拟量输入。CU240B-2 的 AI0 相关参数在下标为［0］的参数中设置。CU240E-2 的模拟量输入 AI0、AI1 相关参数在下标为［0］和［1］的参数中设置。

变频器提供多种模拟量输入模式，可用参数 P0756 进行选择，见表 4-19。

表 4-19 P0756 设定值选择对应功能

参数号	设定值	参数功能	说　明
P0756	0	单极性电压输入 0~+10V	“带监控”是指模拟量输入通道具有监控功能，能够检测断线
	1	单极性电压输入，带监控+2~+10V	
	2	单极性电流输入 0~+20mA	
	3	单极性电流输入，带监控+4~+20mA	
	4	双极性电压输入（出厂设置）-10~+10V	
	8	未连接传感器	

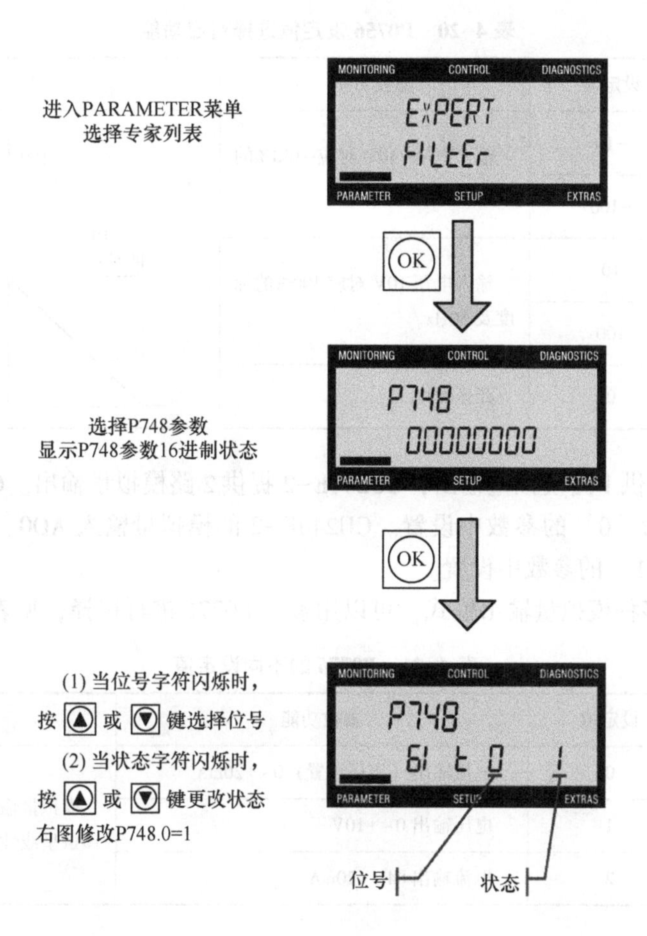

图 4-42 参数 P0784 设置流程

注意：必须正确设置，模拟量输入通道对应的 DIP 拨码开关位置（位于控制单元正面保护盖后），如图 4-43 所示。电压输入开关位置 U，电流输入开关位置 I。CU240B-2 只有 1 路模拟量输入，因此 AI1 无效。

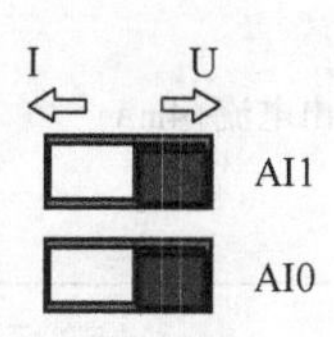

图 4-43 模拟量输入通道对应的 DIP 拨码开关

P0756 修改模拟量输入类型后，变频器会自动调整模拟量输入的标定。线性标定曲线由 P0757、P0758 和 P0759、P0760 确定，使用时可根据需要调整标定。例如：模拟量输入 AI0 标定当 P0756［0］=4，见表 4-20。

表 4-20 P0756 设定值选择对应功能

参数号	设定值	参数功能	说　明
P0757［0］	-10	输入电压-10V 对应-100%的标度及-50Hz	% y_2=100 p0760 x_1=-10 p0757 x_2=10 V p0759 y_1=-100 p0758
P0758［0］	-100		
P0759［0］	10	输入电压 10V 对应 100%的标度及 50Hz	
P0760［0］	100		
P0761［0］	0	死区宽度	

CU240B-2 提供 1 路模拟量输出，CU240E-2 提供 2 路模拟量输出。CU240B-2 的 AO0 相关参数在下标为［0］的参数中设置。CU240E-2 的模拟量输入 AO0、AO1 相关参数在下标为［0］和［1］的参数中设置。

变频器提供多种模拟量输出模式，可以用参数 P0776 进行选择，见表 4-21。

表 4-21 P0776 的不同设定值

参数号	设定值	参数功能	说　明
P0776	0	电流输出（出厂设置）0～+20mA	模拟量输出信号与所设置的物理量呈线性关系
	1	电压输出 0～+10V	
	2	电流输出+4～+20mA	

P0776 修改模拟量输出类型后，变频器会自动调整模拟量输出的标定。线性标定曲线由 P0777、P0778 和 P0779、P0780 确定，使用时可根据需要调整标定。例如：模拟量输出 AI0 标定当 P0776[0]=2，见表 4-22。

表 4-22 P0776 设定值选择对应功能

参数号	设定值	参数功能	说　明
P0777［0］	0	0%对应输出电流+4mA	mA y_2=20 p0780 y_1=4 p0778 x_1=0 p0777 x_2=100 p0779 %
P0778［0］	4		
P0779［0］	100	100%对应输出电流+20mA	
P0780［0］	20		

P0771 模拟量输出信号源设定，P0771［0］= AO0（端子 12/13），P0771［1］= AO1（端子 26/27）。以模拟量输出 AO0 为例，常用输出功能设置参考，见表 4-23。

表 4-23　P0771 设定 AO0 常用输出功能

参数号	设定值	参数功能
P0771 [0]	21	电机转速
	24	变频器输出频率
	25	变频器输出电压
	27	变频器输出电流

注：当 P0771[0]=21 时，必须设定 P0775=1，否则电动机反转时无模拟量输出。

4.2.4.6　多段速控制功能

多段速功能也称作固定转速，就是设置 P1000=3 的条件下，用开关量端子选择固定设定频率的组合，实现电机多段速运行。有两种固定设定值模式：直接选择模式和二进制选择模式。

直接选择模式时，需要设置 P1016=1。此时一个数字输入量选择一个固定设定值，多个数字输入量同时激活时，选定的设定值为固定设定值相加。此模式最多可以设置 4 个数字输入信号。在此模式中通过转速固定设定值 P1001～P1004 给定设定值，通过将各转速叠加能得到最多 15 个不同的设定值。其相关参数见表 4-24。

表 4-24　相关参数

参数号	参数功能
P1020	固定设定值 1 的选择信号
P1021	固定设定值 2 的选择信号
P1022	固定设定值 3 的选择信号
P1023	固定设定值 4 的选择信号
P1001	固定设定值 1
P1002	固定设定值 2
P1003	固定设定值 3
P1004	固定设定值 4

例 4-1　通过 DI2 和 DI3 选择两个固定转速，分别为 300r/min 和 2000r/min，用 DI0 为启动信号。参数设置见表 4-25。

表 4-25　例 4-1 参数设置

参数号	参数值	参数功能
P0840	722.0	将 DIN0 作为启动信号，r0722.0 为 DI0 输入状态的参数
P1016	1	固定转速模式采用直接选择方式
P1020	722.2	将 DIN2 作为固定设定值 1 的选择信号，r0722.0 为 DI2 输入状态的参数
P1021	722.3	将 DIN3 作为固定设定值 2 的选择信号，r0722.0 为 DI3 输入状态的参数
P1001	300	定义固定设定值 1
P1002	2000	定义固定设定值 2
P1070	1024	固定设定值作为主设定值

二进制选择模式时，需要设置 P1016=2。此时 4 个数字量输入通过二进制编码方式选择固定设定值，使用这种方法最多可选择 15 个固定频率，数字量输入不同的状态，对应的设定值见表 4-26。

表 4-26 二进制编码选择固定频率表

参数功能	P1023 选择的 DI 状态	P1022 选择的 DI 状态	P1021 选择的 DI 状态	P1020 选择的 DI 状态
P1001 固定设定值 1	0	0	0	1
P1002 固定设定值 2	0	0	1	0
P1003 固定设定值 3	0	0	1	1
P1004 固定设定值 4	0	1	0	0
P1005 固定设定值 5	0	1	0	1
P1006 固定设定值 6	0	1	1	0
P1007 固定设定值 7	0	1	1	1
P1008 固定设定值 8	1	0	0	0
P1009 固定设定值 9	1	0	0	1
P1010 固定设定值 10	1	0	1	0
P1011 固定设定值 11	1	0	1	1
P1012 固定设定值 12	1	1	0	0
P1013 固定设定值 13	1	1	0	1
P1014 固定设定值 14	1	1	1	0
P1015 固定设定值 15	1	1	1	1
（变频器还在运行，只是没有速度）OFF（停止）	0	0	0	0

例 4-2 通过 DI1、DI2、DI3 和 DI4 选择固定转速，DI0 为启动信号。参数设置见表 4-27。

表 4-27 例 4-2 参数设置

参数号	参数值	参数功能
P0840	722.0	将 DIN0 作为启动信号，r0722.0 为 DI0 输入状态的参数
P1016	2	固定转速模式采用二进制选择方式
P1020	722.1	将 DIN1 作为固定设定值 1 的选择信号，r0722.0 为 DI1 输入状态的参数
P1021	722.2	将 DIN2 作为固定设定值 2 的选择信号，r0722.0 为 DI2 输入状态的参数
P1020	722.3	将 DIN3 作为固定设定值 3 的选择信号，r0722.0 为 DI3 输入状态的参数
P1021	722.4	将 DIN4 作为固定设定值 4 的选择信号，r0722.0 为 DI4 输入状态的参数
P1001~P1015		定义固定设定值 1~定义固定设定值 15，单位为 r/min
P1070	1024	固定设定值作为主设定值

4.2.5 G120 参数设置与调试

（1）按照变频器系统接线图，在西门子 G120 交流变频调速实训装置上进行接线。

（2）将变频器设置成数字量输入端口操作运行状态，线性 V/F 控制方式，四段转速控制，四段转速控制运行要求为：上升时间为________s，下降时间为________s。

第一段转速为________r/min。

第二段转速为________r/min。

第三段转速为________r/min。

第四段转速为________r/min。

（3）按以上要求编写出变频器设置参数清单。

（4）根据所要求的给定转速（或给定频率），记录给定电压为________V，频率为________Hz，转速为________r/min。

（5）在图 4-44 中画出以上西门子 G120 变频器四段速运行的 $n=f(t)$ 曲线图，要求计算有关加减速时间，标明时间坐标和转速坐标值。

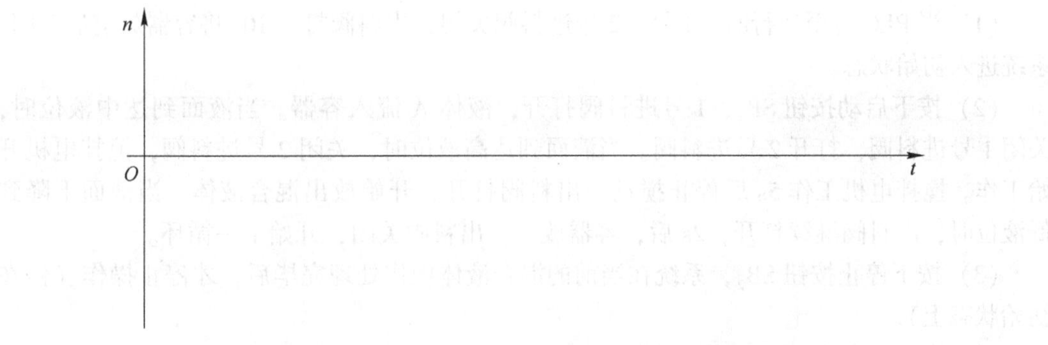

图 4-44 西门子 G120 变频器四段速运行的 $n=f(t)$ 曲线图

（6）排除故障记录。

1）记录故障现象。

2）分析故障原因。

3）具体故障点。

5 西门子 S7-1500 系列 PLC 应用

5.1 混料罐 PLC 控制系统设计

5.1.1 课题分析

工业发展对混合液体配比准确度提出了更高的要求。其质量取决于设计、制造和检测各个环节，而液位的高低是影响液体质量的关键因素。下面将介绍一种由 PLC 控制的混料罐控制系统，该系统能够根据液位的高低，对液体的混合生产具有重要意义。

某企业研制出一种新配方需投入运行，其混料装置控制要求如下：

（1）当 PLC 转至运行时，1 号、2 号进料阀关闭，出料阀打开 10s 将容器放空后关闭，系统进入初始状态。

（2）按下启动按钮 SB_1，1 号进料阀打开，液体 A 流入容器。当液面到达中液位时，关闭 1 号进料阀，打开 2 号进料阀。当液面到达高液位时，关闭 2 号进料阀，搅拌电机开始工作。搅拌电机工作 5s 后停止搅动，出料阀打开，开始放出混合液体。当液面下降到低液位时，出料阀继续打开，2s 后，容器放空，出料阀关闭，开始下一循环。

（3）按下停止按钮 SB_2，系统在当前的混合液体操作处理完毕后，才停止操作（停在初始状态上）。

混料罐 PLC 控制系统工作示意图如图 5-1 所示。

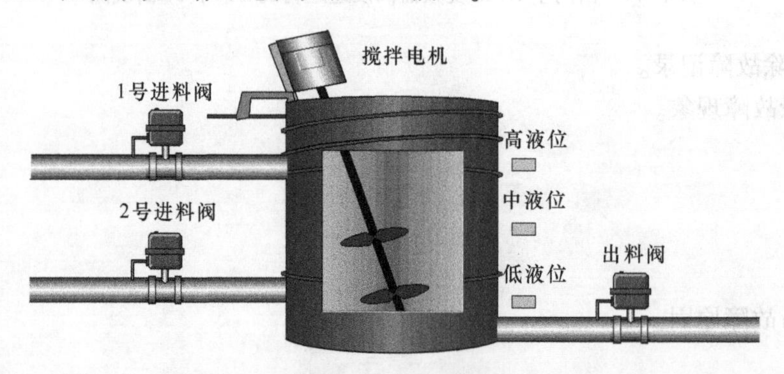

图 5-1　混料罐 PLC 控制系统工作示意图

课题目的

（1）掌握混料罐 PLC 控制系统的硬件及外部接线。

（2）能根据混料罐 PLC 控制系统各模块的硬件型号，完成系统硬件组态。

（3）能够根据控制要求，使用梯形图编程语言完成功能程序设计并进行系统仿真调试。

课题重点

(1) 能够绘制混料罐PLC控制系统I/O接线图，并进行线路的安装接线。

(2) 能掌握西门子PLC的硬件组态方法。

(3) 能掌握梯形图的设计思路与方法。

课题难点

(1) 能掌握西门子S7-1500 PLC的位逻辑运算、定时器操作等常用指令。

(2) 能结合控制要求对混料罐系统进行仿真调试。

5.1.2 混料罐PLC控制系统硬件设计

5.1.2.1 混料罐PLC控制系统硬件设备选型

根据控制要求选择混料罐的硬件设备，包括电源模块、CPU、数字量输入/输出信号模块等。硬件设备明细表见表5-1。

表5-1 硬件设备明细表

模 块	型 号	订货号
电源模块	PM 70W	6EP1332-4BA00
CPU模块	CPU1516F - 3PN/DP	6ES7 516-3FN01-0AB0
数字量输入模块	DI 32x24VDC HF	6ES7 521-1BL00-0AB0
数字量输出模块	DQ 32x 4VDC/0.5A HF	6ES7 522-1BL01-0AB0

5.1.2.2 混料罐PLC控制系统I/O地址分配

根据控制要求系统有2个进料泵YV_1和YV_2，1个出料泵YV_3，1台搅拌电机，3个液位传感器S_1、S_2、S_3，1个启动按钮SB_1，1个停止按钮SB_2。I/O地址分配表见表5-2。

表5-2 PLC的I/O地址分配表

名 称	数据类型	地 址
启动按钮SB_1	BOOL	I 0.0
停止按钮SB_2	BOOL	I 0.1
低液位S_1	BOOL	I 0.2
中液位S_2	BOOL	I 0.3
高液位S_3	BOOL	I 0.4
1号进料阀YV_1	BOOL	Q 0.0
2号进料阀YV_2	BOOL	Q 0.1
出料阀YV_3	BOOL	Q 0.2
搅拌电机MA_1	BOOL	Q 0.3

5.1.2.3 混料罐 PLC 控制系统端子接线

PLC 控制系统 I/O 接线图如图 5-2 所示。

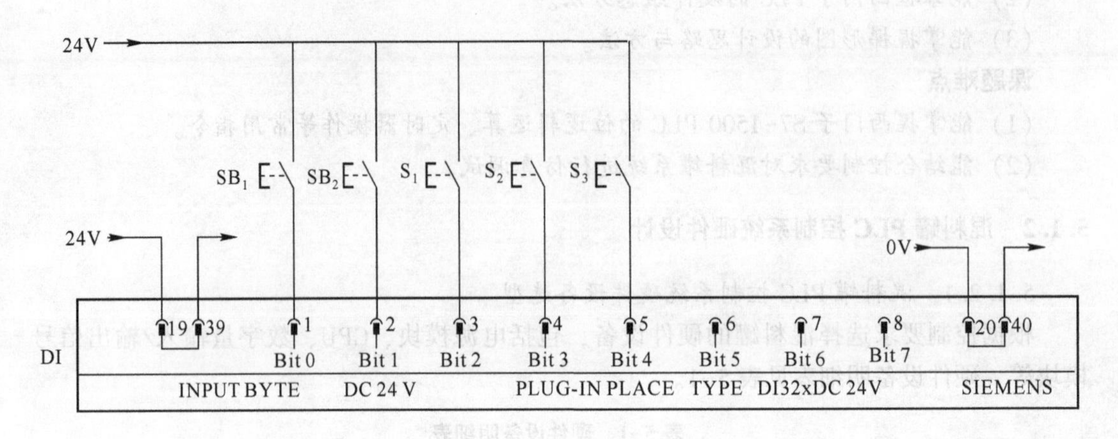

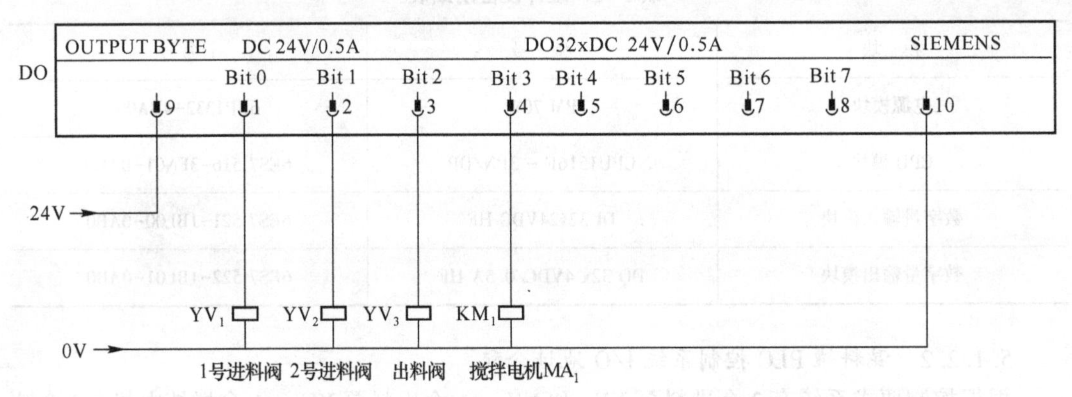

图 5-2 PLC 的 I/O 接线图

5.1.3 基于梯形图的混料罐 PLC 控制系统程序设计

5.1.3.1 程序设计方案

本课题混料罐 PLC 控制系统属于顺序控制，根据控制要求可以将控制系统分为初始状态、运行工作以及停止操作三个阶段。由于使用梯形图去设计程序，所以在程序中需使用数个辅助寄存器去记录控制系统的工作状态。

5.1.3.2 硬件组态

在 TIA 博途软件下新建混料罐控制项目，进入项目视图后，参照表 5-1 进行硬件组态，如图 5-3 所示。

在对 PLC 硬件组态时，在设备和网络界面需启用 PLC 属性中的系统和时钟存储器字节，如图 5-4 所示。

5.1.3.3 创建全局变量表

根据 PLC 的 I/O 地址分配表 5-2 创建全局变量表，如图 5-5 所示。

PM 70W 120/230V...
PLC_1
DI 32x24VDC HF_1
DQ 32x24VDC/0.5...
导轨_0
100
0
1
2
3
4
5
6
...14
...22
...31
7
-
14
15
-
22
23
-
31

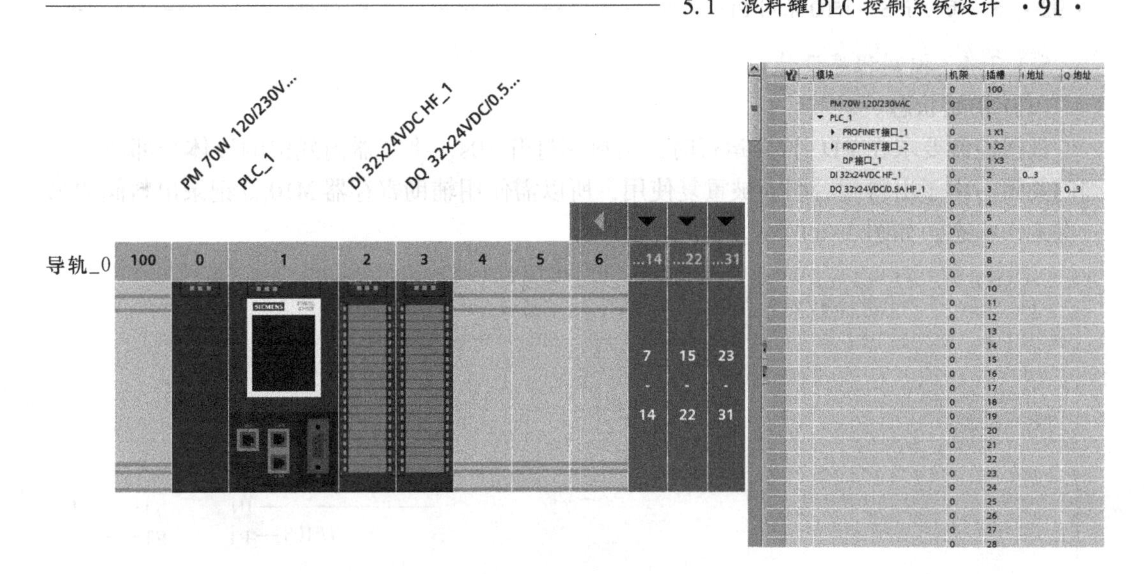

图 5-3 PLC 硬件组态

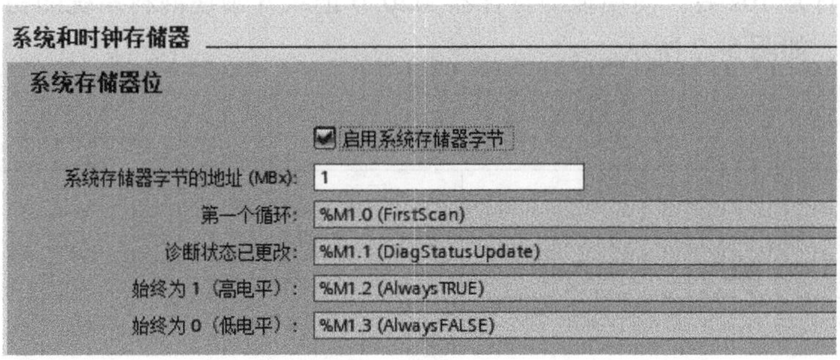

系统和时钟存储器
系统存储器位
启用系统存储器字节
系统存储器字节的地址 (MBx): 1
第一个循环: %M1.0 (FirstScan)
诊断状态已更改: %M1.1 (DiagStatusUpdate)
始终为 1（高电平）: %M1.2 (AlwaysTRUE)
始终为 0（低电平）: %M1.3 (AlwaysFALSE)

图 5-4 启用 PLC 时钟存储器字节

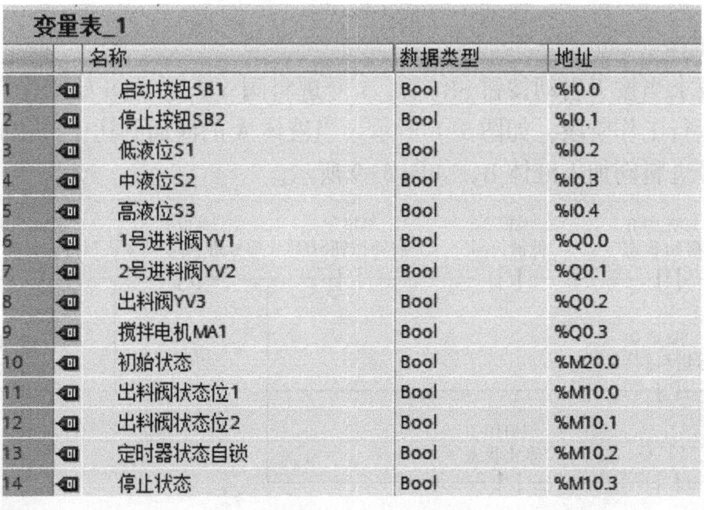

变量表_1

	名称	数据类型	地址
1	启动按钮SB1	Bool	%I0.0
2	停止按钮SB2	Bool	%I0.1
3	低液位S1	Bool	%I0.2
4	中液位S2	Bool	%I0.3
5	高液位S3	Bool	%I0.4
6	1号进料阀YV1	Bool	%Q0.0
7	2号进料阀YV2	Bool	%Q0.1
8	出料阀YV3	Bool	%Q0.2
9	搅拌电机MA1	Bool	%Q0.3
10	初始状态	Bool	%M20.0
11	出料阀状态位1	Bool	%M10.0
12	出料阀状态位2	Bool	%M10.1
13	定时器状态自锁	Bool	%M10.2
14	停止状态	Bool	%M10.3

图 5-5 创建全局变量表

5.1.3.4 控制程序设计

(1) 初始状态。

根据控制要求在 PLC 转至运行时，出料阀打开 10s，将容器内残留的液体全部放空后阀门关闭。由于出料阀后期会被重复使用，所以需使用辅助寄存器 M10.0 记录出料阀的第一次工作状态，如图 5-6 所示。

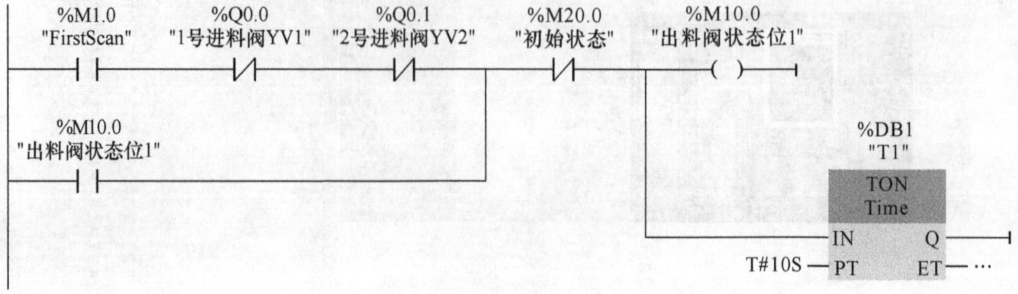

图 5-6 清空容器

当出料阀打开 10s 后，使用辅助寄存器 M20.0 记录并锁住混料系统的初始状态，等待系统运行工作，如图 5-7 所示。

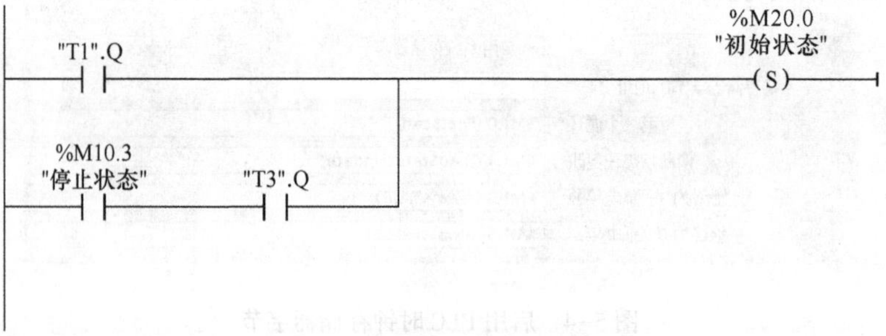

图 5-7 混料罐系统的初始状态

(2) 运行工作。

根据控制要求当按下启动按钮 SB_1 后，1 号进料阀 YV_1 首先开始工作，同时系统关闭初始状态进入运行工作阶段，如图 5-8 所示。当液体 A 的液面到达中液位时，关闭 1 号进料阀，打开 2 号进料阀加入液体 B，如图 5-9 所示。

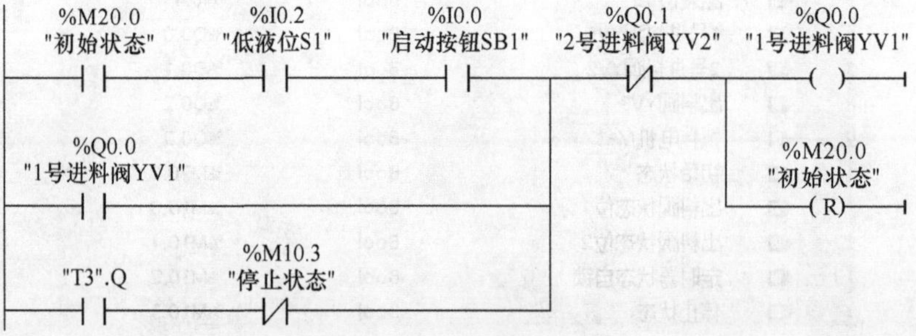

图 5-8 1 号进料阀 YV_1 工作

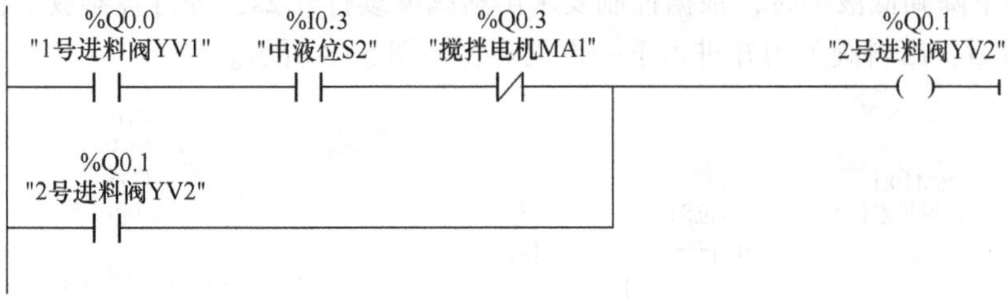

图 5-9 2 号进料阀 YV_2 工作

当液面到达高液位时，关闭 2 号进料阀，搅拌电机开始工作 5s，如图 5-10 所示。5s 过后搅拌电机停止工作，出料阀再次打开放出混合液体。由于多次使用出料阀，故在程序中使用辅助寄存器 M10.1 记录出料状态，如图 5-11 所示。同时使用多个出料阀工作状态条件驱动出料阀 YV_3 工作，如图 5-12 所示。

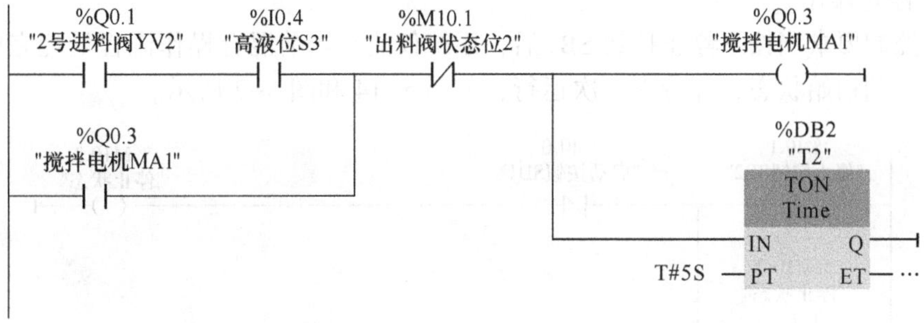

图 5-10 搅拌电机工作

图 5-11 出料状态记录

图 5-12 出料阀线圈工作

当液面下降到低液位时，根据控制要求出料阀继续打开 2s，等待容器放空，如图5-13所示。2s 过后，出料阀关闭并进入下一次循环，如图 5-8 所示。

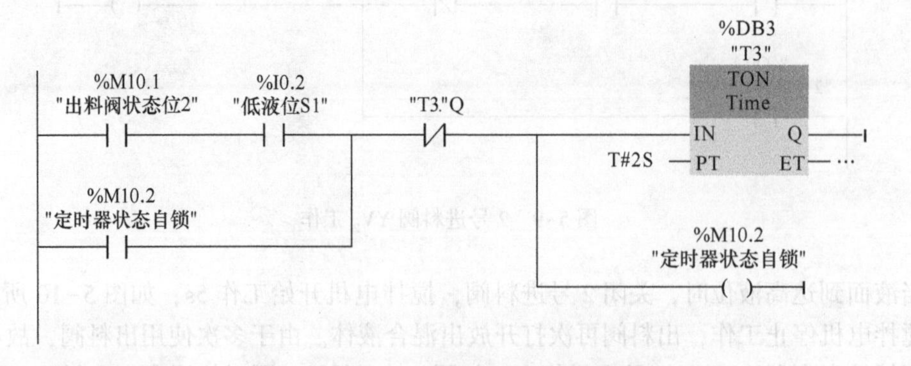

图 5-13 液面下降到低液位时继续等待

（3）停止操作。

根据控制要求当按下停止按钮 SB_2 后，系统仅能在当前混合操作流程处理完成后停止工作，并回到初始状态，等待下一次运行，如图 5-14 和图 5-7 所示。

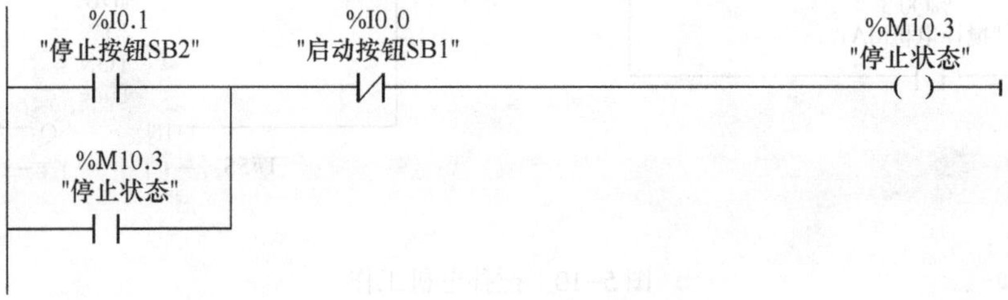

图 5-14 停止操作

5.1.3.5 程序仿真调试

（1）启动 TIA 博途仿真工具 PLCSIM，搜索设备并下载硬件设备组态，如图 5-15 和图 5-16 所示。

图 5-15 开启博途仿真工具 PLCSIM

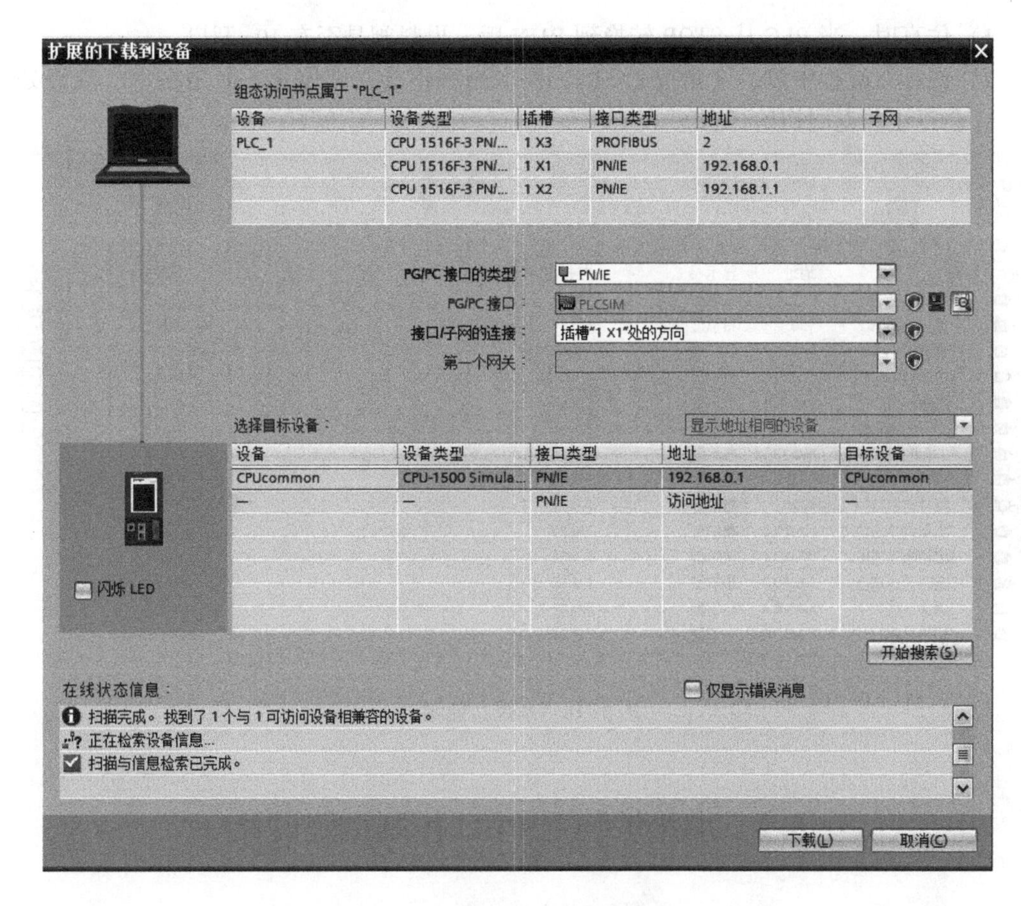

图 5-16 搜索并下载硬件组态

(2) 首先在仿真器中新建一个仿真项目并加载当前的 PLC 程序。接着在项目树下创建新的 SIM 表格，将需要调试的变量从 PLC 的全局变量表中复制过来，最后可通过单击 SIM 表中变量的位来进行程序调试，如图 5-17 所示。

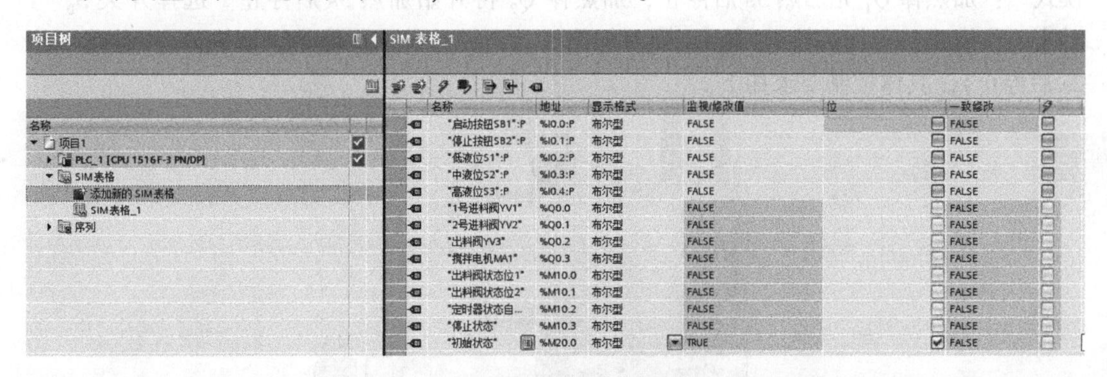

图 5-17 调试变量

(3) 根据控制要求，使用 SIM 表格中的变量调试程序，如图 5-18 所示。同时还需对程序进行以下几个功能测试。

1）仿真时，当 PLC 从 STOP 转换到 RUN 后，出料阀是否有 10s 开启。

2）在运行过程中按了停止按钮 SB_2，程序流程不会立即停止，而是在本次流程处理完后才会停止并返回初始状态。

SIM 表格_1

名称	地址	显示格式	监视/修改值	位	一致修改	
"启动按钮SB1":P	%I0.0:P	布尔型	TRUE	☑	FALSE	☐
"停止按钮SB2":P	%I0.1:P	布尔型	FALSE	☐	FALSE	☐
"低液位S1":P	%I0.2:P	布尔型	TRUE	☑	FALSE	☐
"中液位S2":P	%I0.3:P	布尔型	FALSE	☐	FALSE	☐
"高液位S3":P	%I0.4:P	布尔型	FALSE	☐	FALSE	☐
"1号进料阀YV1"	%Q0.0	布尔型	TRUE	☑	FALSE	☐
"2号进料阀YV2"	%Q0.1	布尔型	FALSE	☐	FALSE	☐
"出料阀YV3"	%Q0.2	布尔型	FALSE	☐	FALSE	☐
"搅拌电机MA1"	%Q0.3	布尔型	FALSE	☐	FALSE	☐
"出料阀状态位1"	%M10.0	布尔型	FALSE	☐	FALSE	☐
"出料阀状态位2"	%M10.1	布尔型	FALSE	☐	FALSE	☐
"定时器状态自...	%M10.2	布尔型	FALSE	☐	FALSE	☐
"停止状态"	%M10.3	布尔型	FALSE	☐	FALSE	☐
"初始状态"	%M20.0	布尔型	FALSE	☐	FALSE	☐

图 5-18 系统功能调试

5.2 加热炉装置 PLC 控制系统设计

5.2.1 课题分析

加热炉装置 PLC 控制系统工作示意图如图 5-19 所示。现有一家冶金企业需将金属工件加热到轧制成锻造温度，其加热炉装置有两种加热工作模式（选择开关 $S_0=0$ 时为工作模式一：加热棒 Q_1 先加热 5s 后停止，加热棒 Q_2 再开始加热 3s 后停止。选择开关 $S_0=1$ 时为工作模式二：加热棒 Q_1 与 Q_2 同时加热 5s 后，加热棒 Q_1 停止，加热棒 Q_2 继续加热 2s 后停止）。具体控制要求如下。

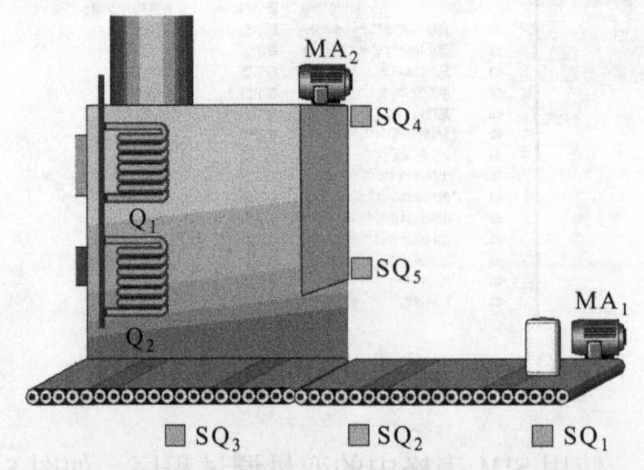

图 5-19 加热炉装置 PLC 控制系统工作示意图

(1) 当传送带 SQ_1 处检测到有工件时，按下启动按钮 SB_1，传送带电机 MA_1 正转。

(2) 当工件压合 SQ_2 时传送带电机 MA_1 停止，同时炉门电机 MA_2 正转，炉门开启。

(3) 当炉门打开压合 SQ_4 时，炉门电机 MA_2 停止，传送带电机 MA_1 继续正转。

(4) 当工件压合 SQ_3 时传送带电机 MA_1 停止，同时炉门电机 MA_2 反转，炉门关闭。

(5) 当炉门完全关闭压合 SQ_5 时，炉门电机 MA_2 停止。同时根据所选择的工作模式开始加热。

(6) 当加热流程完成后，炉门电机 MA_2 再次正转，炉门开启。

(7) 当炉门打开压合 SQ_4 时，炉门电机 MA_2 停止，传送带电机 MA_1 反转。

(8) 当工件压合 SQ_2 时，传送带电机 MA_1 停止，炉门电机 MA_2 反转，炉门关闭。

(9) 当炉门关闭压合 SQ_5 时，炉门电机 MA_2 停止，传送带电机 MA_1 反转。

(10) 当工件回到 SQ_1 时，传送带 MA_1 电机停止，单次加热工作结束，开始下一次循环。

当三次循环后加热炉装置自动停止工作，循环次数清零。若在加热炉装置工作中，按下停止按钮 SB_2，当前动作不停止，直至本次循环结束后停止，循环次数清零。加热模式更改仅在系统停止工作时有效，系统在工作中更改加热模式无效。

课题目的

(1) 掌握加热炉装置 PLC 控制系统的硬件及外部接线。

(2) 能根据加热炉装置 PLC 控制系统各模块的硬件型号，完成系统硬件组态。

(3) 能够根据控制要求，使用 GRAPH 编程语言完成功能程序设计并进行系统仿真调试。

课题重点

(1) 能够绘制加热炉装置 PLC 控制系统 I/O 接线图，并进行线路的安装接线。

(2) 能掌握西门子 PLC 的硬件组态方法。

(3) 能掌握 GRAPH 编程语言的设计思路与方法。

课题难点

(1) 能掌握 GRAPH 顺控器的程序结构。

(2) 能掌握步与步之间的转换条件及操作步中定时器与算术运算的使用。

(3) 能结合控制要求对加热炉系统进行仿真调试。

5.2.2 加热炉装置 PLC 控制系统硬件设计

5.2.2.1 加热炉装置 PLC 控制系统硬件设备选型

根据控制要求选择加热炉的硬件设备，包括电源模块、CPU、数字量输入/输出信号模块等。硬件设备明细表见表 5-3。

表 5-3 硬件设备明细表

模 块	型 号	订 货 号
电源模块	PM 70W	6EP1332-4BA00
CPU 模块	CPU1516F-3PN/DP	6ES7 516-3FN01-0AB0
数字量输入模块	DI 32x24VDC HF	6ES7 521-1BL00-0AB0
数字量输出模块	DQ 32x 4VDC/0.5A HF	6ES7 522-1BL01-0AB0

5.2.2.2 加热炉装置 PLC 控制系统 I/O 地址分配

根据控制要求系统有 2 台电机 MA_1 和 MA_2，2 个加热棒 Q_1 和 Q_2，5 个行程开关 SQ_1、SQ_2、SQ_3、SQ_4、SQ_5，1 个启动按钮 SB_1，1 个停止按钮 SB_2，1 个工作模式选择开关 S_0。I/O 地址分配表见表 5-4。

表 5-4 PLC 的 I/O 地址分配表

名 称	数据类型	地 址
启动按钮 SB_1	BOOL	I 0.0
停止按钮 SB_2	BOOL	I 0.1
工作模式选择开关 S_0	BOOL	I 0.2
SQ_1	BOOL	I 0.3
SQ_2	BOOL	I 0.4
SQ_3	BOOL	I 0.5
SQ_4	BOOL	I 0.6
SQ_5	BOOL	I 0.7
传送带电机 MA_1 正转	BOOL	Q 0.0
传送带电机 MA_1 反转	BOOL	Q 0.1
炉门电机 MA_2 正转 M_3	BOOL	Q 0.2
炉门电机 MA_2 反转 M_4	BOOL	Q 0.3
加热棒 Q_1	BOOL	Q 0.4
加热棒 Q_2	BOOL	Q 0.5

5.2.2.3 加热炉装置 PLC 控制系统端子接线

PLC 控制系统 I/O 接线图如图 5-20 所示。

5.2.3 基于 S7-GRAPH 编程语言的加热炉装置 PLC 控制系统程序设计

5.2.3.1 程序设计方案

顺序控制是按照企业生产工艺规定，在各种输入信号的作用下，根据时间或空间转换的顺序，执行机构自动并有序地进行操作。本课题加热炉装置 PLC 控制系统为典型的顺序控制，在根据控制要求设计程序时，可将程序分为加热工作模式选择、顺控器命令输出、系统循环及停止四个部分进行编写。

(1) 加热工作模式选择部分主要处理两种加热工作模式的切换与其触发条件。

(2) 顺控器命令输出部分可采用 GRAPH 编程语言编写加热装置工作过程的各个控制步，并使用命令输出方式去实现加热装置中传送带、炉门电机正反转及加热棒加热等具体功能。

(3) 系统循环与停止部分主要围绕控制系统的工作循环次数累加与停止事件的触发条件进行编写。

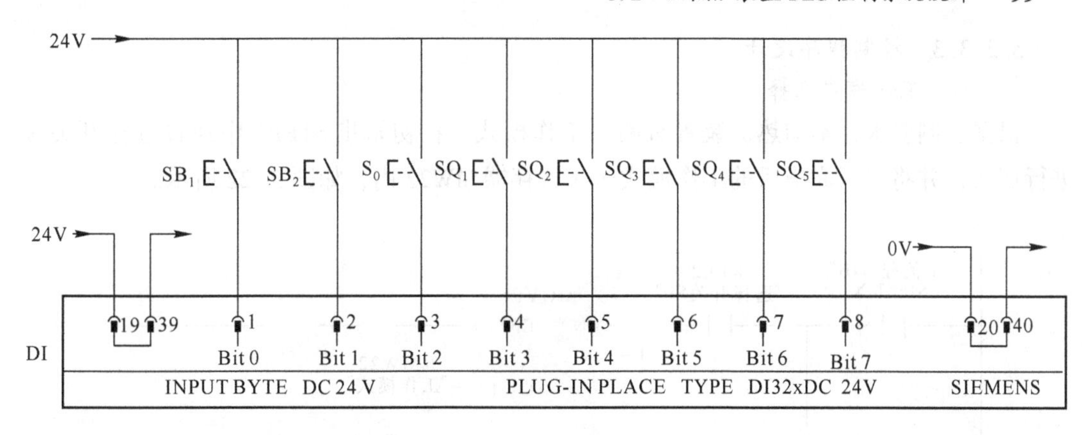

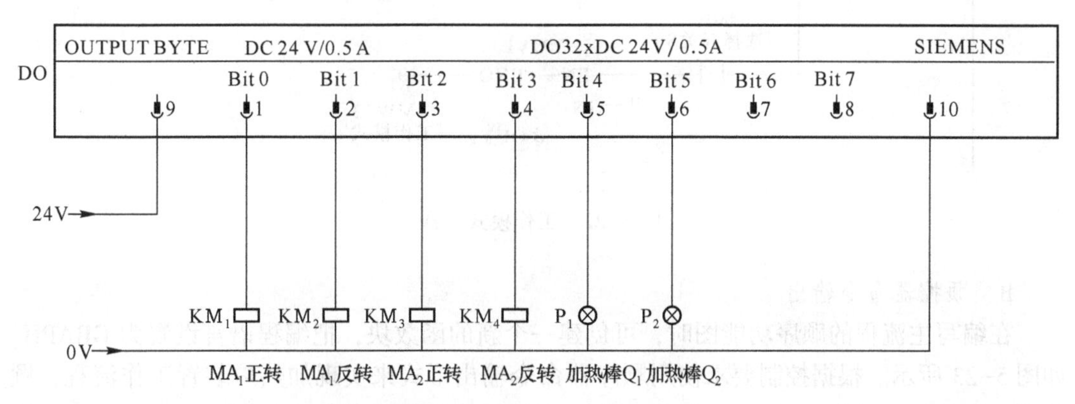

图 5-20 PLC 的 I/O 接线图

5.2.3.2 创建全局变量表

根据表 5-4 创建全局变量表，如图 5-21 所示。

全局变量表

	名称	数据类型	地址
1	启动按钮 SB1	Bool	%I0.0
2	停止按钮 SB2	Bool	%I0.1
3	选择开关S0	Bool	%I0.2
4	SQ1	Bool	%I0.3
5	SQ2	Bool	%I0.4
6	SQ3	Bool	%I0.5
7	SQ4	Bool	%I0.6
8	SQ5	Bool	%I0.7
9	传送带电机MA1正转	Bool	%Q0.0
10	传送带电机MA1反转	Bool	%Q0.1
11	炉门电机MA2正转	Bool	%Q0.2
12	炉门电机MA2反转	Bool	%Q0.3
13	加热棒Q1	Bool	%Q0.4
14	加热棒Q2	Bool	%Q0.5
15	停止状态位	Bool	%M10.1
16	循环信号状态位	Bool	%M10.2
17	上升沿存储位	Bool	%M10.3
18	循环次数	Int	%MW20
19	工作模式	Int	%MW22

图 5-21 创建全局变量表

5.2.3.3 控制程序设计

A 加热工作模式选择

根据控制要求，本加热炉装置有两个工作模式，在初始步 STEP1 中通过选择开关 S_0 进行切换，并将选择完毕后的工作模式送入寄存器 MW22 内，如图 5-22 所示。

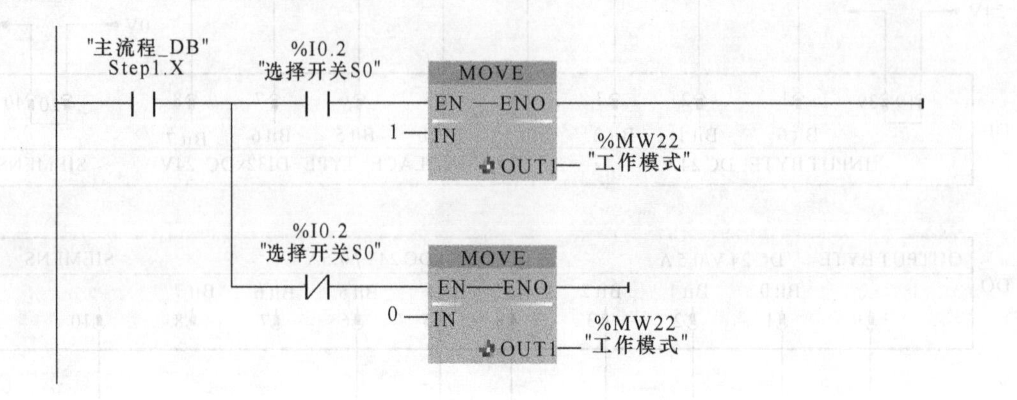

图 5-22 工作模式选择

B 顺控器命令输出

在编写主流程的顺序功能图时，可创建一个新的函数块，把编程语言设置为 GRAPH，如图 5-23 所示。根据控制要求使用顺序器命令输出形式来实现加热炉装置工作流程，顺控器视图的顺控结构如图 5-24 所示。每一步的动作及转换条件，如图 5-25～图 5-37 所示。最后在 MAIN（OB1）中完成对加热炉装置主流程函数块（FB1）的调用，如图 5-38 所示。

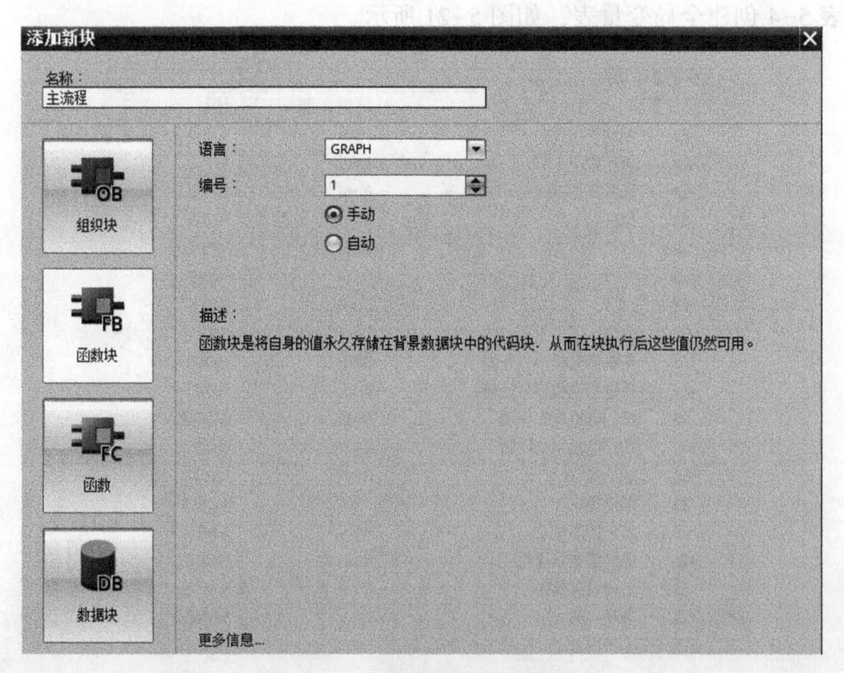

图 5-23 新建 GRAPH 函数块

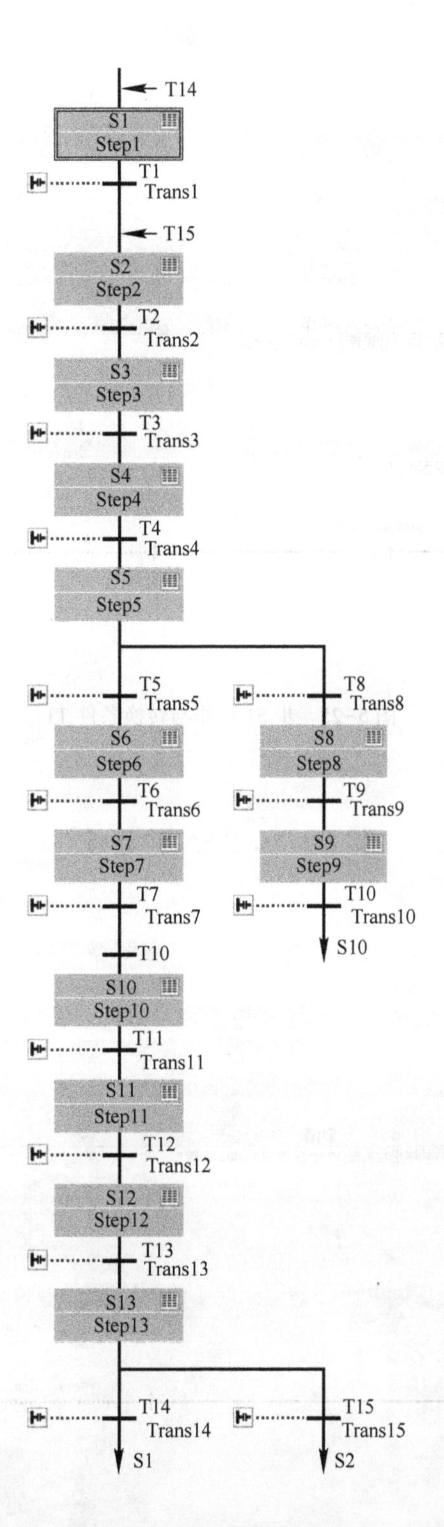

图 5-24 加热炉装置工作流程在顺控器视图下的顺控结构

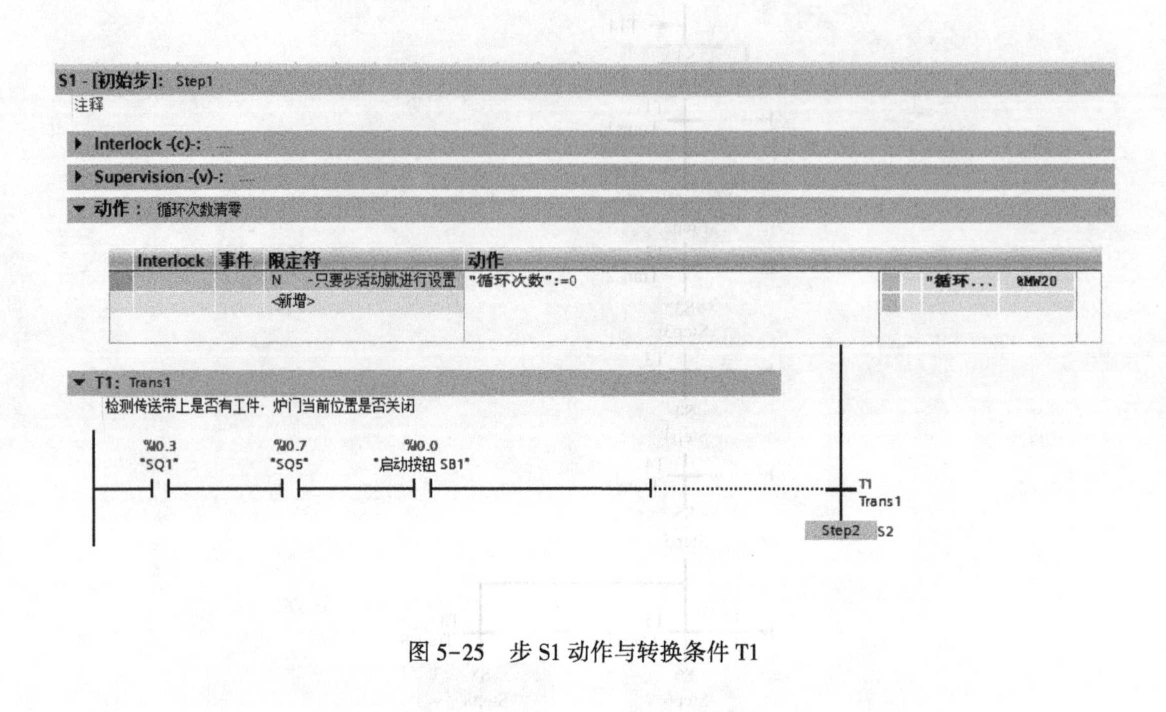

图 5-25 步 S1 动作与转换条件 T1

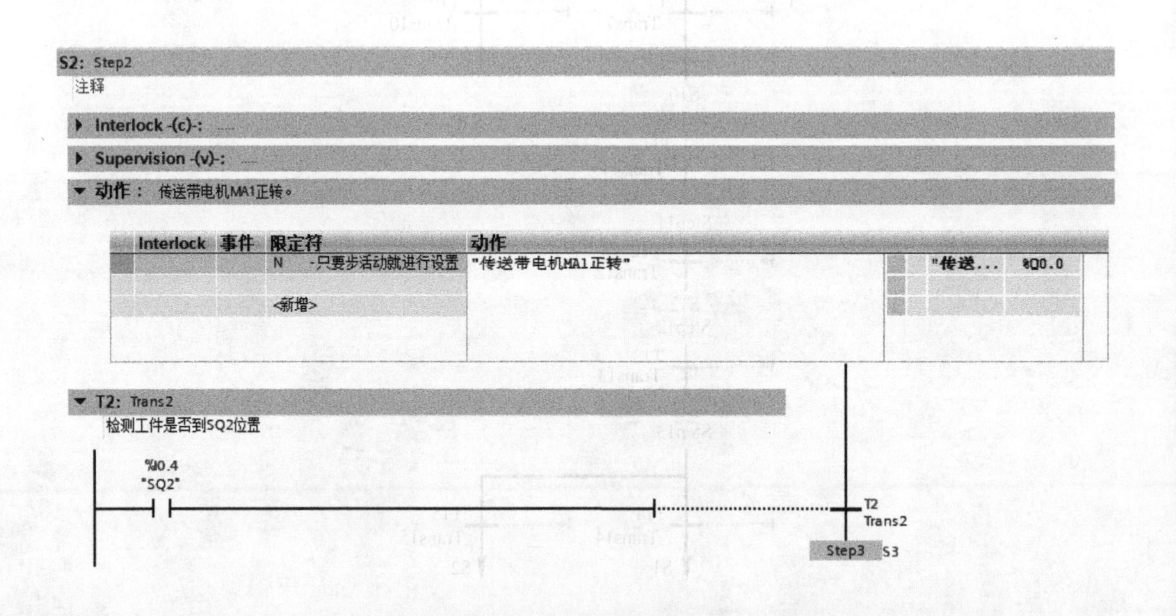

图 5-26 步 S2 动作与转换条件 T2

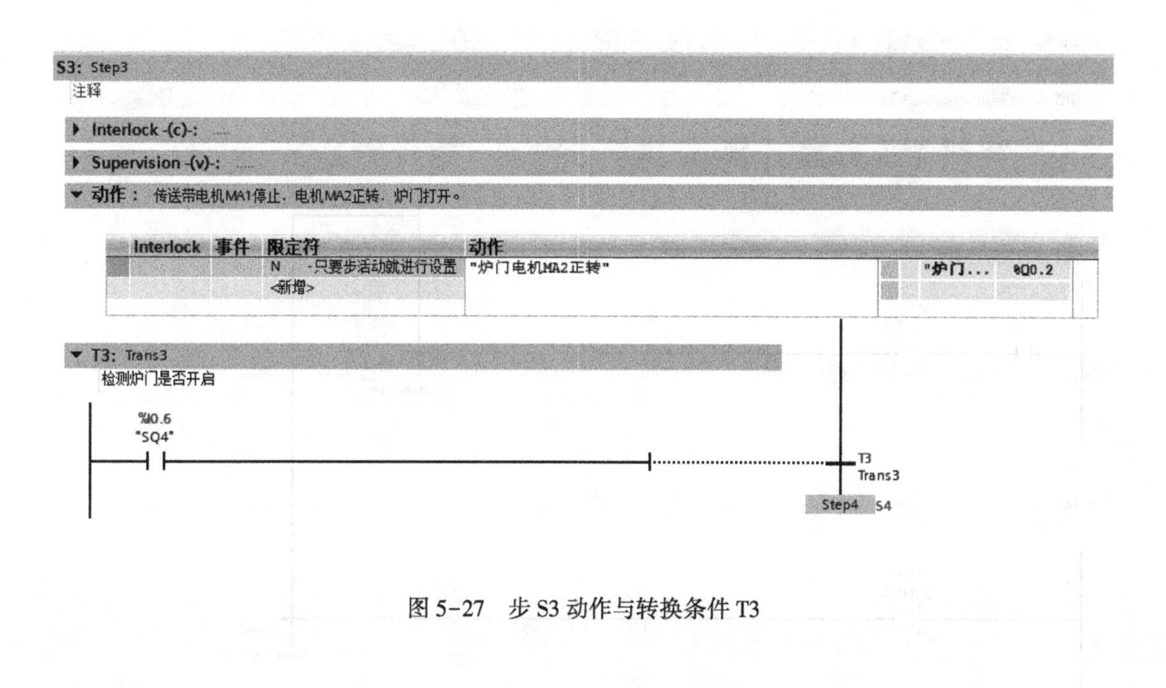

图 5-27 步 S3 动作与转换条件 T3

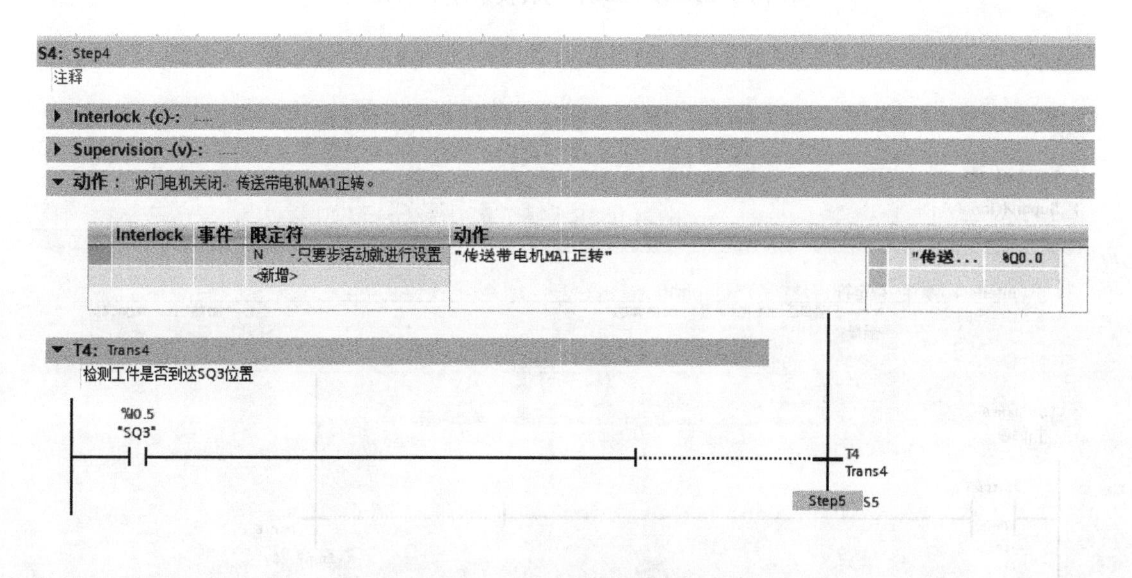

图 5-28 步 S4 动作与转换条件 T4

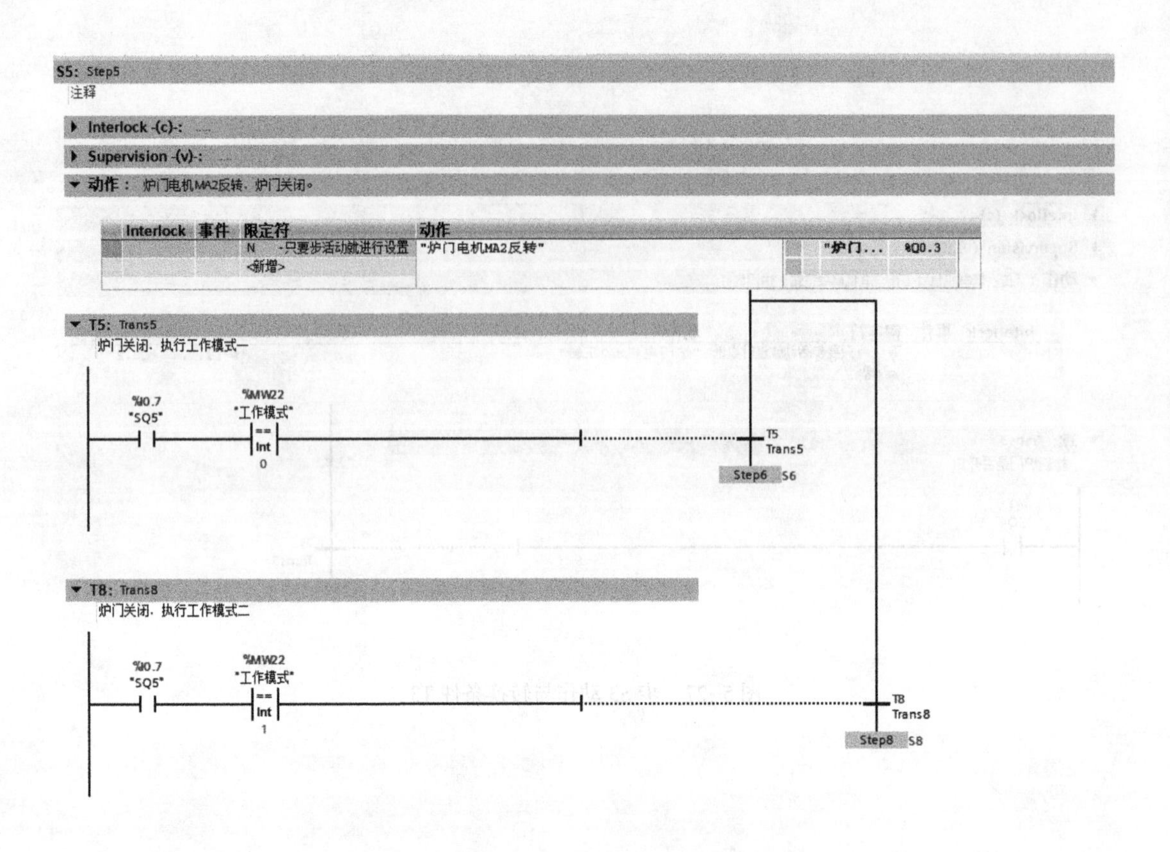

图 5-29　步 S5 动作与转换条件 T5、T8

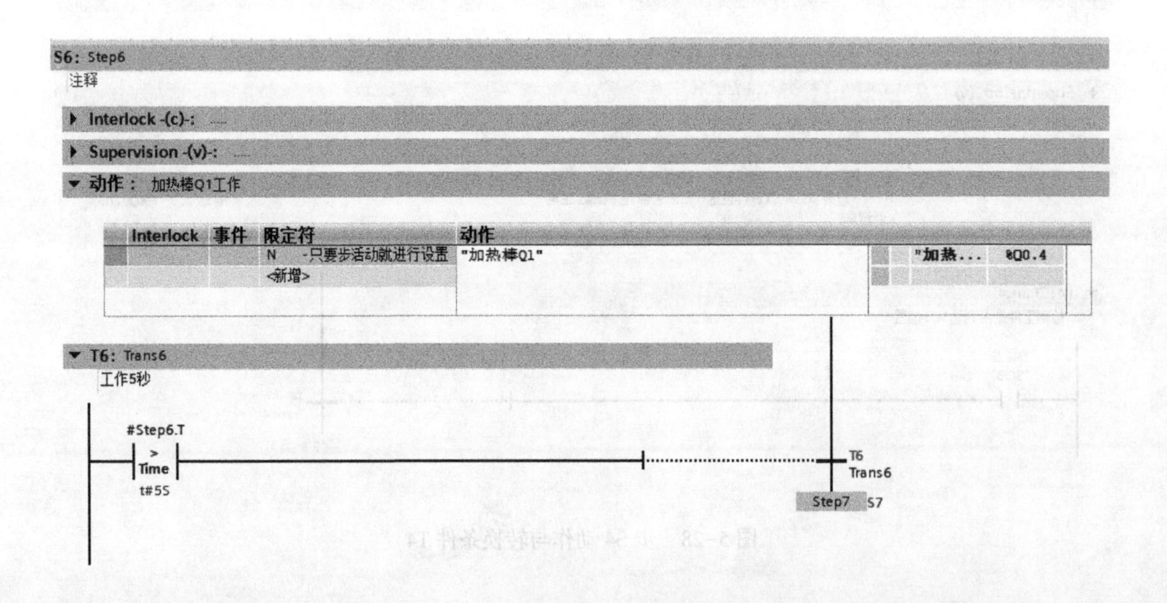

图 5-30　步 S6 动作与转换条件 T6

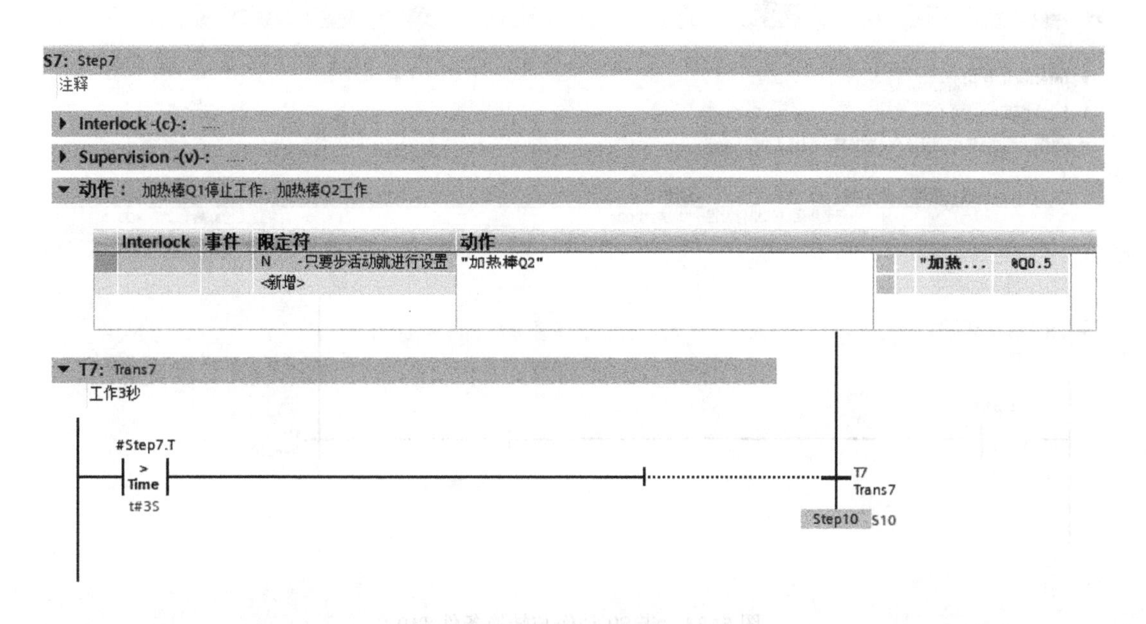

图 5-31 步 S7 动作与转换条件 T7

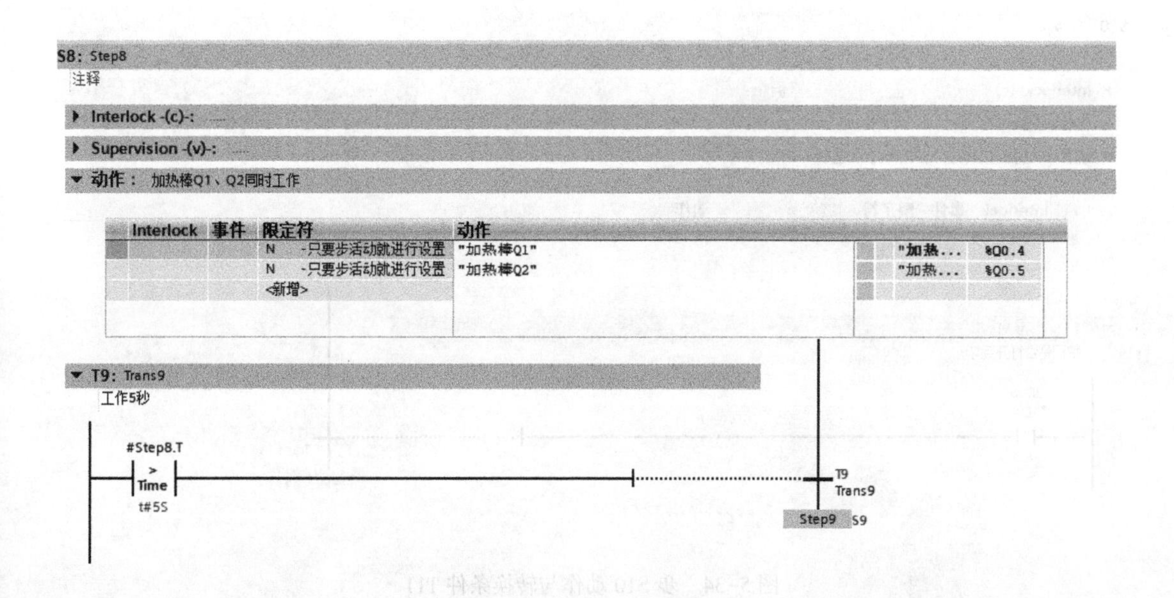

图 5-32 步 S8 动作与转换条件 T9

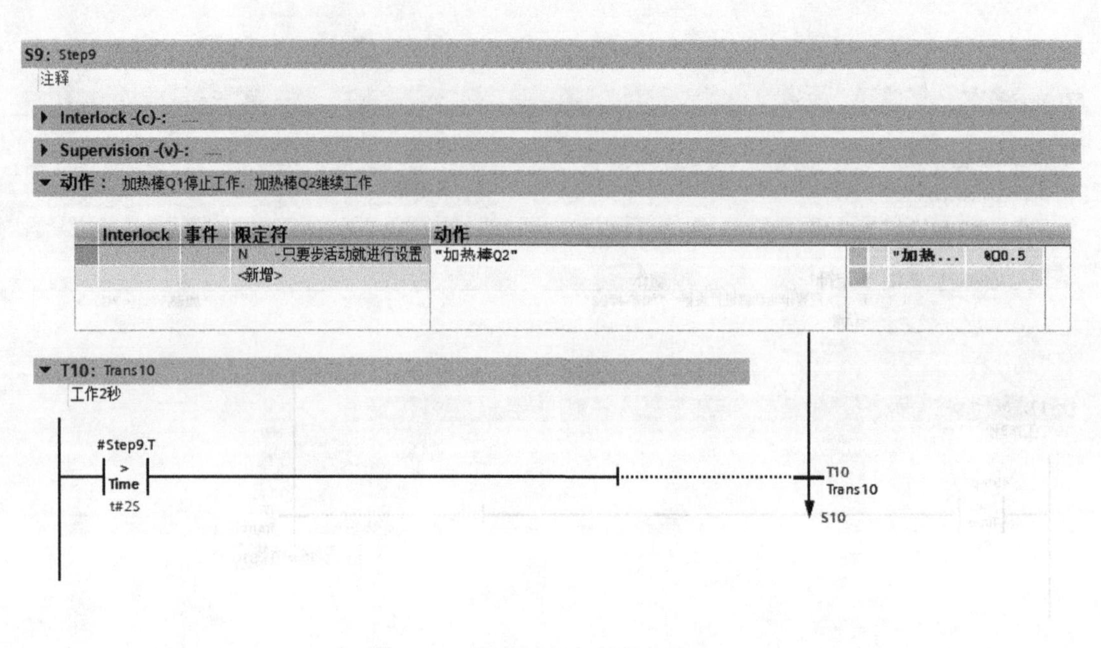

图 5-33 步 S9 动作与转换条件 T10

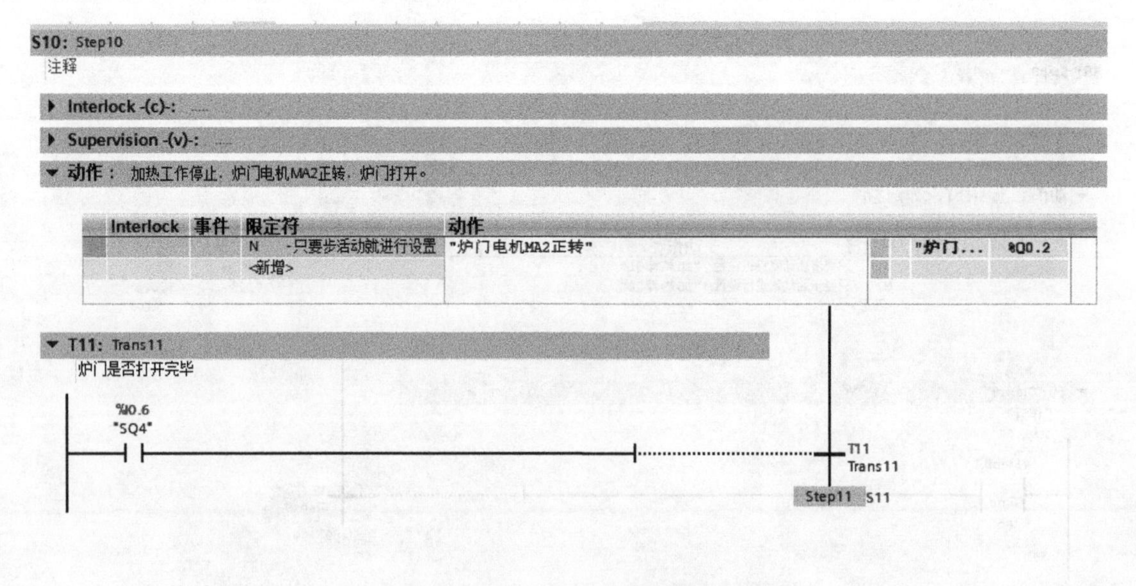

图 5-34 步 S10 动作与转换条件 T11

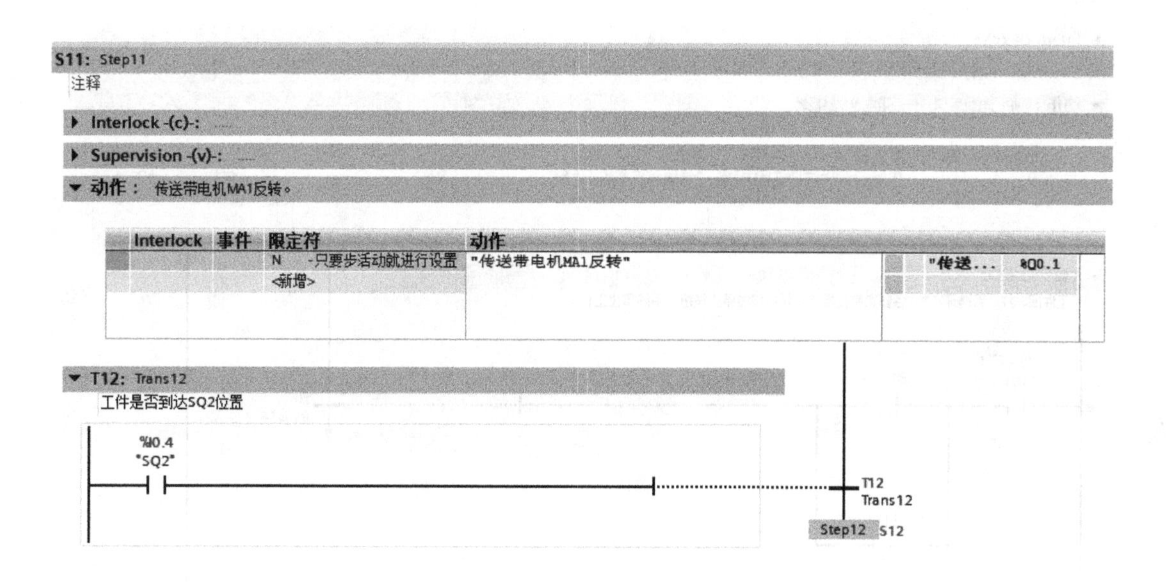

图5-35 步S11动作与转换条件T12

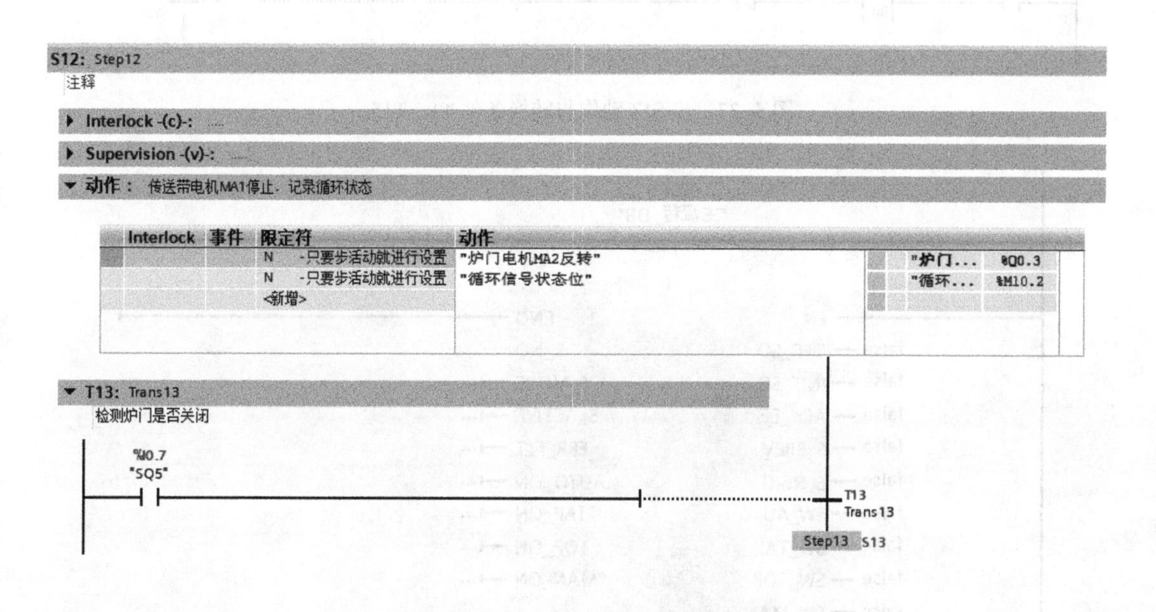

图5-36 步S12动作与转换条件T13

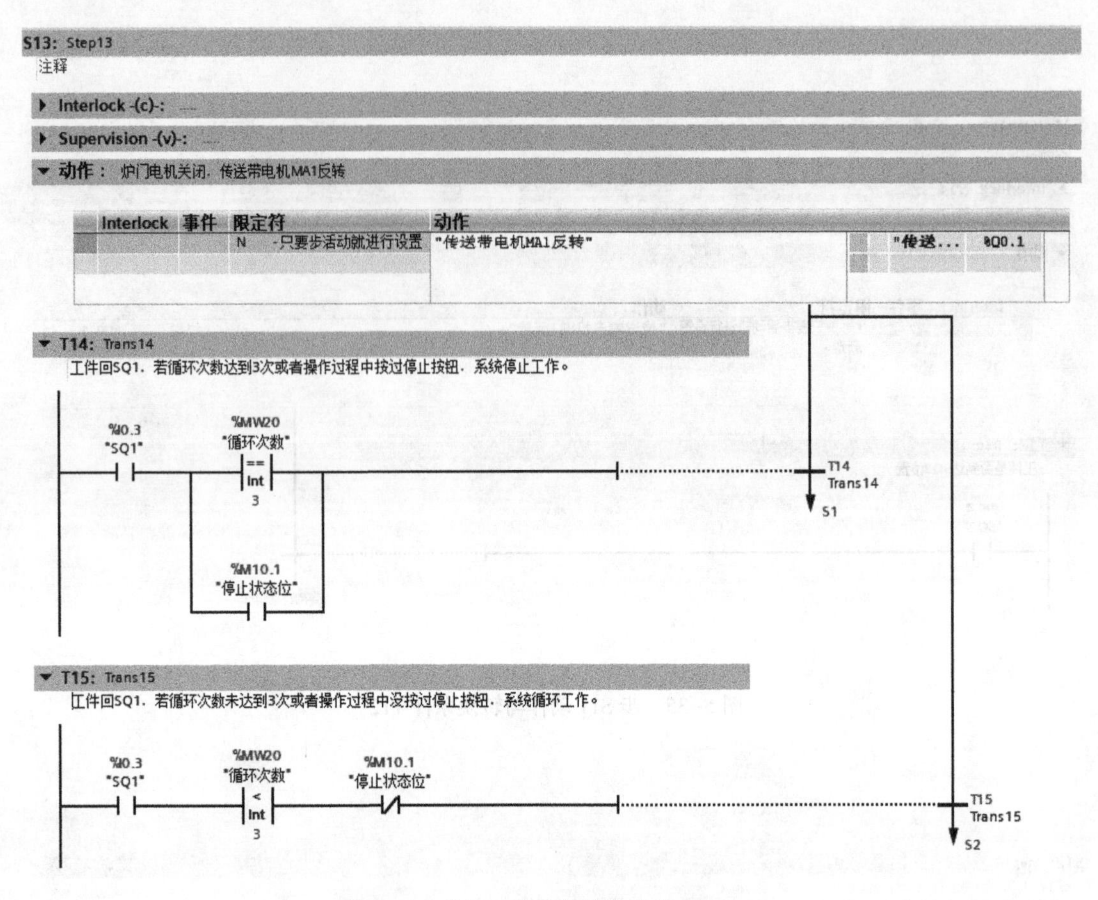

图 5-37 步 S13 动作与转换条件 T1、T15

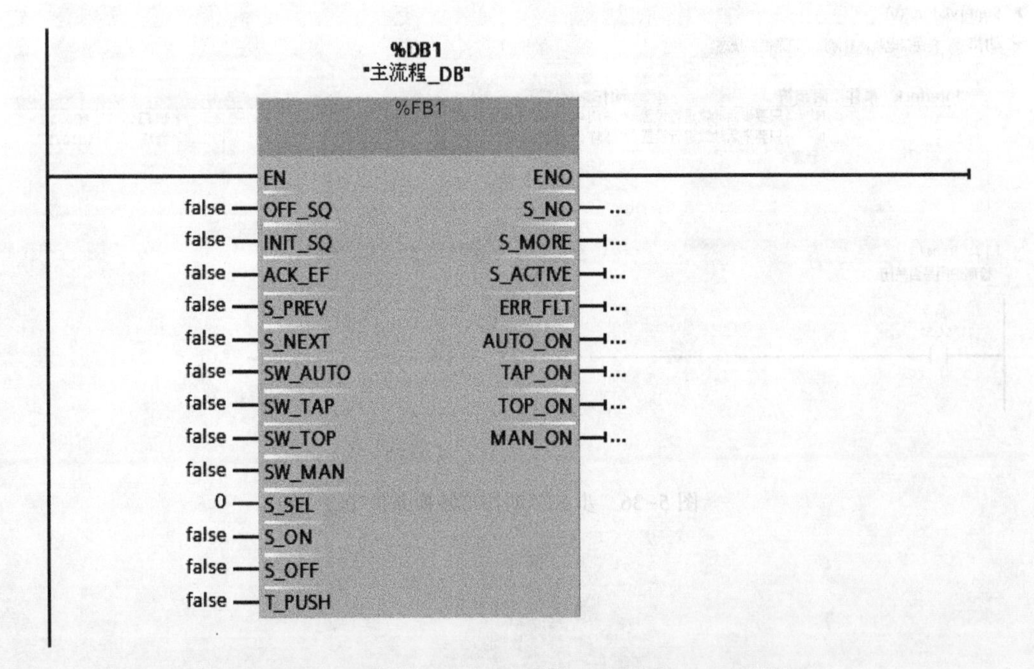

图 5-38 OB1 调用 GRAPH 函数块“主流程 FB1”程序

C 系统循环

根据控制要求，在整个加热过程中工件需被加热三次，其加热工作状态也需被记录三次。在运行过程中，每当系统运行至S12活动步时，会输出一个循环计数信号，此时系统循环次数加一。本次计数方式选择在OB1中使用数学函数来实现，如图5-39所示。随后在GRAPH函数块转换条件T14、T15中对系统运行次数进行判断，若已满三次，系统跳转回初始活动步S1并停止工作，同时寄存器MW20内数据清零。若不满三次，系统则跳转至活动步S2继续循环工作。

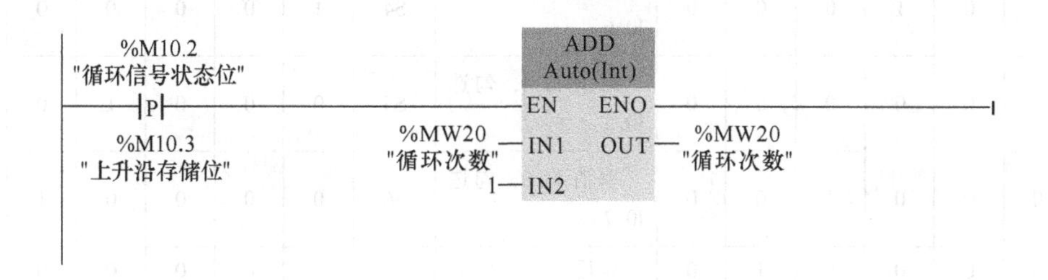

图5-39 使用加法函数作为计数器

D 系统停止

根据控制要求，若工件在加热过程中按下停止按钮SB_2，在当前活动步中是无法停止的，需至本次循环结束后才能停止。故在OB1中使用寄存器M10.1来记录整个加热过程内是否按过停止按钮SB2，如图5-40所示。与系统循环控制类似，该状态也需在GRAPH函数块转换条件T14、T15中进行判断。若在加热工作过程中曾操作过停止按钮SB2，系统跳转回初始活动步S1并停止工作。若没操作过，则系统跳转至活动步S2继续循环工作。

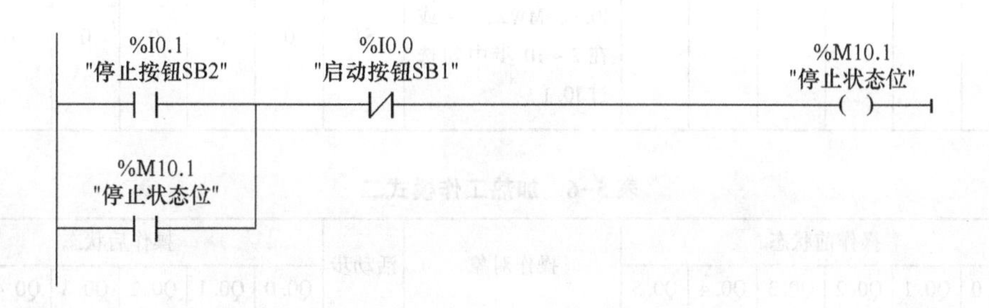

图5-40 寄存器M10.1记录停止状态位

5.2.3.4 程序仿真调试

启动TIA博途仿真工具PLCSIM，将硬件配置数据及MAIN（OB1），GRAPH主流程（FB1）下载至PLC中。同时在PLCSIM项目中的SIM表内添加需要操作与监视的PLC变量。将PLC转置“RUN”模式，根据表5-5和表5-6准备调试数据，并记录调试结果。

表 5-5　加热工作模式一

步骤	操作前状态						操作对象	活动步	操作后状态					
	Q0.0	Q0.1	Q0.2	Q0.3	Q0.4	Q0.5			Q0.0	Q0.1	Q0.2	Q0.3	Q0.4	Q0.5
1	0	0	0	0	0	0	勾选 I0.3、I0.7。勾选 I0.0 并取消	S2	1	0	0	0	0	0
2	1	0	0	0	0	0	取消 I0.3，勾选 I0.4	S3	0	0	1	0	0	0
3	0	0	1	0	0	0	取消 I0.7，勾选 I0.6	S4	1	0	0	0	0	0
4	1	0	0	0	0	0	取消 I0.4，勾选 I0.5	S5	0	0	0	1	0	0
5	0	0	0	1	0	0	取消 I0.6，勾选 I0.7	S6	0	0	0	0	1	0
6	0	0	0	0	1	0	5s 后	S7	0	0	0	0	0	1
7	0	0	0	0	0	1	3s 后	S10	0	0	1	0	0	0
8	0	0	1	0	0	0	取消 I0.7，勾选 I0.6	S11	0	1	0	0	0	0
9	0	1	0	0	0	0	取消 I0.5，勾选 I0.4	S12	0	0	0	1	0	0
10	0	0	0	1	0	0	取消 I0.6，勾选 I0.7	S13	0	1	0	0	0	0
11	0	1	0	0	0	0	取消 I0.4，勾选 I0.3，MW22<3，	S2	1	0	0	0	0	0
							取消 I0.4，勾选 I0.3，MW22 = 3 或在 2～10 步中勾选过 I0.1	S1	0	0	0	0	0	0

表 5-6　加热工作模式二

步骤	操作前状态						操作对象	活动步	操作后状态					
	Q0.0	Q0.1	Q0.2	Q0.3	Q0.4	Q0.5			Q0.0	Q0.1	Q0.2	Q0.3	Q0.4	Q0.5
1	0	0	0	0	0	0	勾选 I0.2、I0.3、I0.7。勾选 I0.0 并取消	S2	1	0	0	0	0	0
2	1	0	0	0	0	0	取消 I0.3，勾选 I0.4	S3	0	0	1	0	0	0
3	0	0	1	0	0	0	取消 I0.7，勾选 I0.6	S4	1	0	0	0	0	0

续表 5-6

步骤	操作前状态						操作对象	活动步	操作后状态					
	Q0.0	Q0.1	Q0.2	Q0.3	Q0.4	Q0.5			Q0.0	Q0.1	Q0.2	Q0.3	Q0.4	Q0.5
4	1	0	0	0	0	0	取消I0.4，勾选I0.5	S5	0	0	0	1	0	0
5	0	0	0	1	0	0	取消I0.6，勾选I0.7	S8	0	0	0	0	1	1
6	0	0	0	0	1	1	5s后	S9	0	0	0	0	0	1
7	0	0	0	0	0	1	2s后	S10	0	0	1	0	0	0
8	0	0	1	0	0	0	取消I0.7，勾选I0.6	S11	0	1	0	0	0	0
9	0	1	0	0	0	0	取消I0.5，勾选I0.4	S12	0	0	0	1	0	0
10	0	0	0	1	0	0	取消I0.6，勾选I0.7	S13	0	1	0	0	0	0
11	0	1	0	0	0	0	取消I0.4，勾选I0.3，MW22<3，	S2	1	0	0	0	0	0
							取消I0.4，勾选I0.3，MW22=3或在2~10步中勾选过I0.1	S1	0	0	0	0	0	0

6　工业触摸屏技术与组态软件操作应用

6.1　基于触摸屏的PLC自动加热监控系统

6.1.1　课题分析

自动加热监控系统示意图如图6-1所示，控制工艺要求：用户通过触摸屏能对加热系统的温度进行设定，加热过程中货物的位置、加热炉中加热器的工作状态、加热炉中的当前温度、炉门状态、通风系统工作状态等信息进行实时监控。

手动控制部分的6个按钮分别用以控制加热系统炉门的开门、关门，加热器E1、E2的加热和停止。自动控制部分的两个按钮用以控制系统自动运行的启动和停止。设定温度栏用以设定自动流程中的加热温度，当前温度栏用以显示加热系统当前的温度。系统中的开门电机MA1，通风系统FAN，加热器E1、E2都由PLC控制，传感器S1、S2、S3、S4分别用以显示炉门状态和车辆的位置信息。

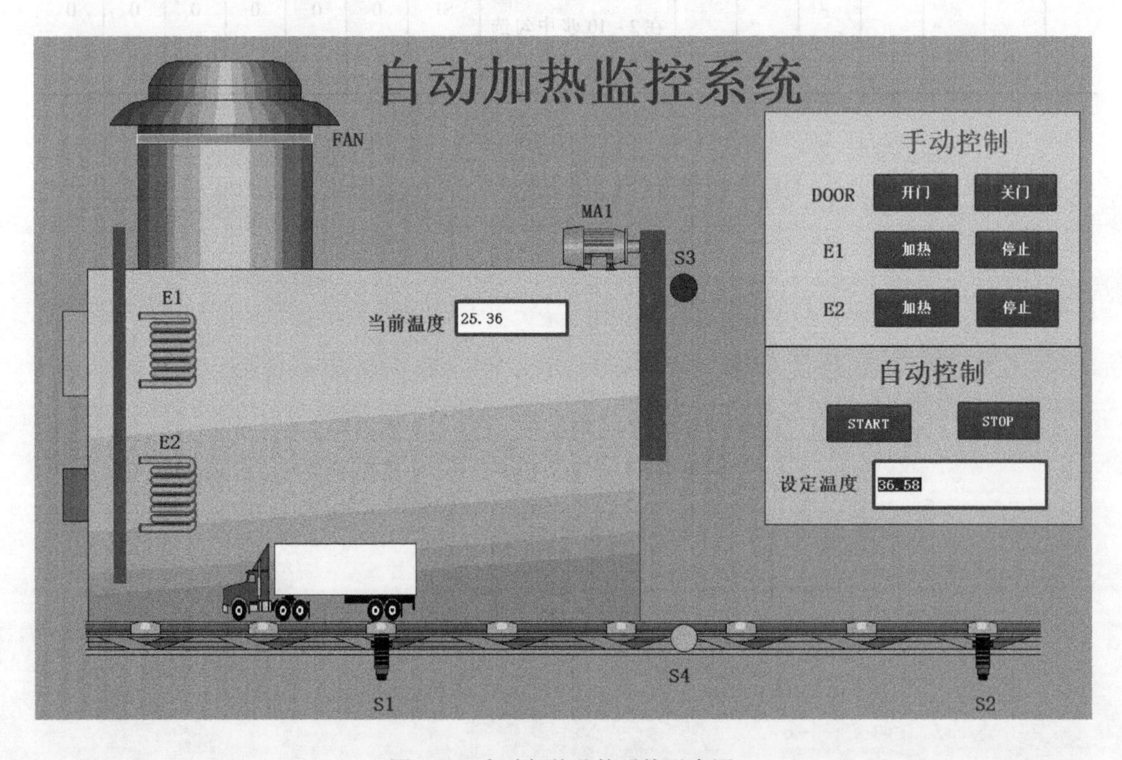

图6-1　自动加热监控系统示意图

课题目的

(1) 能通过自动加热监控系统示意图和课题要求，选择并添加触摸屏。

(2) 能根据分析的课题要求编辑出监控界面。

(3) 能使用触摸屏编辑监控界面，在线调试、监控自动加热监控系统工作情况。

课题重点

(1) 能根据要求对触摸屏进行组态。

(2) 能使用触摸屏编辑监控界面。

(3) 能使用触摸屏监控自动加热监控系统工作情况。

课题难点

(1) 触摸屏的组态。

(2) 能使用触摸屏编辑监控界面。

6.1.2　触摸屏设备的生成

TIA 软件触摸屏（HMI）的生成有两种常用方式：

(1) 根据向导生成触摸屏；

(2) 直接生成触摸屏。

若选择根据向导生成触摸屏，则需在“添加新设备”时，勾选左下角的“启动设备向导”，如图 6-2 所示。

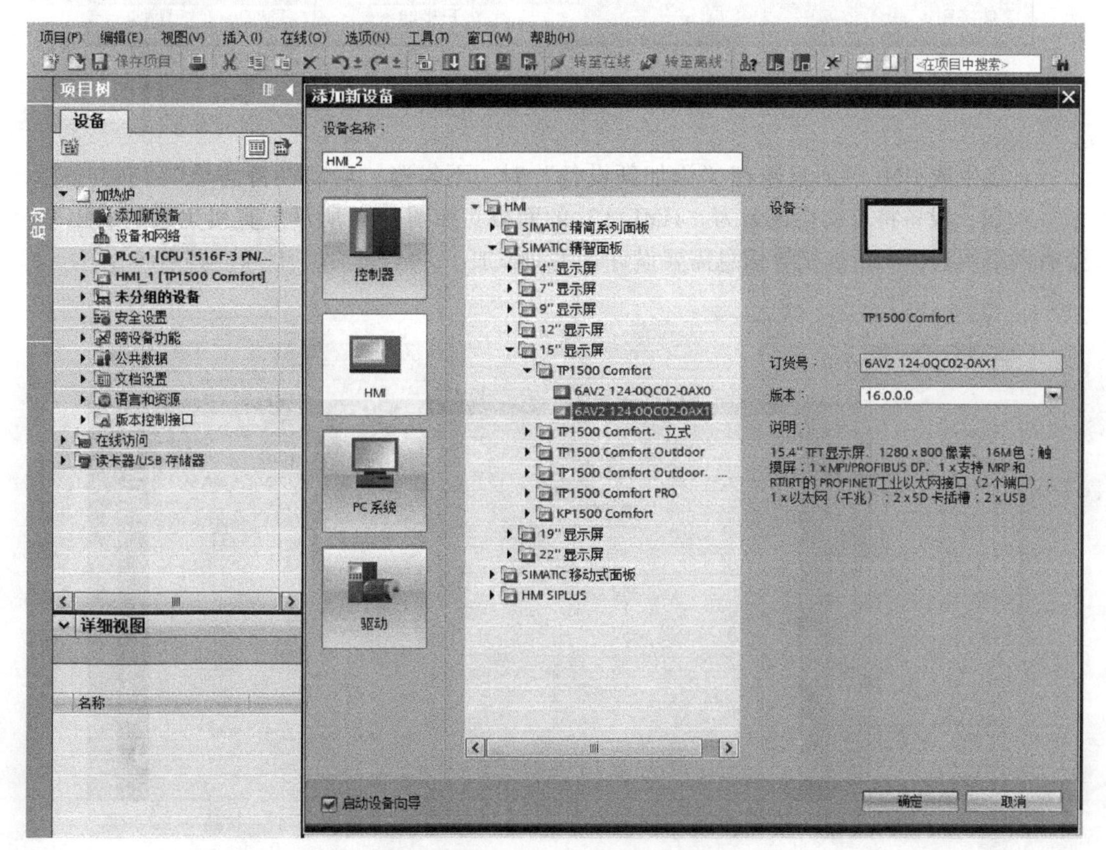

图 6-2　根据向导生成 HMI 1

通过向导生成的 HMI 设备，在生成时会让用户选择 PLC 连接、画面布局、报警、画面管理、组态系统画面、按钮等，如图 6-3 所示。此方法要求生成时对整个系统的规划、布局比较清晰，对设计者的要求较高。

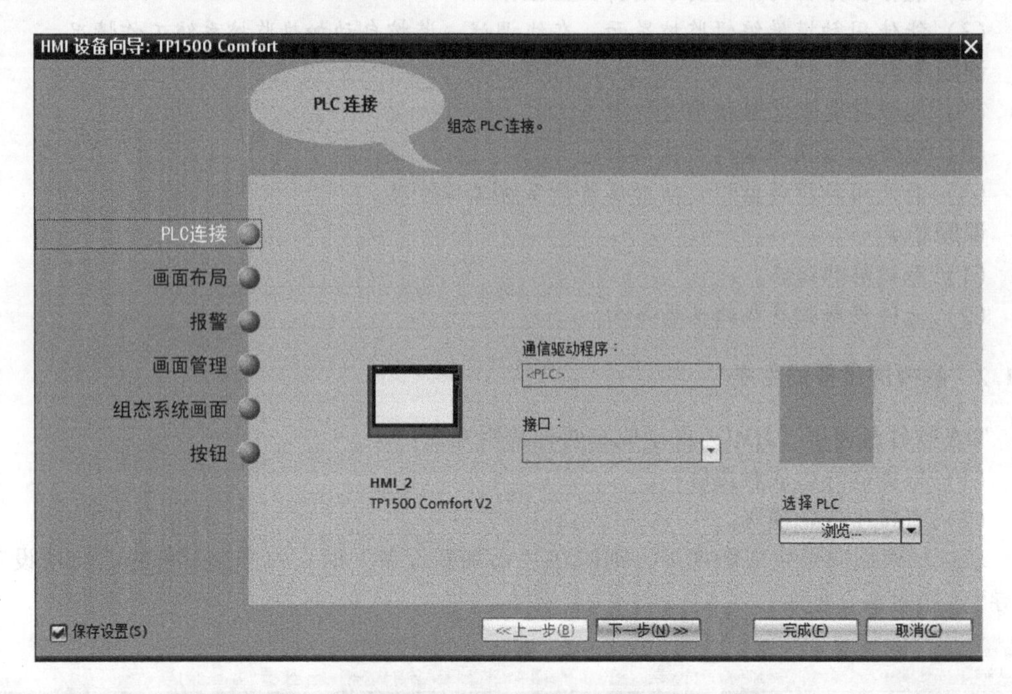

图 6-3 根据向导生成 HMI 2

直接生成 HMI 画面只需在“添加新设备”时，不勾选“启动设备向导”，单击“取消”按钮，设备将自动生成名为“HMI_1”的面板，如图 6-4 所示。直接生成的 HMI 不会有网络组态，变量连接等信息需要设计者手动添加。

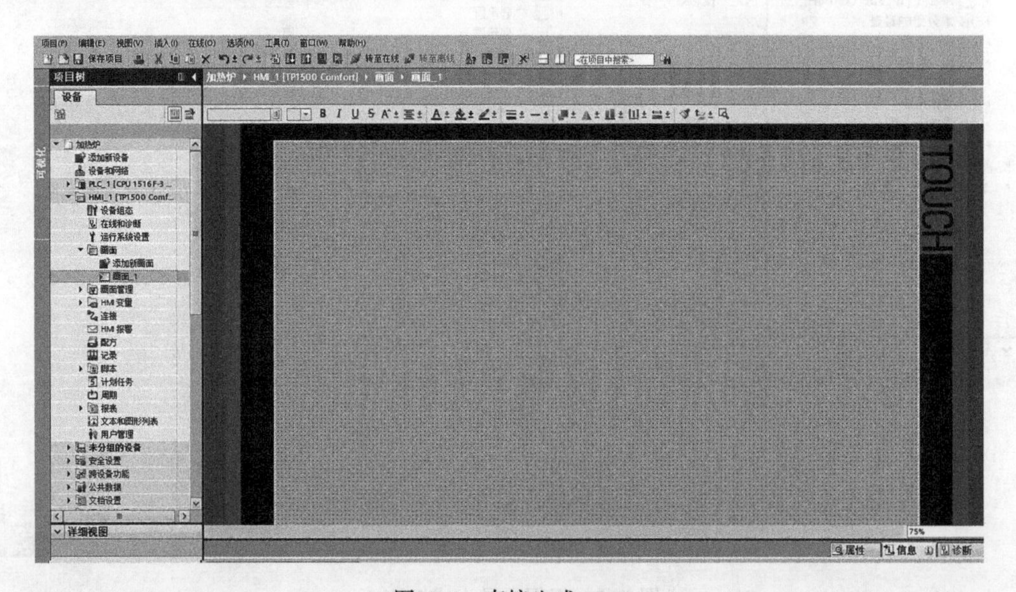

图 6-4 直接生成 HMI

6.1.3　触摸屏的通信连接

随着时代的变迁，常用的西门子触摸屏现在都配有PROFINET工业以太网接口，所以这里不再介绍以往的PROFIBUS等接口。使用PROFINET接口进行通信时，PLC、HMI和PC必须工作在同一网段，否则将无法正常通信。

这里以Win10为例介绍网络设置。打开“控制面板”，选择“网络和共享中心”，单击左侧的“更改适配器设置”，进入“网络连接”界面，双击以太网，更改TCP/IPv4的IP地址，使其于PLC和HMI在同一网段，如图6-5所示（这里本机地址设置为33）。

图6-5　PC的IP地址设置

触摸屏IP地址的设置有多种方式，这里简单介绍两种：在“项目树”中用鼠标右键单击“HMI_1”选择“属性”，即可进入HMI的属性栏，如图6-6所示，在以太网地址栏中修改IP地址即可；另一种方法可在“设备和网络”界面的“网络视图”中，单击HMI_1图标，在下方“属性”的“常规”栏中选择“以太网地址”，在IP协议中修改HMI的IP地址，如图6-7所示。

当PLC和HMI都设定在同一网段后，必须在“设备和网络”界面内将PLC和HMI_1之间的PN/IE_1连接线连上，如图6-7所示。

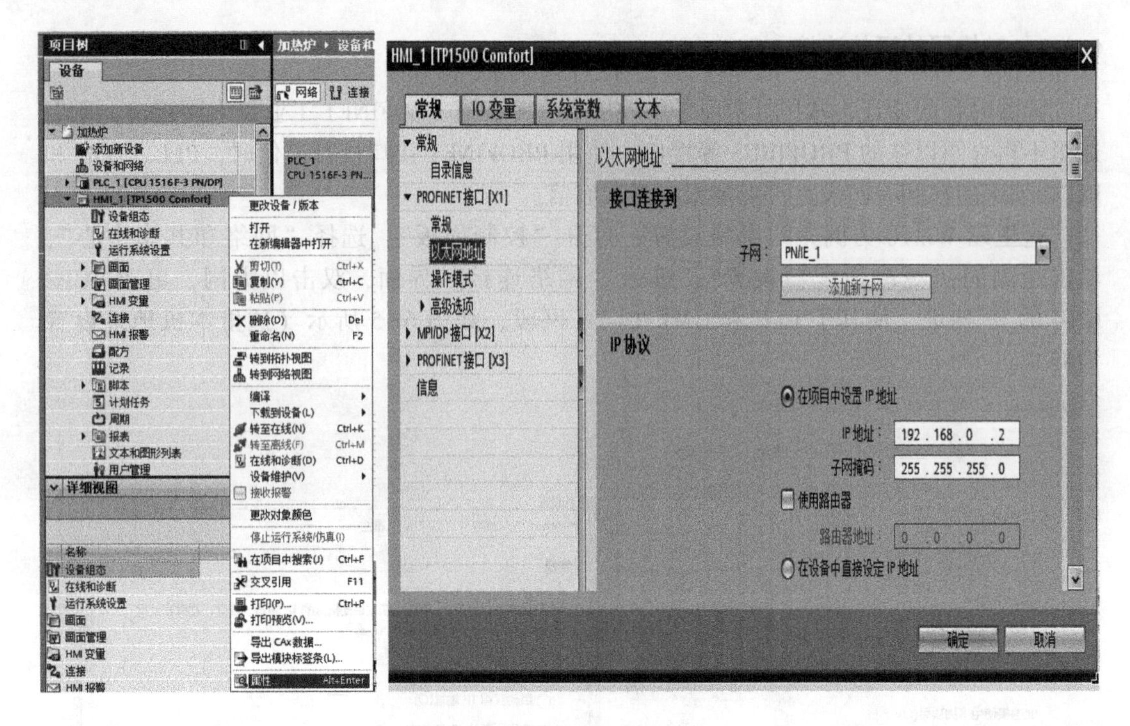

图 6-6　HMI 的 IP 地址设置 1

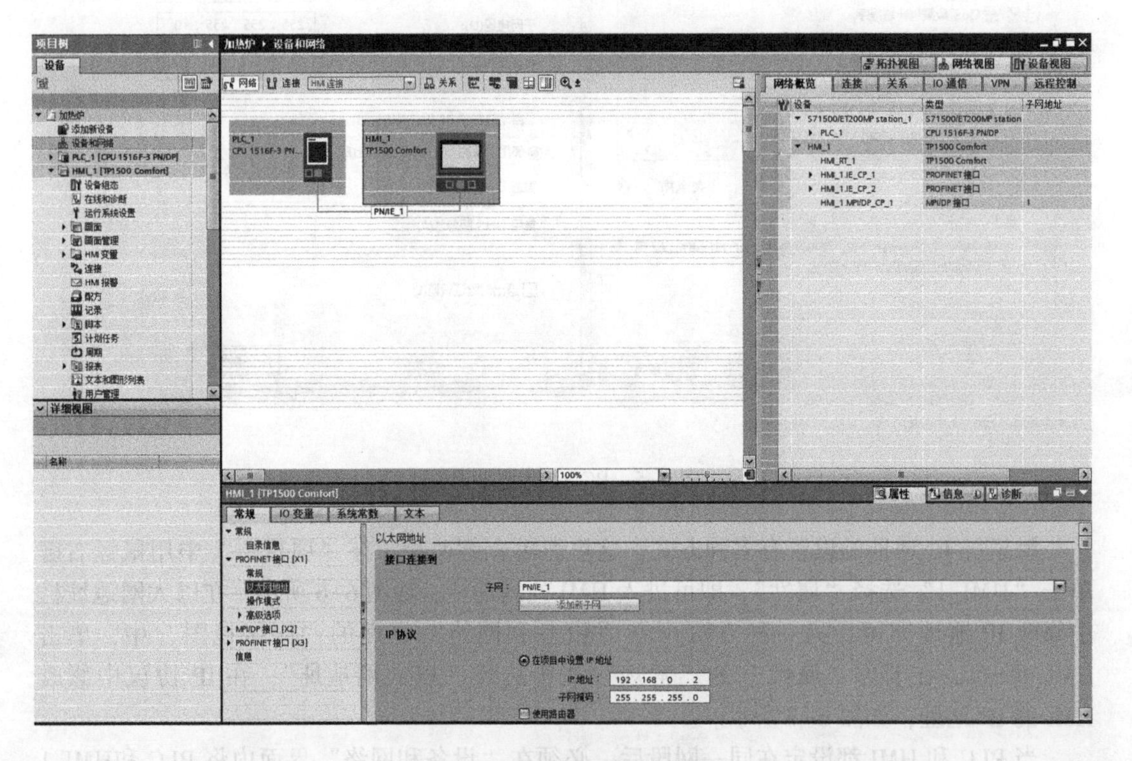

图 6-7　HMI 的 IP 地址设置 2

6.1.4 触摸屏开发自动加热监控系统

根据示意图 6-1 可以看出自动加热监控系统的 HMI 部分所需绘制的元素有很多，具体可分为“基本对象”和 TIA 自带“元素”。绘制这些元素时，变量的设置是整个系统能否正常工作的关键所在。HMI 的变量可分为内部变量和外部变量。内部变量是与外部控制器（如 PLC 等）没有信息交互的变量，用于 HMI 内部计算等任务的变量（如图 6-8 中的 S3 即为内部变量）。外部变量是与外部控制器有过程连接的变量，它是 PLC 与 HMI 数据交互的桥梁。图 6-8 中除 S3 以外的所有变量都为外部变量，其连接方式均为“以太网”连接，如图 6-9 所示。

加热炉 ▸ HMI_1 [TP1500 Comfort] ▸ HMI 变量 ▸ 默认变量表 [21]

HMI 变量　系统变量

默认变量表

名称	数据类型	连接	PLC 名称	PLC 变量	访问模式	采集周期
act_temperature	Real	HMI_连接_PLC1	PLC_1	act_temperature	<符号访问>	100 ms
car_position	Int	HMI_连接_PLC1	PLC_1	car_position	<符号访问>	100 ms
close_door	Bool	HMI_连接_PLC1	PLC_1	close_door	<符号访问>	100 ms
door_is_close	Bool	HMI_连接_PLC1	PLC_1	door_is_close	<符号访问>	100 ms
door_is_open	Bool	HMI_连接_PLC1	PLC_1	door_is_open	<符号访问>	100 ms
e1_close	Bool	HMI_连接_PLC1	PLC_1	e1_close	<符号访问>	100 ms
e1_is_on	Bool	HMI_连接_PLC1	PLC_1	e1_is_on	<符号访问>	100 ms
e1_open	Bool	HMI_连接_PLC1	PLC_1	e1_open	<符号访问>	100 ms
e2_close	Bool	HMI_连接_PLC1	PLC_1	e2_close	<符号访问>	100 ms
e2_is_on	Bool	HMI_连接_PLC1	PLC_1	e2_is_on	<符号访问>	100 ms
e2_open	Bool	HMI_连接_PLC1	PLC_1	e2_open	<符号访问>	100 ms
FAN	Bool	HMI_连接_PLC1	PLC_1	FAN	<符号访问>	100 ms
MA1_is_on	Bool	HMI_连接_PLC1	PLC_1	MA1_is_on	<符号访问>	100 ms
open_door	Bool	HMI_连接_PLC1	PLC_1	open_door	<符号访问>	100 ms
S1	Bool	HMI_连接_PLC1	PLC_1	S1	<符号访问>	100 ms
S2	Bool	HMI_连接_PLC1	PLC_1	S2	<符号访问>	100 ms
set_temperature	Real	HMI_连接_PLC1	PLC_1	set_temperature	<符号访问>	100 ms
start	Bool	HMI_连接_PLC1	PLC_1	start	<符号访问>	100 ms
stop	Bool	HMI_连接_PLC1	PLC_1	stop	<符号访问>	100 ms
S3	Bool	<内部变量>		<未定义>		100 ms
<添加>						

图 6-8 HMI 的变量设置

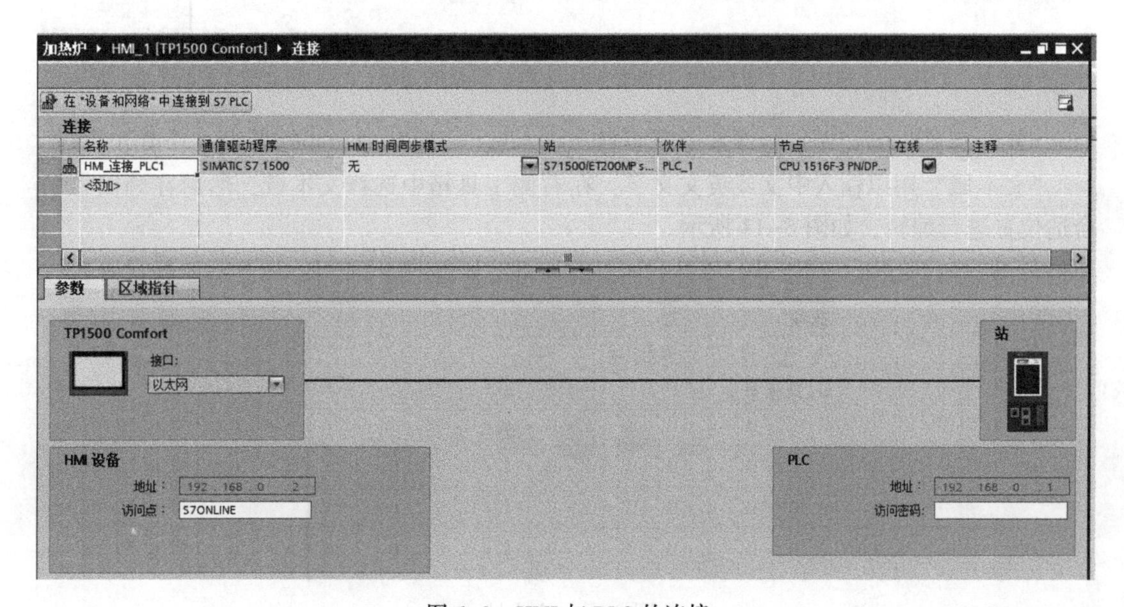

图 6-9 HMI 与 PLC 的连接

本监控系统中 HMI 的变量大多是与 PLC 进行数据交互的外部变量。在变量名设定时为了连接方便，HMI 的变量名可以与 PLC 的变量名设置成一样。变量的数据类型应与 PLC 连接的变量类型一致。若 PLC 数据类型已设置完成，HMI 的变量无须选择数据类型，只要完成变量连接即可，如图 6-10 所示，S3 初始的 HMI 数据类型为 INT 型，完成连接后，自行修正为 BOOL 型。

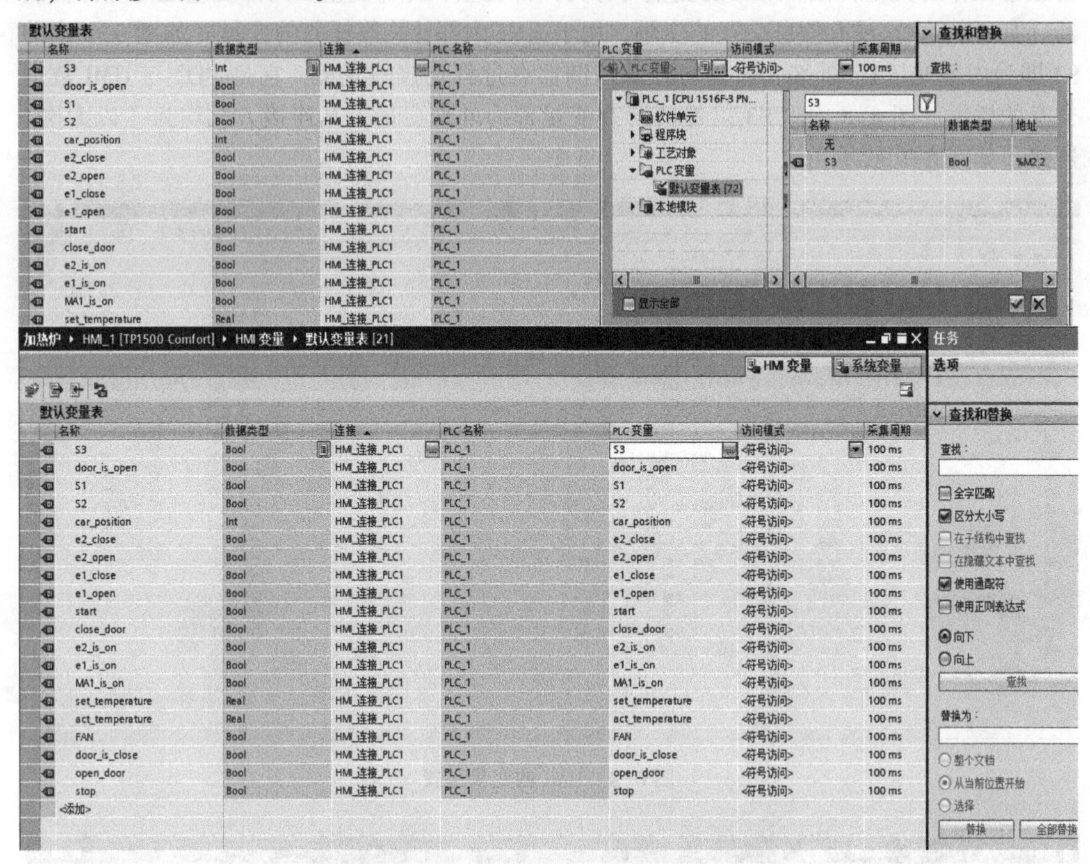

图 6-10 HMI 变量与 PLC 变量的连接

“基本对象”的元素绘制在本课题中有“文本域”“圆”和“矩形”这三个知识点。

“文本域”用以输入中文或英文文字，在右侧工具箱中选择文本域，然后在画面栏中合适位置进行编辑，如图 6-11 所示。

图 6-11 文本域

“文本域”的文字内容、字体大小可以在“属性”的“常规”栏中进行更改，颜色及边框等可以在“外观”栏中进行设置，文字方向及格式可以在“文本格式”栏中进行设置，文本的位置则是在“布局”栏中进行设置，如图 6-12 所示。

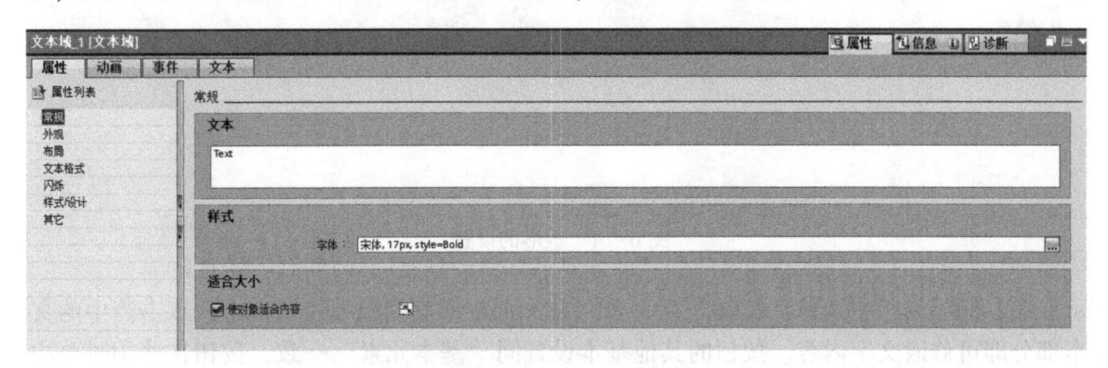

图 6-12　文本域的设置

“圆”在本书中用以表示炉门的上限位和下限位的压合状态，所以它除了文本域的一些基本设置外，还需要进行一个“动画”的设置。如图 6-13 所示，“圆_1”连接的变量为 PLC 中炉门开到位的信号，其变量为 BOOL 量，所以在范围中只有 0 和 1 的选择。变量为 0 时代表炉门没有开到位，所以这里“圆_1”显示为灰色。变量为 1 时代表炉门开到位，这里“圆_1”显示则为蓝色。

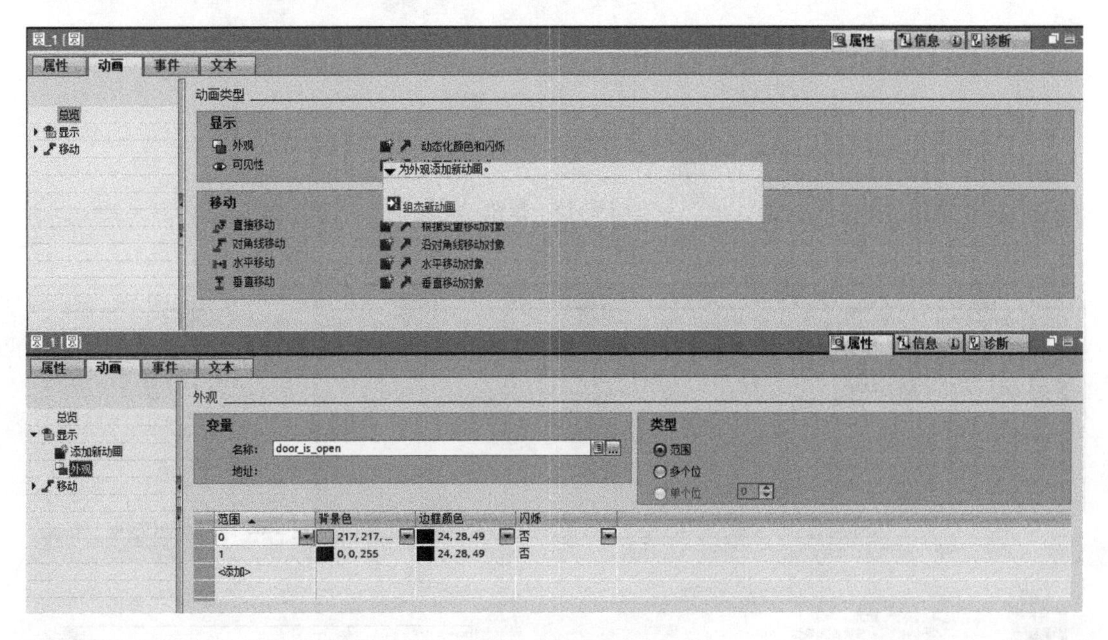

图 6-13　圆的设置

“矩形”在本书中用以表示炉门开和关状态。其基本设置同上文介绍的“圆”相同，区别则是在显示时用到“动画”里的可见性功能，如图 6-14 所示。

TIA 自带“元素”栏中的“按钮”控件也是完成本任务的主要工具，如图 6-15 所

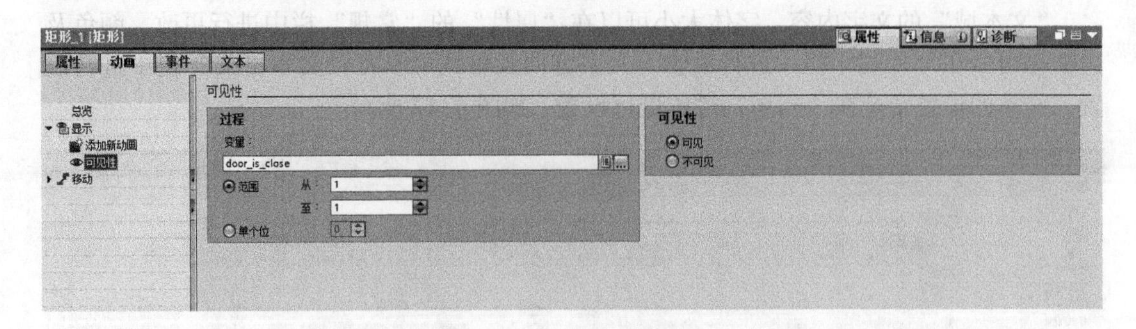

图 6-14 矩形的设置

示。在右侧工具栏中选择“按钮”后，可以在画面栏中直接拖拽按钮大小，双击当中的文本部分即可修改文字内容。按钮的其他基本设置同“基本元素”一致，按钮在使用时要注意“事件”的选择，如图 6-16 所示。按下按钮时选择“置位位”，连接的变量为 PLC 的“关门”信号变量，释放时则选择“复位位”，连接变量不变。

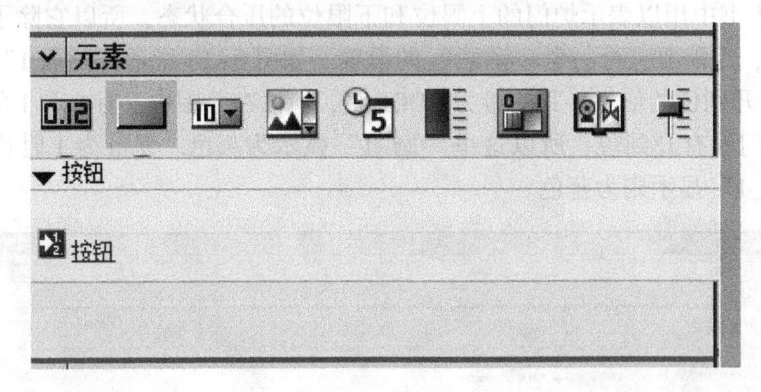

图 6-15 按钮

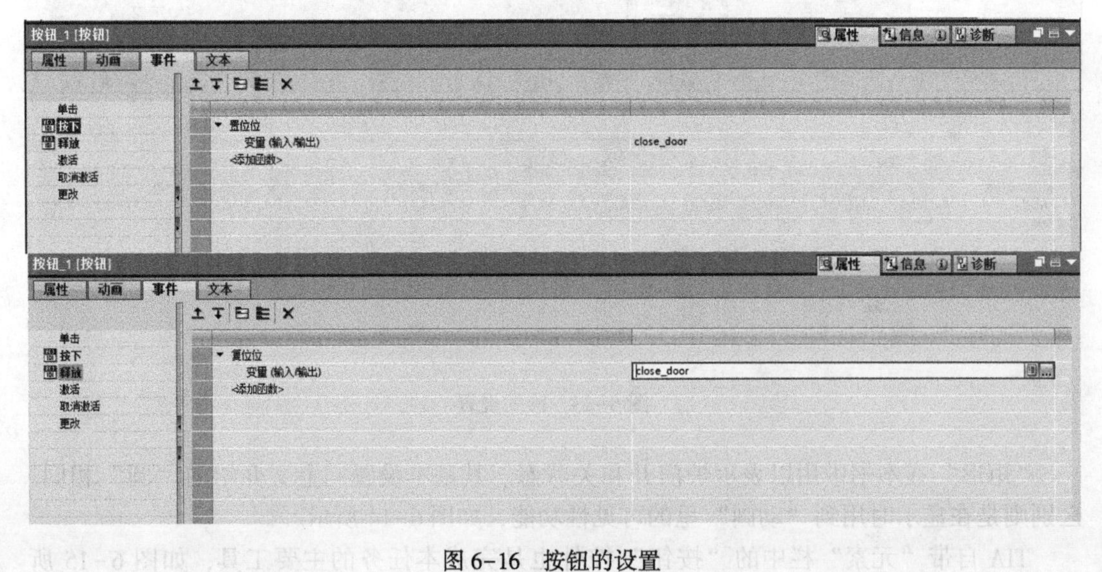

图 6-16 按钮的设置

“I/O 域”在本书中的作用是用来设定加热温度和显示炉内的当前温度。在 I/O 域的“类型”设置中，设定温度应设为“输入”模式，显示温度则设为“输出”模式。由于示意图 6-1 是加热炉，所以其显示的温度都为正数，并且显示两位小数。在“格式”中，“显示格式”应选择十进制，“格式样式”可手动输入“9999. 99”。“过程”中的变量连接则为 PLC 中的相关值即可，如图 6-17 所示。

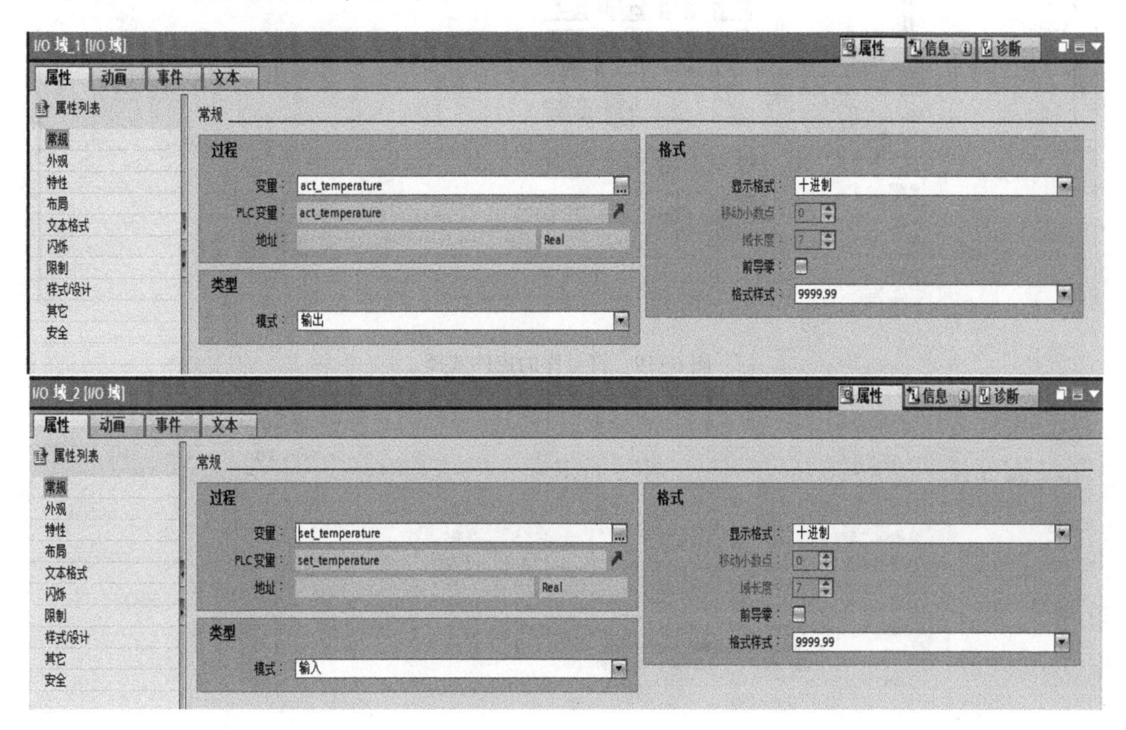

图 6-17　I/O 域的设置

“符号库”（见图 6-18）是书中大部分控件的出处，其使用方法为先拖拽一个符号库至画面中，然后在“属性”栏中“常规”项的“类别”里选择不同的控件，如图 6-19 所示。

图 6-18　符号库

“符号库”里的控件改变颜色和变量连接等（如图 6-20 所示）与“基本对象”的设置类似。课题中“符号库”内的部分控件在“动画”选项设置“移动”功能，如图 6-21 所示，小车选用“直接移动”，“偏移量”则为 PLC 中给出的小车具体位置。

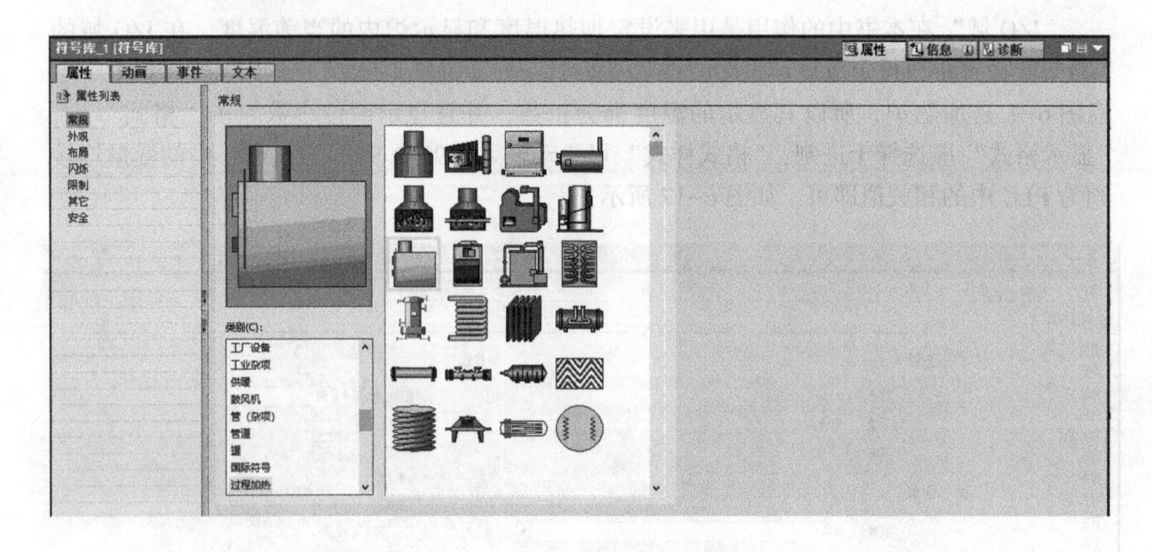

图 6-19 符号库的控件选择

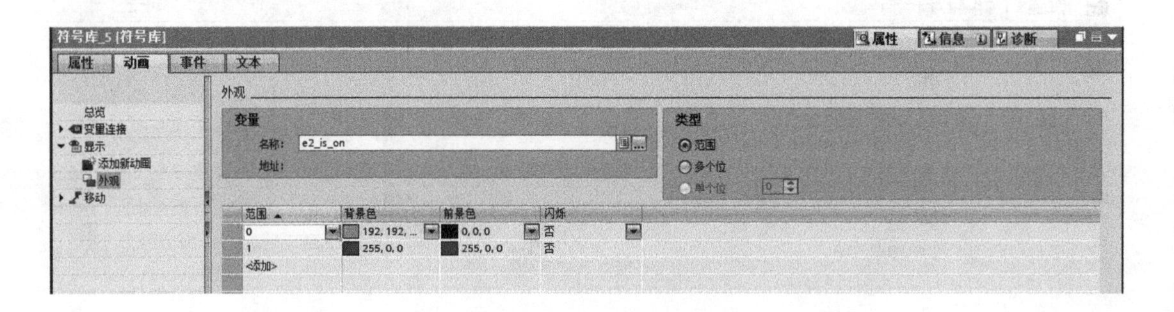

图 6-20 符号库的控件设置 1

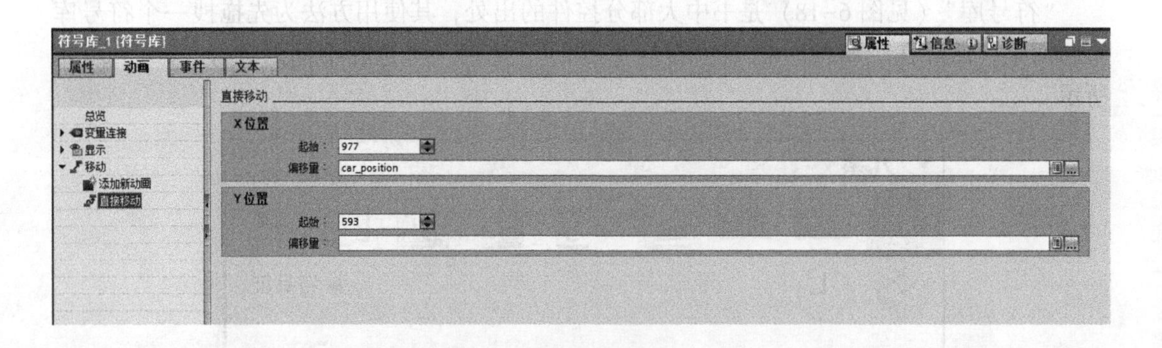

图 6-21 符号库的控件设置 2

编辑完监控界面后，单击“项目树”中 HMI_1，在上方工具栏中选择“编译”，若编译完成后显示错误 0，警告 0（如图 6-22 所示），则表示 HMI 画面编辑无误，可以单击“启动仿真”按钮进行仿真调试。此时若 PLC 未连接或未启动，仿真时与 PLC 相关的变量会显示错误，如图 6-23 所示。

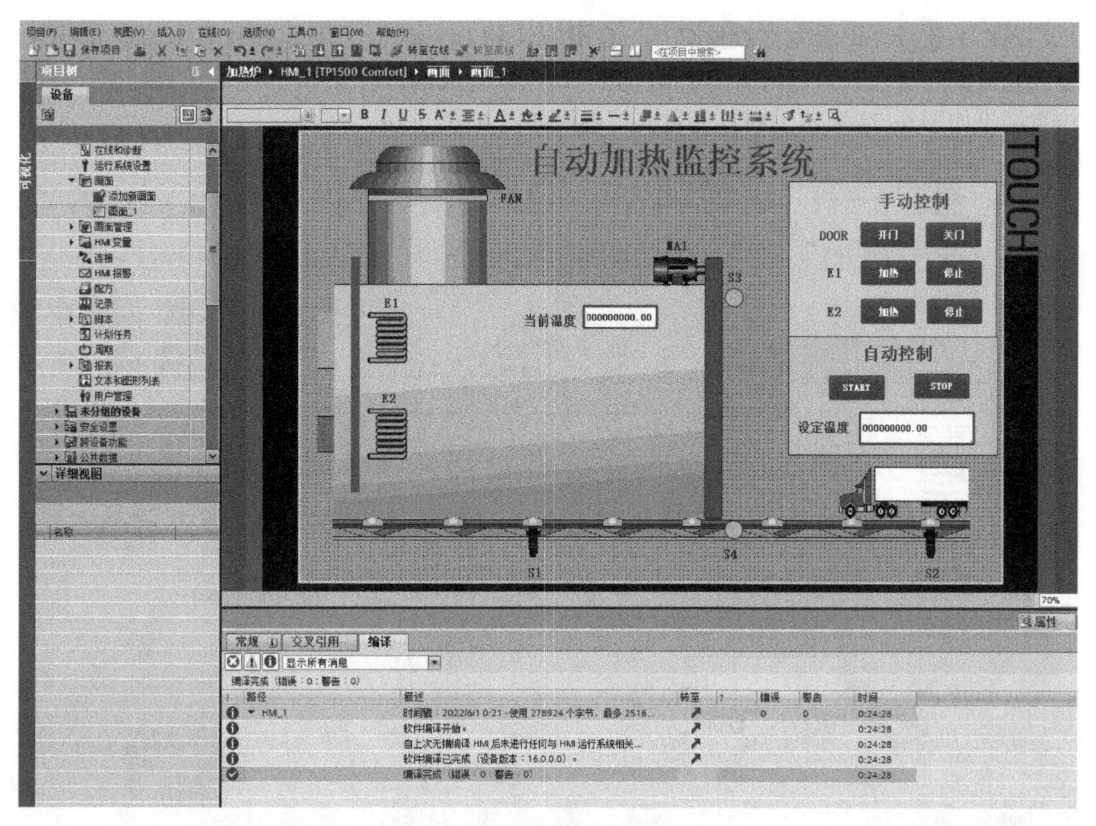

图 6-22 编译 HMI 画面

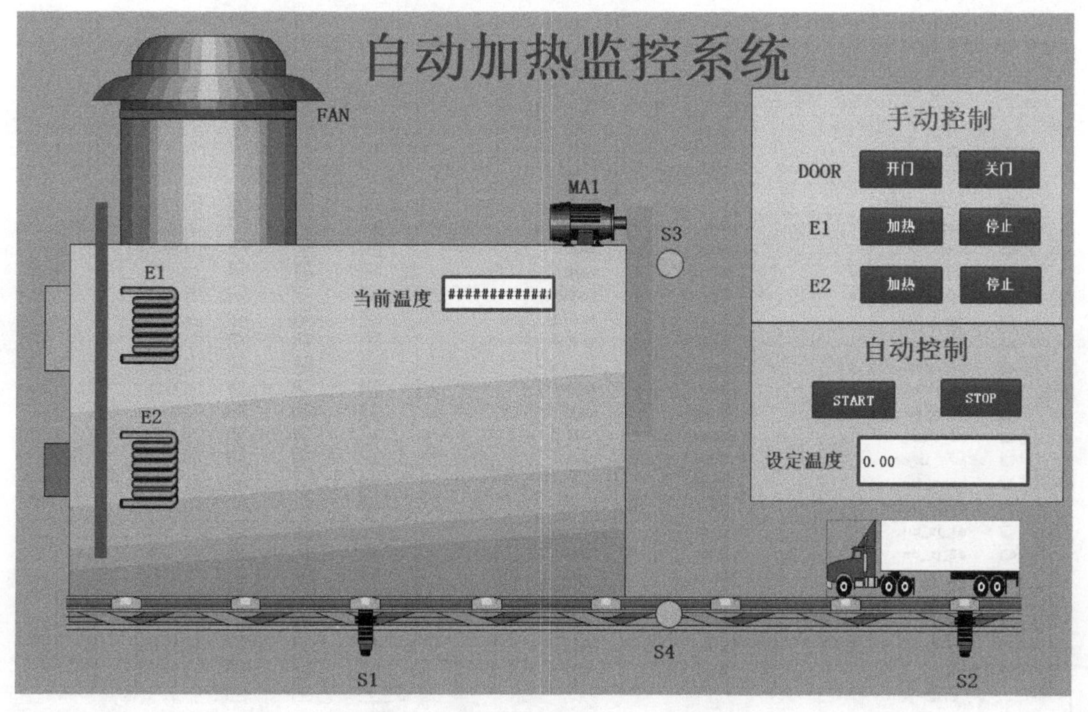

图 6-23 仿真 HMI 画面（PLC 变量丢失）

PLC 的连接丢失会失去数据交互，在没有实物 PLC 时，为了能顺利测试 HMI 编辑是否能完成课题要求，可以将所有 PLC 的 I、O 点设置成内部存储器 M 用以仿真调试。HMI 仿真结果如图 6-24 所示，PLC 变量监控画面如图 6-25 所示。

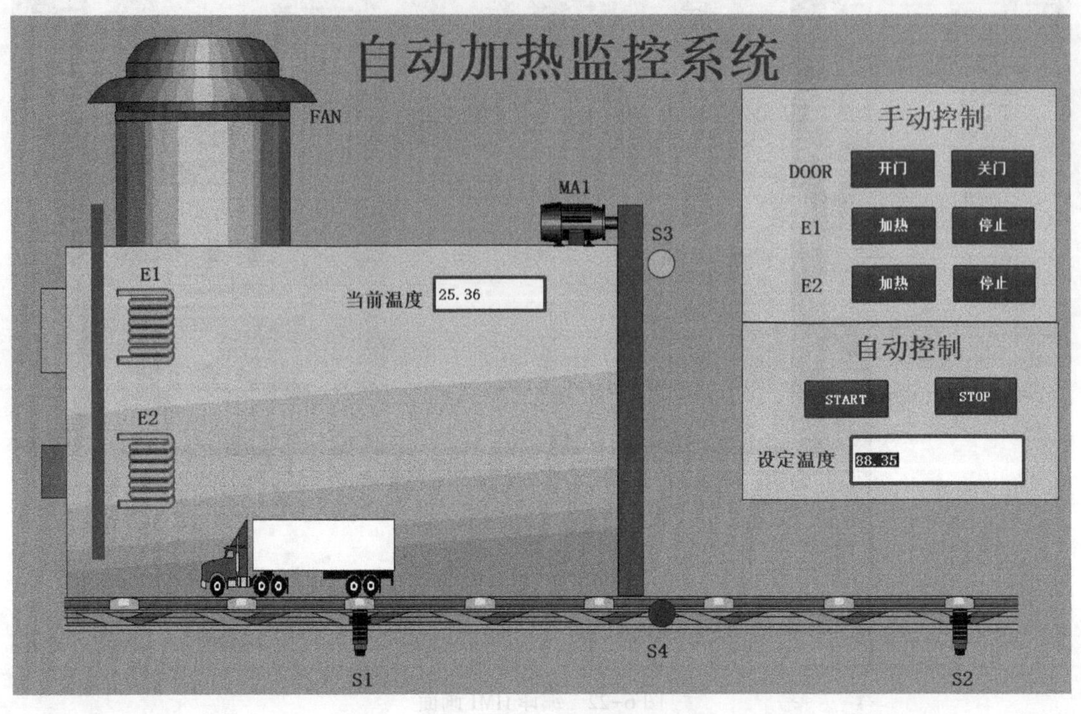

图 6-24　仿真 HMI 画面

加热炉 ▸ PLC_1 [CPU 1516F-3 PN/DP] ▸ PLC 变量 ▸ 默认变量表 [71]

默认变量表

	名称	数据类型	地址	保持	从 H...	从 H...	在 H...	监视值	监控
1	door_is_open	Bool	%M0.0	☐	☑	☑	☑	FALSE	
2	door_is_close	Bool	%M0.1	☐	☑	☑	☑	TRUE	
3	FAN	Bool	%M0.2	☐	☑	☑	☑	FALSE	
4	set_temperature	Real	%MD30	☐	☑	☑	☑	88.35	
5	act_temperature	Real	%MD34	☐	☑	☑	☑	25.36	
6	open_door	Bool	%M0.3	☐	☑	☑	☑	FALSE	
7	close_door	Bool	%M0.4	☐	☑	☑	☑	FALSE	
8	e1_open	Bool	%M0.5	☐	☑	☑	☑	FALSE	
9	e1_close	Bool	%M0.6	☐	☑	☑	☑	FALSE	
10	e2_open	Bool	%M0.7	☐	☑	☑	☑	FALSE	
11	e2_close	Bool	%M1.0	☐	☑	☑	☑	FALSE	
12	MA1_is_on	Bool	%M1.1	☐	☑	☑	☑	FALSE	
13	open_fan	Bool	%M1.2	☐	☑	☑	☑	FALSE	
14	close_fan	Bool	%M1.3	☐	☑	☑	☑	FALSE	
15	e1_is_on	Bool	%M1.4	☐	☑	☑	☑	TRUE	
16	e2_is_on	Bool	%M1.5	☐	☑	☑	☑	TRUE	
17	car_position	Int	%MW40	☐	☑	☑	☑	-750	
18	S1	Bool	%M1.6	☐	☑	☑	☑	TRUE	
19	S2	Bool	%M1.7	☐	☑	☑	☑	FALSE	
20	start	Bool	%M2.0	☐	☑	☑	☑	FALSE	
21	stop	Bool	%M2.1	☐	☑	☑	☑	FALSE	
22	<新增>			☐	☑	☑	☑		

图 6-25　PLC 变量监控画面

6.2 组态软件监控的 PLC 控制运料小车

6.2.1 课题分析

运料小车示意图如图 6-26 所示，控制工艺要求：其中启动按钮 SB1 用来开启运料小车，停止按钮 SB2 用来手动停止运料小车。按 SB1 小车从原点启动，KM1 接触器吸合使小车向前运行直到碰 SQ2 开关停，KM2 接触器吸合使甲料斗装料 5s，然后小车继续向前运行直到碰 SQ3 开关停，此时 KM3 接触器吸合使乙料斗装料 3s，随后 KM4 接触器吸合小车返回原点直到碰 SQ1 开关停止，KM5 接触器吸合使小车卸料 5s 后完成一次循环。按了启动按钮后小车连续作 3 次循环后自动停止，中途按停止按钮 SB2 则小车完成一次循环后才能停止。

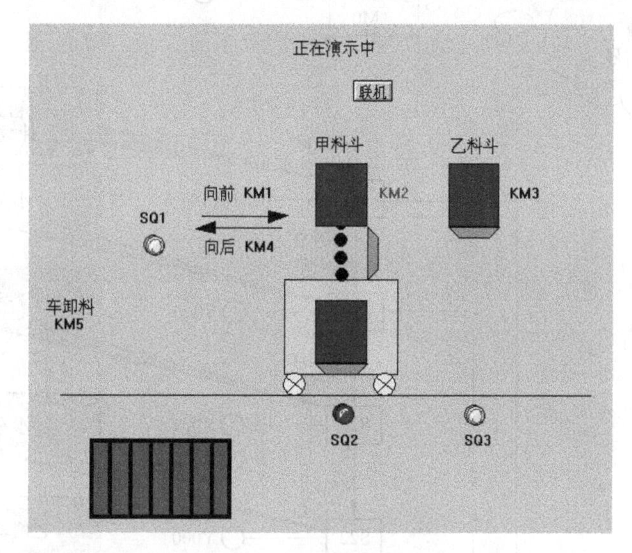

图 6-26 运料小车示意图

课题目的

(1) 能进行 PLC 控制运料小车系统程序分析。

(2) 能编写 PLC 控制运料小车系统的梯形图及指令语句表。

(3) 能使用组态王软件编辑监控界面，监控运料小车工作情况。

课题重点

(1) 能使用组态王软件编辑监控界面。

(2) 能使用组态王软件监控运料小车工作情况。

(3) 能够根据工艺要求编写 PLC 的控制梯形图、指令表。

课题难点

(1) 能使用组态王软件编辑监控界面，监控运料小车工作情况。

(2) 能够根据工艺要求编写 PLC 的控制梯形图、指令表。

6.2.2 PLC 控制运料小车程序设计

其端口（I/O）分配表见表 6-1。

表 6-1 输入、输出端口配置

输入设备	输入端口编号	输出设备	输出端口编号
启动按钮 SB1	X000	向前接触器 KM1	Y000
停止按钮 SB2	X001	甲卸料接触器 KM2	Y001
开关 SQ1	X002	乙卸料接触器 KM3	Y002
开关 SQ2	X003	向后接触器 KM4	Y003
开关 SQ3	X004	车卸料接触器 KM5	Y004

根据控制工艺要求绘制状态转移图如图 6-27 所示。

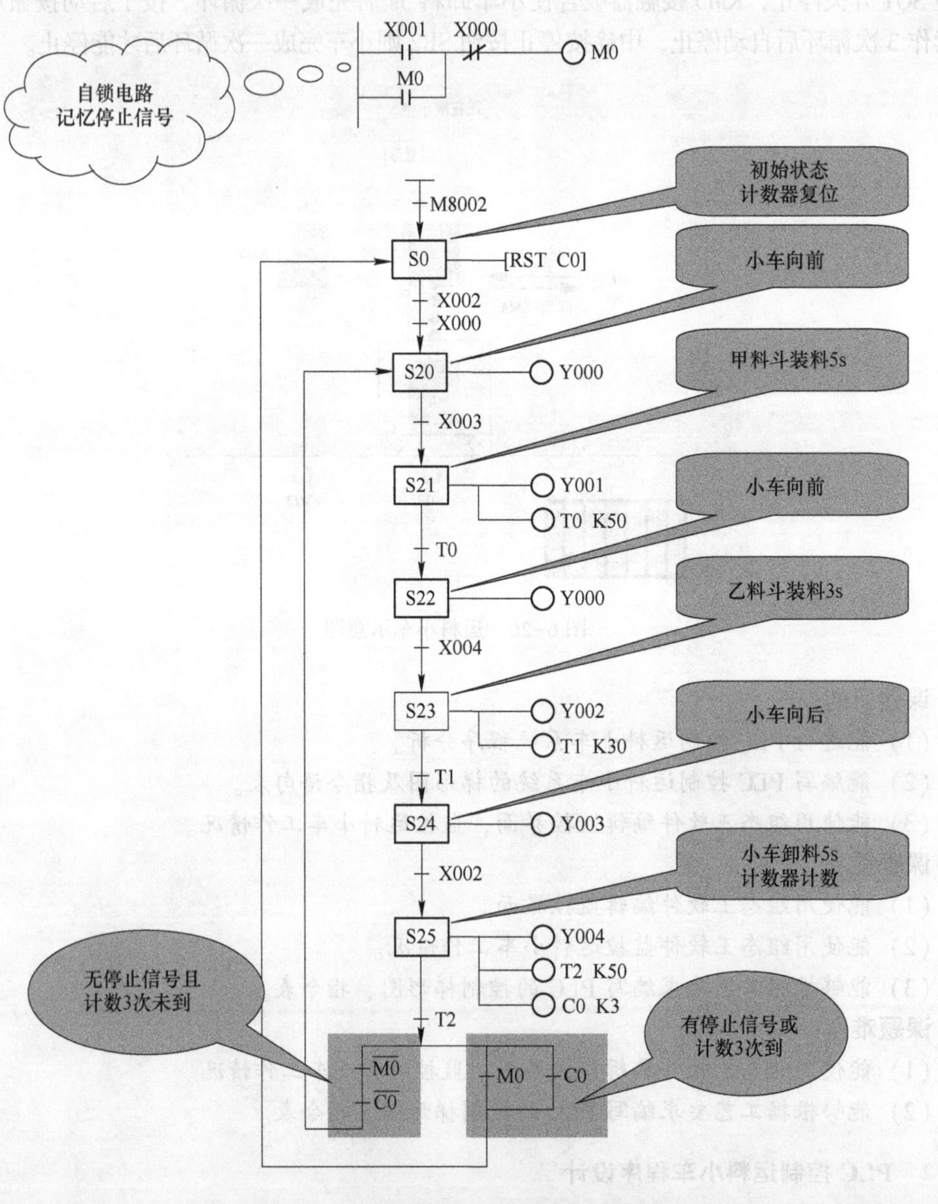

图 6-27 PLC 控制运料小车的状态转移图

根据图 6-27 所示的状态转移图，绘制梯形图如图 6-28 所示。

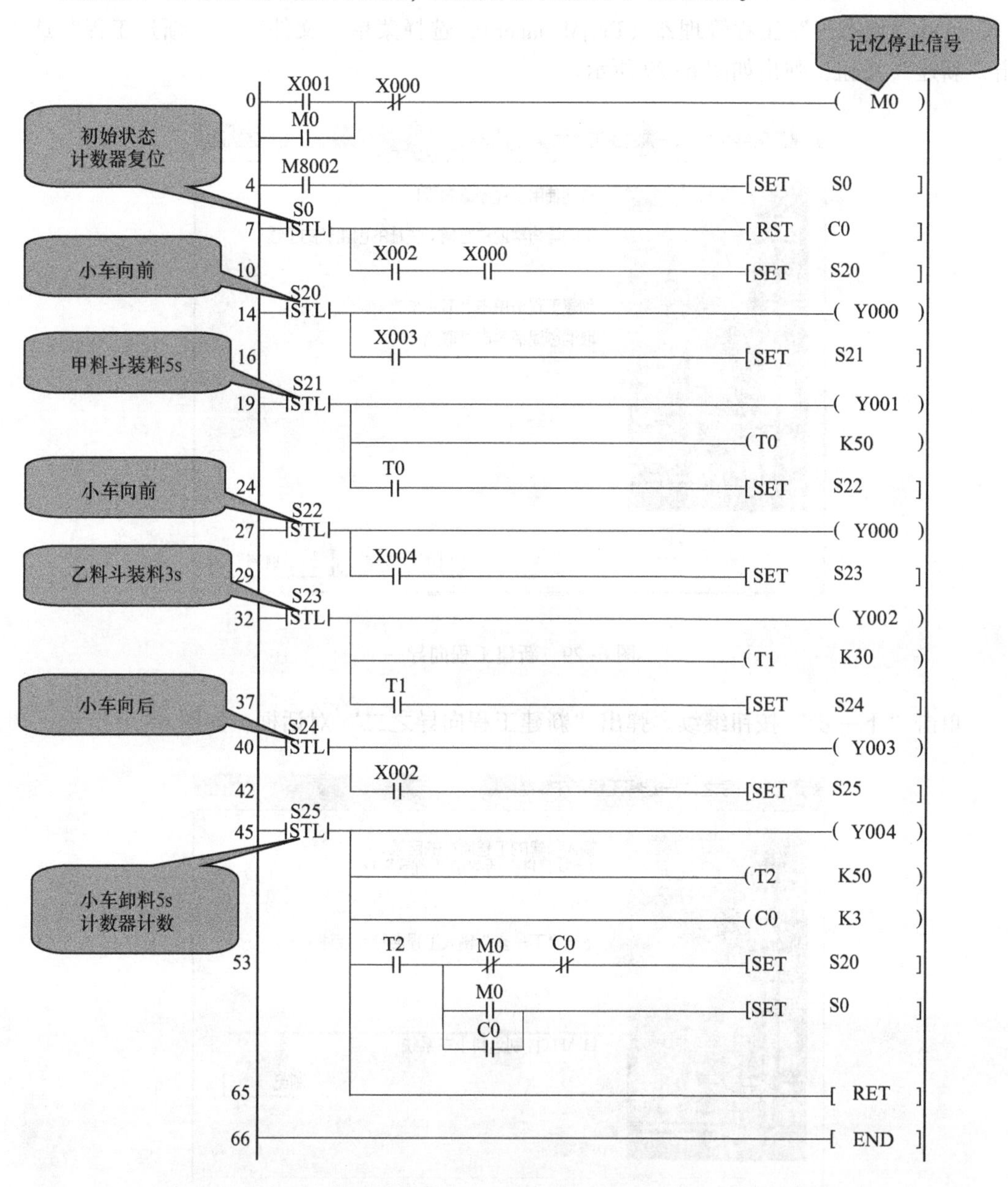

图 6-28 PLC 控制运料小车的梯形图

用 FX_{2N} 系列 PLC 计算机软件进行程序输入，按输入输出端口分配表进行接线，用电脑软件模拟仿真进行调试。

6.2.3 组态王开发控制运料小车监控界面

要建立新的组态王工程，请首先为工程指定工作目录（或称“工程路径”）。“组态王”用工作目录标识工程，不同的工程应置于不同的目录。工作目录下的文件由“组态王”自动管理。

6.2.3.1 建立工程

启动“组态王”工程管理器（ProjManager），选择菜单“文件”→“新建工程”或单击“新建”按钮，弹出如图6-29所示。

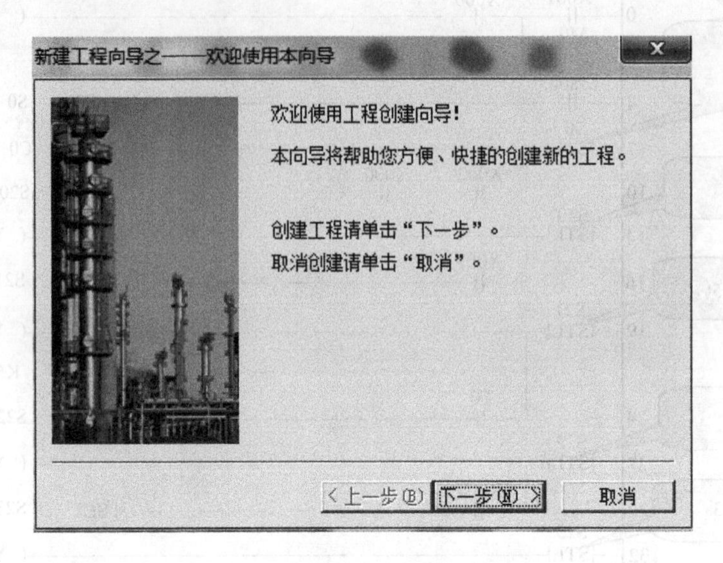

图6-29 新建工程向导一

单击“下一步”按钮继续。弹出“新建工程向导之二”对话框，如图6-30所示。

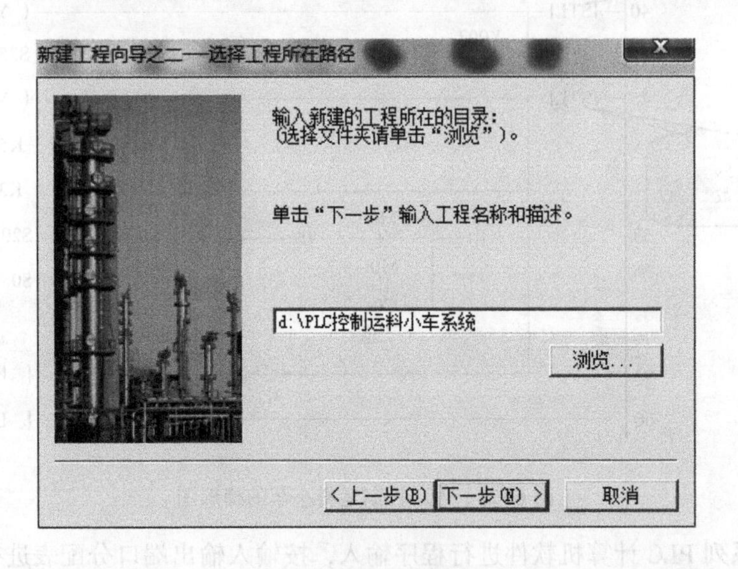

图6-30 新建工程向导二

在工程路径文本框中输入一个有效的工程路径，或单击“浏览…”按钮，在弹出的路径选择对话框中选择一个有效的路径。单击“下一步”按钮继续。弹出“新建工程”对话框，如图6-31所示。

单击“确定”按钮后继续，弹出“新建工程向导之三”对话框，如图6-32所示。

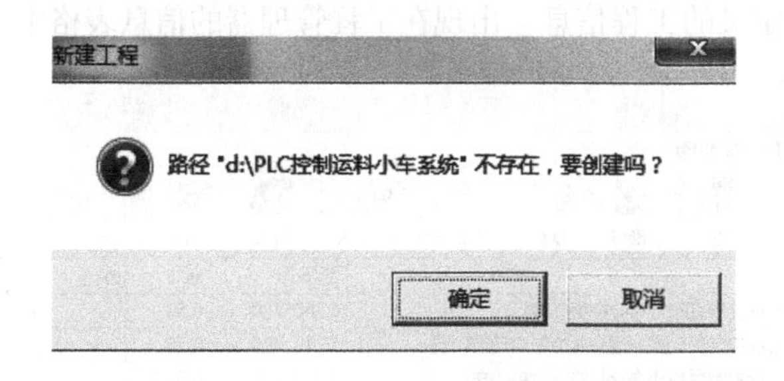

图 6-31 “新建工程”对话框

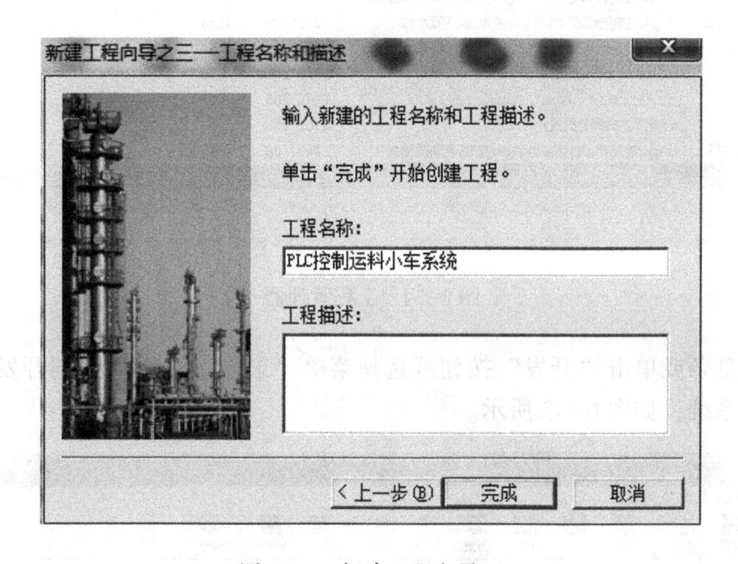

图 6-32 新建工程向导三

在工程名称文本框中输入工程的名称，该工程名称同时将被作为当前工程的路径名称。在工程描述文本框中输入对该工程的描述文字。工程名称长度应小于 32 个字符，工程描述长度应小于 40 个字符。单击“完成”按钮完成工程的新建。系统会弹出对话框，询问用户是否将新建工程设为当前工程，如图 6-33 所示。

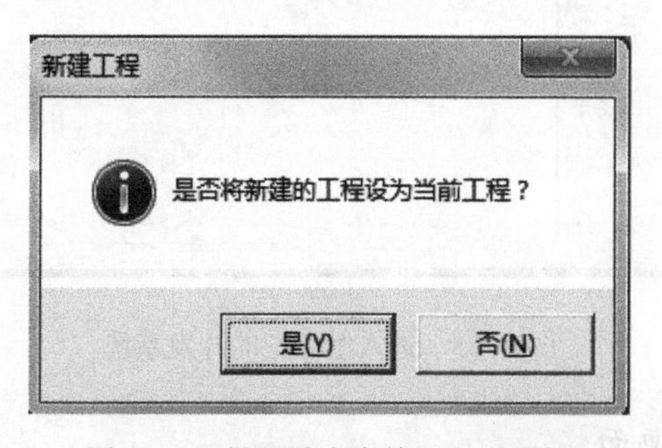

图 6-33 是否设为当前工程对话框

单击“否”按钮，则新建工程不是工程管理器的当前工程，如果要将该工程设为新建工程，还要执行“文件”→“设为当前工程”命令；单击“是”按钮，则将新建的工程设为组态王的当前工程。定义的工程信息会出现在工程管理器的信息表格中，如图 6-34 所示。

工程管理器

文件(F) 视图(V) 工具(T) 帮助(H)

搜索 新建 删除 属性 备份 恢复 DB导出 DB导入 开发 运行

工程名称	路径	分辨率	版本	描述
PLC控制红绿灯	d:\plc控制红绿灯\plc控制红绿灯	1280*720	6.53	
PLC控制自动混...	d:\plc控制自动混料罐\plc控制自动混料罐	1280*720	6.53	
PLC控制运料小车	d:\plc控制运料小车\plc控制运料小车	1280*720	6.53	
PLC控制机械滑台	d:\plc控制机械滑台\plc控制机械滑台	1280*720	6.53	
PLC控制输送带	d:\plc控制输送带\plc控制输送带	1920*1080	6.53	
PLC控制计件包...	d:\plc控制计件包装系统\plc控制计件包装系统	1920*1080	6.53	
PLC控制喷漆流...	d:\plc控制喷漆流水线\plc控制喷漆流水线	1280*720	6.53	
PLC控制水塔水...	d:\plc控制水塔水池水位\plc控制水塔水池水位	1280*720	6.53	
LX	c:\users\administrator\desktop\lx\lx	1920*1080	6.53	
ks	c:\users\administrator\desktop\ks\ks	1366*768	6.53	
电机控制	d:\电机控制\电机控制	1366*768	6.53	
PLC控制电动机...	d:\plc控制电动机旋转转\plc控制电动机旋转	1366*768	6.53	
PLC控制运料小...	d:\plc控制运料小车系统\plc控制运料小车系统	1280*720	6.53	

完成 滚动

图 6-34 工程管理器

双击该信息条或单击“开发”按钮或选择菜单“工具”→“切换到开发系统”，进入组态王的开发系统，如图 6-35 所示。

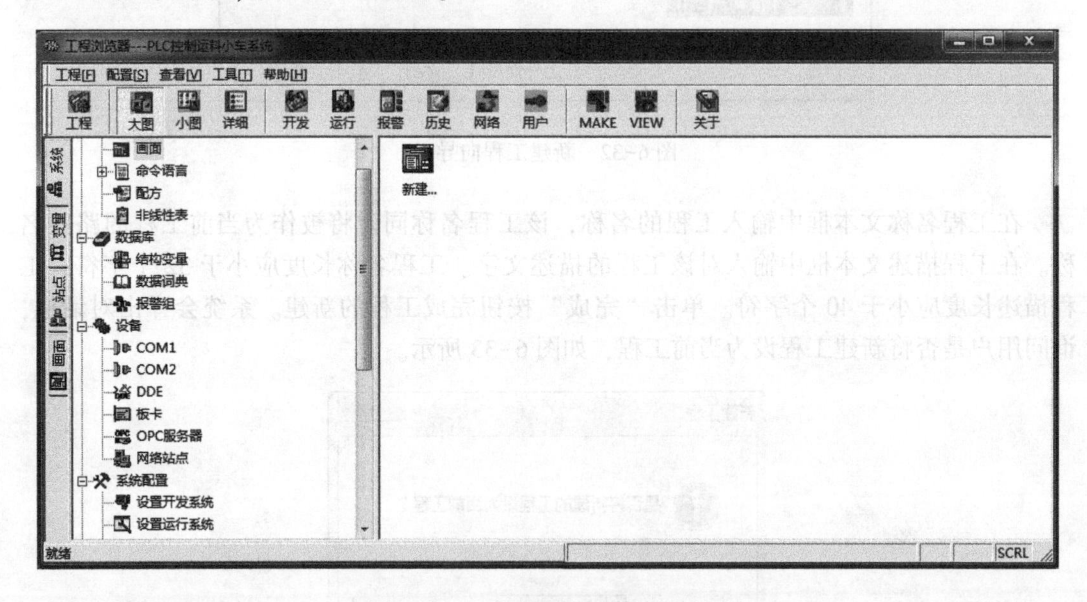

图 6-35 进入组态王的开发系统

6.2.3.2 创建组态画面

进入组态王开发系统后，就可以为每个工程建立数目不限的画面，在每个画面上生成互相关联的静态或动态图形对象。这些画面都是由“组态王”提供的类型丰富的图形对象组成的。系统为用户提供了矩形（圆角矩形）、直线、椭圆（圆）、扇形（圆弧）、点位图、多边形（多边线）、文本等基本图形对象及按钮、趋势曲线窗口、报警窗口、报表等复杂的图形对象。提供了对图形对象在窗口内任意移动、缩放、改变形状、复制、删除、对齐等编辑操作，全面支持键盘、鼠标绘图，并可提供对图形对象的颜色、线型、填充属性进行改变的操作工具。

“组态王”采用面向对象的编程技术，使用户可以方便地建立画面的图形界面。用户构图时可以像搭积木那样利用系统提供的图形对象完成画面的生成。同时支持画面之间的图形对象拷贝，可重复使用以前的开发结果。

进入新建的组态王工程，选择工程浏览器左侧大纲项“文件”→“画面”，在工程浏览器右侧用鼠标左键双击“新建”图标，弹出对话框如图 6-36 所示。

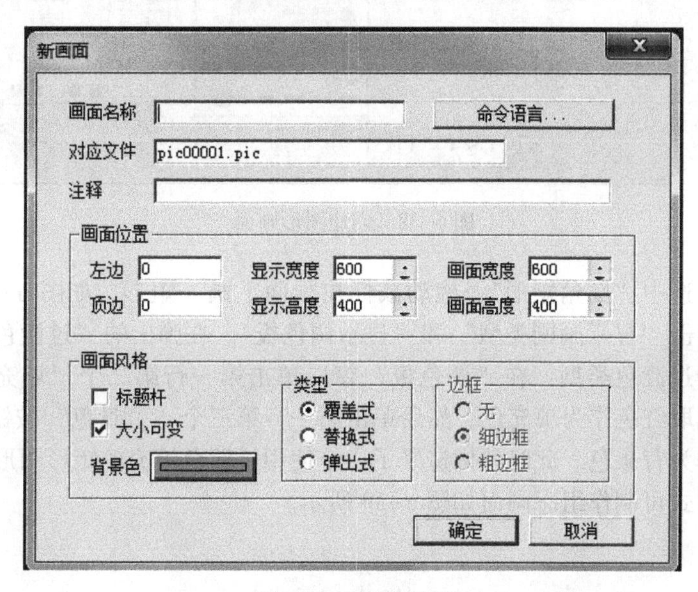

图 6-36 新建画面

在“画面名称”处输入新的画面名称，其他属性目前不用更改。单击“确定”按钮进入内嵌的组态王画面开发系统，如图 6-37 所示。

图 6-37 组态王开发系统

在组态王开发系统中从“工具箱”中分别选择“矩形”和“文本”图标，绘制一个矩形对象和一个文本对象，如图 6-38 所示。

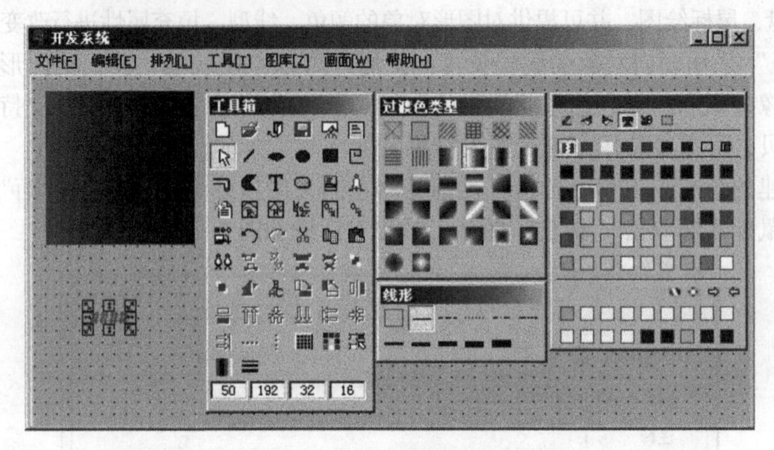

图 6-38 创建图形画面

在工具箱中选中“圆角矩形”，拖动鼠标在画面上画一矩形，如图 6-38 所示。用鼠标在工具箱中单击“显示画刷类型”和“显示调色板”。在弹出的“过渡色类型”窗口单击第二行第四个过渡色类型；在“调色板”窗口单击第一行第二个“填充色”按钮，从下面的色块中选取红色作为填充色，然后单击第一行第三个“背景色”按钮，从下面的色块中选取黑色作为背景色。此时就构造好了一个使用过渡色填充的矩形图形对象。

按照上述方式可制作组态画面如图 6-39 所示。

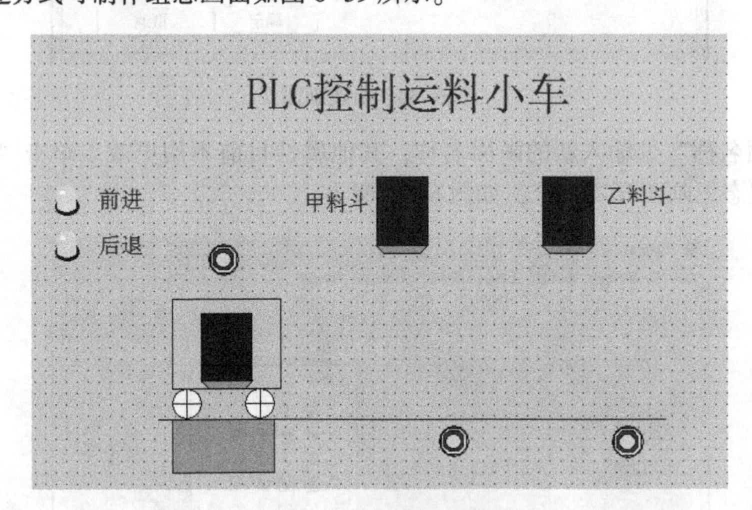

图 6-39 可制作组态画面

选择“文件”→“全部保存”命令，保存现有画面。

6.2.3.3 定义 I/O 设备

组态王把那些需要与之交换数据的设备或程序都作为外部设备。外部设备包括：下位机（PLC、仪表、模块、板卡、变频器等），它们一般通过串行口和上位机交换数据；其他 Windows 应用程序之间一般通过 DDE 交换数据；外部设备还包括网络上的其他计算机。

只有在定义了外部设备之后，组态王才能通过 I/O 变量和它们交换数据。为方便定义外部设备，组态王设计了“设备配置向导”引导用户一步步完成设备的连接。

选择工程浏览器左侧大纲项“设备”→“COM1”，在工程浏览器右侧用鼠标左键双击“新建”图标，运行“设备配置向导”，如图 6-40 所示。

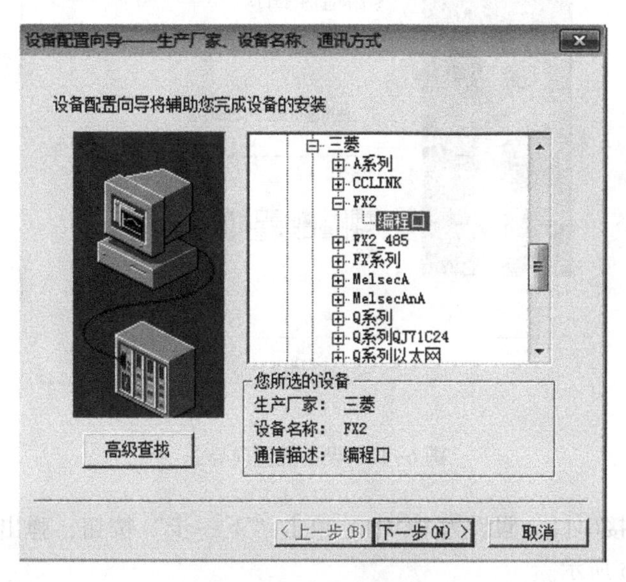

图 6-40　设备配置向导一

选择“PLC”→“三菱”→“FX2”→“编程口”项，单击“下一步”按钮，弹出“设备配置向导”对话框，如图 6-41 所示。

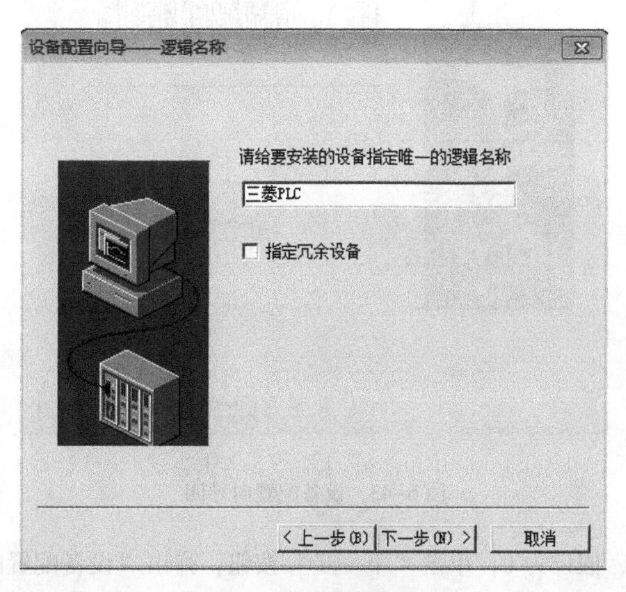

图 6-41　设备配置向导二

为外部设备取一个名称，输入三菱 PLC，单击“下一步”按钮，弹出“设备配置向导”对话框，如图 6-42 所示。

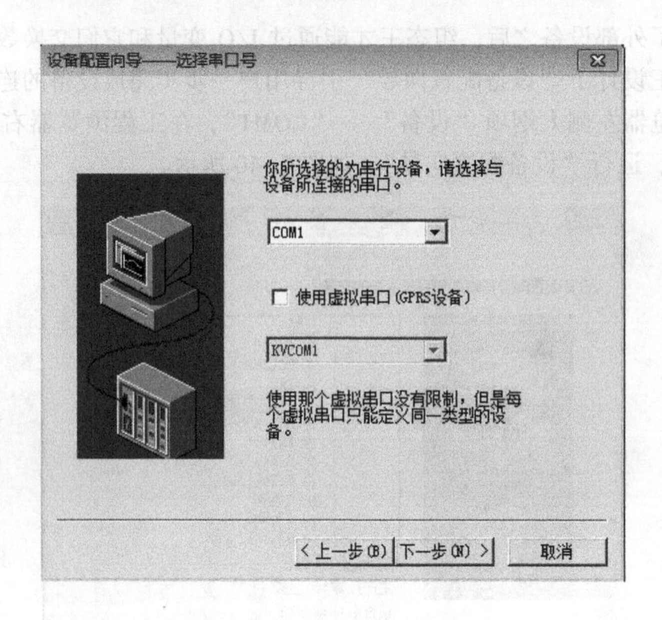

图6-42 设备配置向导三

为设备选择连接串口，假设为COM1，单击“下一步”按钮，弹出“设备配置向导”对话框，如图6-43所示。

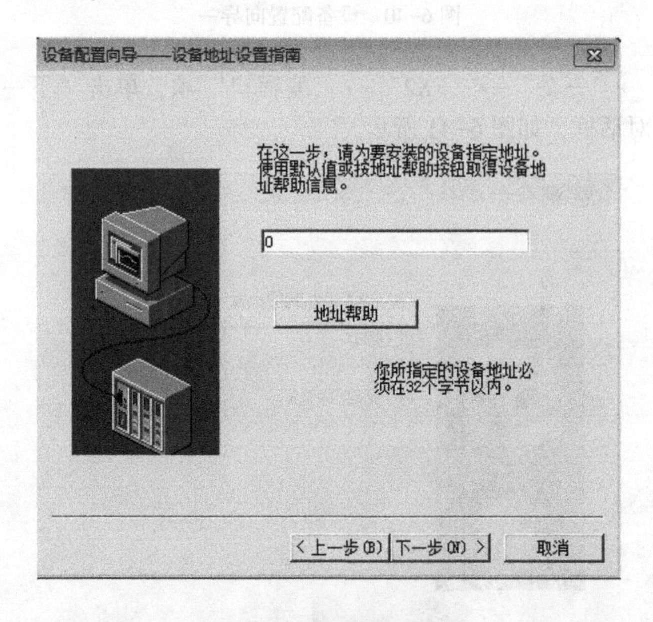

图6-43 设备配置向导四

填写设备地址，假设为0，单击“下一步”按钮，弹出“设备配置向导”对话框，如图6-44所示。

设置通信故障恢复参数（一般情况下使用系统默认设置即可），单击“下一步”按钮，弹出“设备配置向导”对话框，如图6-45所示。

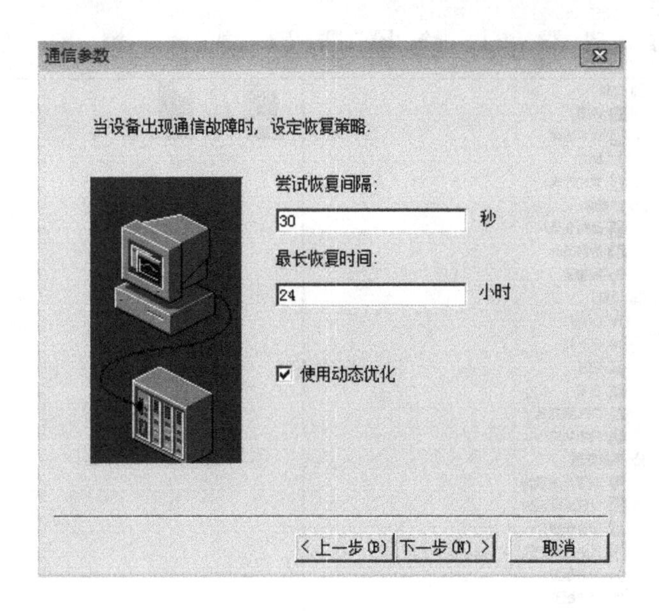

图 6-44　设备配置向导五

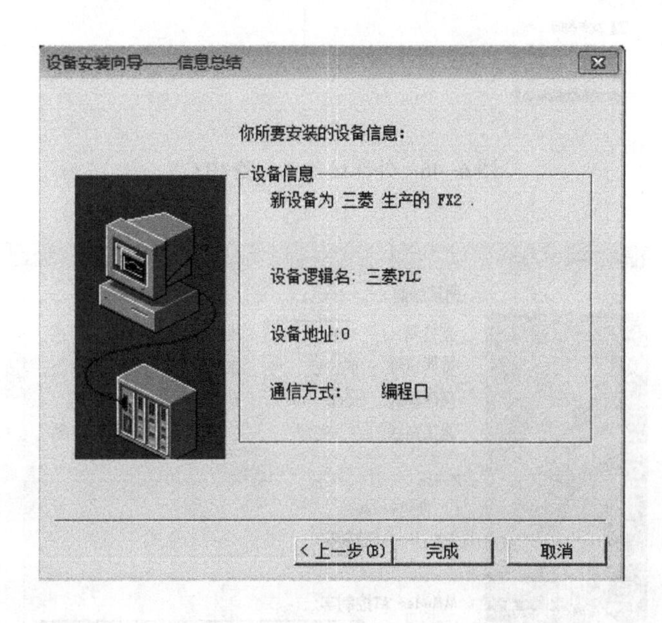

图 6-45　设备配置向导六

请检查各项设置是否正确，确认无误后，单击“完成”按钮。设备定义完成后，可以在工程浏览器的右侧看到新建的外部设备“三菱 PLC”，如图 6-46 所示。

鼠标双击“设备”中的“COM1”，出现“设置串口-COM1”对话框，如图 6-47 所示，可按图中设置相关信息。

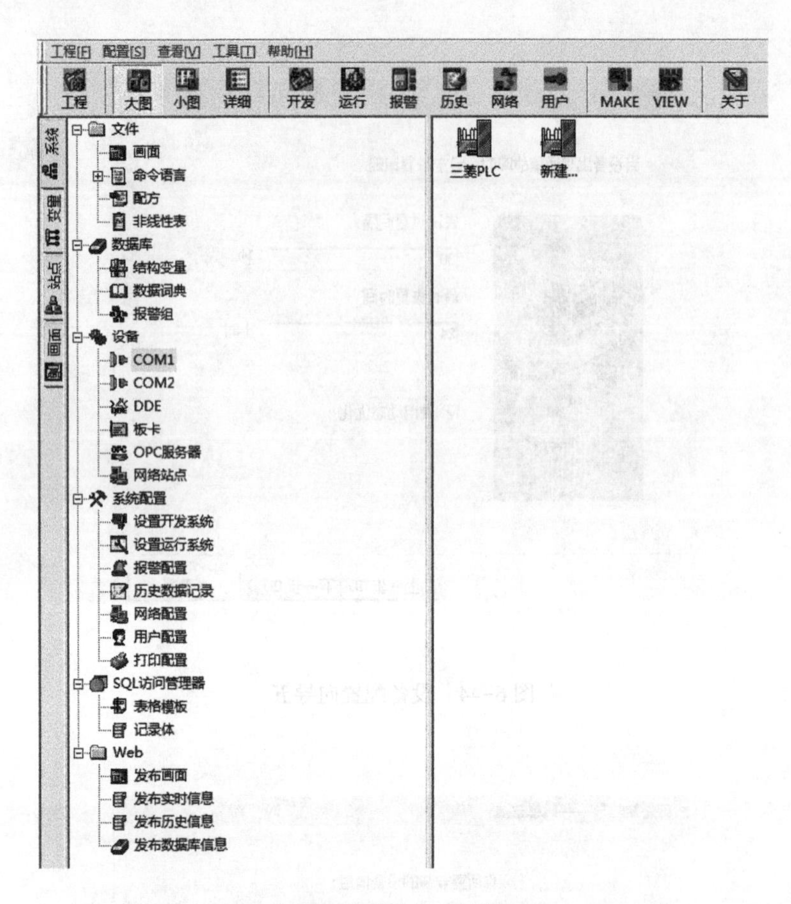

图 6-46 外部设备“三菱 PLC”

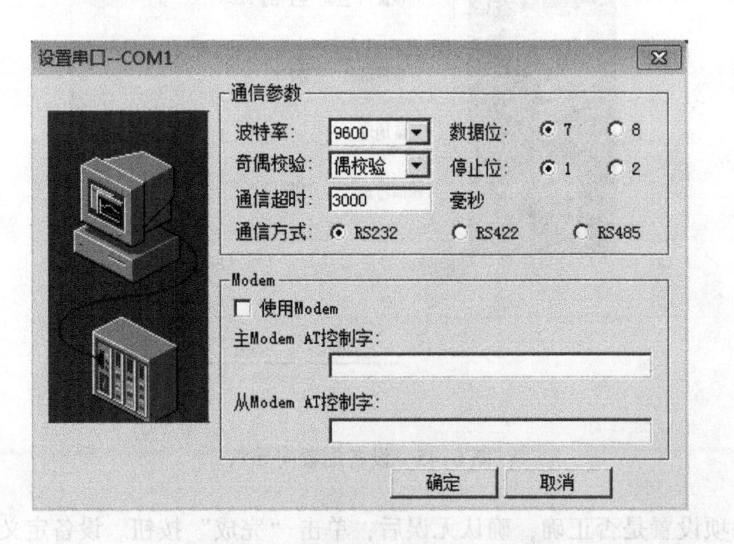

图 6-47 “设置串口-COM1”对话框

以后在定义数据库变量时，只要把 I/O 变量连接到这台设备上，它就可以和组态王交换数据了。

6.2.3.4 构造数据库

数据库是“组态王”软件的核心部分，工业现场的生产状况要以动画的形式反映在屏幕上，操作者在计算机前发布的指令也要迅速送达生产现场，所有这一切都是以实时数据库为中介环节，所以说数据库是联系上位机和下位机的桥梁。

在 TouchVew 运行时，它含有全部数据变量的当前值。变量在画面制作系统组态王画面开发系统中定义，定义时要指定变量名和变量类型，某些类型的变量还需要一些附加信息。数据库中变量的集合形象地称为“数据词典”，数据词典记录了所有用户可使用的数据变量的详细信息。

选择工程浏览器左侧大纲项“数据库”→“数据词典”，在工程浏览器右侧用鼠标左键双击“新建”图标，弹出“变量属性”对话框，如图 6-48 所示。

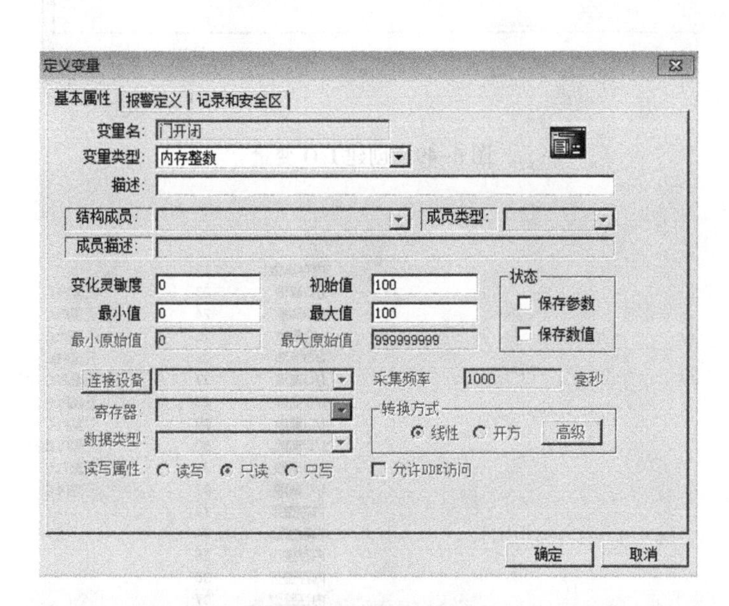

图 6-48 创建内存变量

此对话框可以对数据变量完成定义、修改等操作，以及数据库的管理工作。在“变量名”处输入变量名，如：门开闭；在“变量类型”处选择变量类型如：内存整数，其他属性按图 6-48 更改，单击“确定”按钮即可。

下面继续定义一个 I/O 变量，如图 6-49 所示。

在“变量名”处输入变量名，如：超声波开关；在“变量类型”处选择变量类型如：I/O 离散；在“连接设备”中选择先前定义好的 I/O 设备：三菱 PLC；在“寄存器”中定义为：X0；在“数据类型”中定义为：bit 类型。其他属性按图 6-49 更改，单击“确定”按钮即可。

按照上述方式可定义数据词典，如图 6-50 所示。

定义变量

基本属性 | 报警定义 | 记录和安全区

变量名：超声波开关

变量类型：I/O离散

描述：

结构成员： 成员类型：

成员描述：

变化灵敏度 0 初始值 ○开 ◉关 状态

最小值 0 最大值 999999999 □保存参数

最小原始值 0 最大原始值 999999999 □保存数值

连接设备 三菱PLC 采集频率 55 毫秒

寄存器 X0 转换方式

数据类型：Bit ◉线性 ○开方 高级

读写属性：◉读写 ○只读 ○只写 □允许DDE访问

确定 取消

图 6-49 创建 I/O 变量

变量名	类型	ID	连接设备	寄存器
返回	内存离散	22		
前进	I/O离散	23	三菱PLC	Y0
甲装料	I/O离散	24	三菱PLC	Y1
乙装料	I/O离散	25	三菱PLC	Y2
向后	I/O离散	26	三菱PLC	Y3
卸料	I/O离散	27	三菱PLC	Y4
启动	I/O离散	28	三菱PLC	X0
停止	I/O离散	29	三菱PLC	X1
限位SQ1	I/O离散	30	三菱PLC	X2
限位SQ2	I/O离散	31	三菱PLC	X3
限位SQ3	I/O离散	32	三菱PLC	X4
前进后退	内存整型	33		
旋转	内存整型	34		
甲开门	内存整型	35		
甲关门	内存整型	36		
乙开门	内存整型	37		
乙关门	内存整型	38		
卸料开门	内存整型	39		
卸料关门	内存整型	40		
前进1	内存离散	41		
向后1	内存离散	42		
转	内存离散	43		

图 6-50 定义数据词典

6.2.3.5 建立动画连接

定义动画连接是指在画面的图形对象与数据库的数据变量之间建立一种关系，当变量的值改变时，在画面上以图形对象的动画效果表示出来；或者由软件使用者通过图形对象改变数据变量的值。

“组态王”提供了 21 种动画连接方式，如图 6-51 所示。

用鼠标单击“填充”按钮，弹出对话框，如图 6-52 所示。

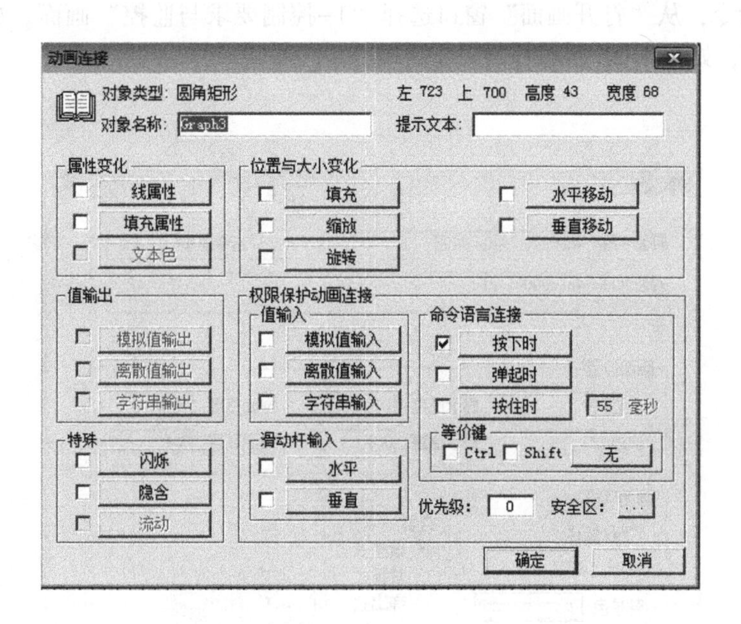

图 6-51　21 种动画连接方式

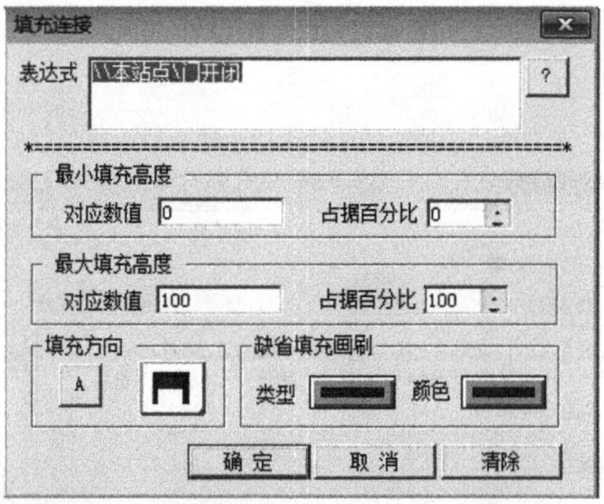

图 6-52　填充属性

单击“确定”按钮，再单击“确定”按钮返回组态王开发系统。为了让矩形动起来，需要使变量即门开闭能够动态变化，选择“编辑”→“画面属性”菜单命令，弹出对话框，如图 6-53 所示。

单击“命令语言…”按钮，弹出画面命令语言对话框，如图 6-54 所示，在编辑框处输入命令语言。

6.2.3.6　运行和调试

组态王工程已经初步建立起来，进入到运行和调试阶段。在组态王开发系统中选择“文件”→“切换到 View”菜单命令，进入组态王运行系统。在运行系统中选择“画面”

→“打开”命令，从“打开画面”窗口选择“1-控制要求与监控”画面。显示出组态王运行系统画面，如图6-55所示。

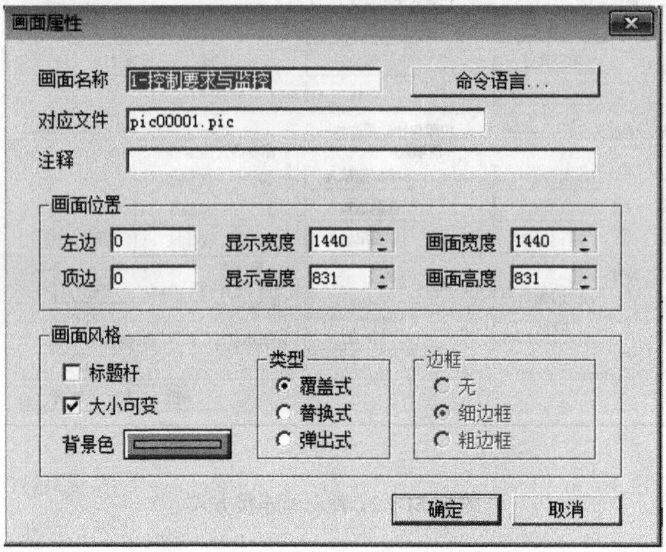

图6-53 画面属性

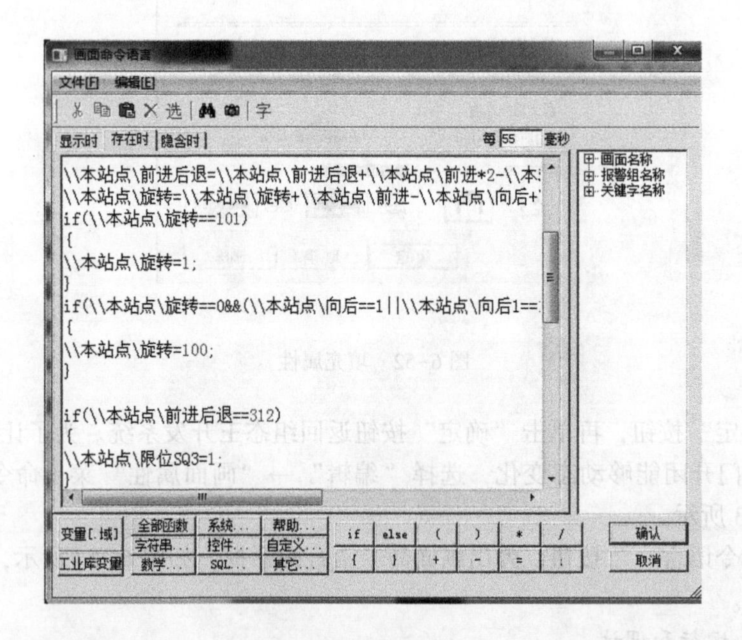

图6-54 画面命令语言

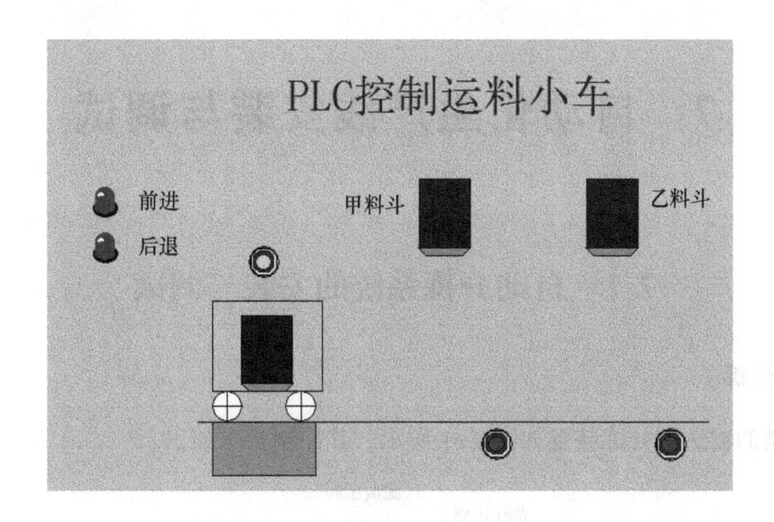

图 6-55 组态王运行系统画面

7 自动化生产线安装与调试

7.1 自动分拣系统的安装与调试

7.1.1 课题分析

PLC 控制的输送带分拣装置如图 7-1 所示。其控制要求如下。

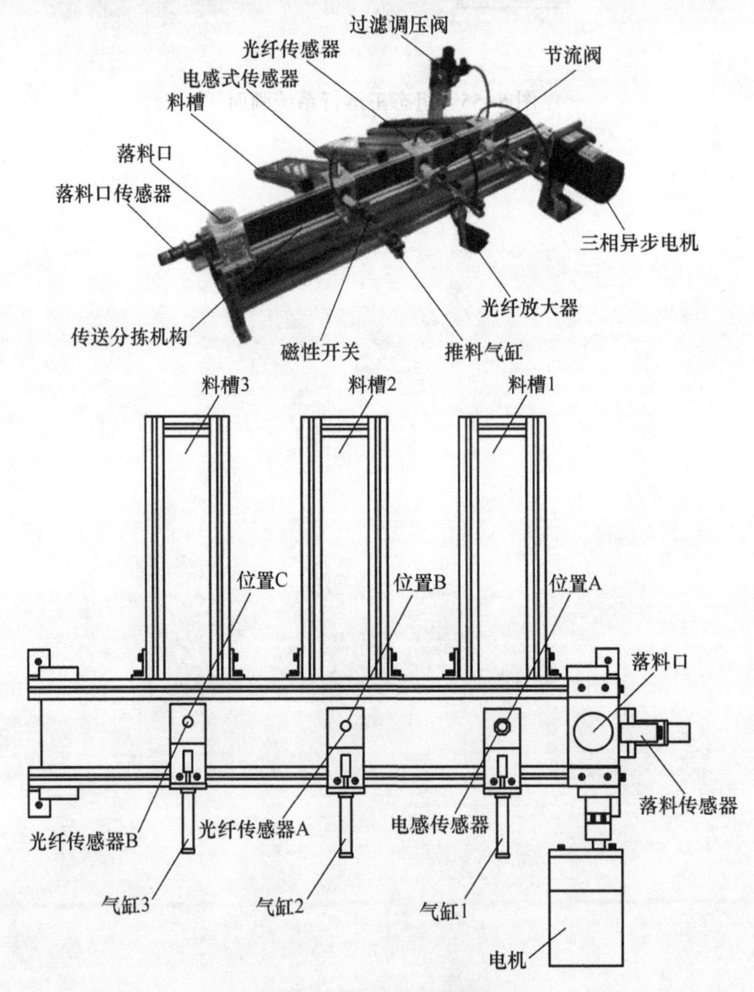

图 7-1 输送带分拣装置

××生产线生产金属圆柱形和塑料圆柱形两种元件，该生产线的分拣设备的任务是将金属元件、白色塑料元件和黑色塑料元件进行分拣。

按下启动按钮 SB_1，设备启动。当落料传感器检测到有元件投入落料口时，皮带输送机按由位置 A 向位置 C 的方向运行，拖动皮带输送机的三相交流电动机的运行。

若投入元件的是金属元件，则送达位置 A，皮带输送机停止，由位置 A 的气缸活塞杆伸出将金属元件推入出料斜槽 1，然后气缸活塞杆自动缩回复位。

若投入元件是白色塑料元件，则送达位置 B，皮带输送机停止，由位置 B 的气缸活塞杆伸出将白色塑料元件推入出料斜槽 2，然后气缸活塞杆自动缩回复位。

若投入元件是黑色塑料元件，则送达位置 C，皮带输送机停止，由位置 C 的气缸活塞杆伸出将黑色塑料元件推入出料斜槽 3，然后气缸活塞杆自动缩回复位。

在位置 A、B 或 C 的气缸活塞杆复位后，这时才可向皮带输送机上放入下一个待分拣的元件。按下停止按钮，则在元件分拣完成后自动停止。

课题目的

(1) 能根据要求进行 I/O 分配。

(2) 能在三菱 FX_{2N} 系列 PLC 上进行安装接线。

(3) 能根据工艺要求进行程序设计并调试。

课题重点

(1) 能根据工艺要求，进行程序设计。

(2) 调试达到控制要求。

课题难点

不同要求下编制控制程序与调试。

7.1.2 分拣输送带简单分拣处理程序

设定输入/输出（I/O）分配表，见表 7-1。

表 7-1 PLC 控制输送带分拣的 I/O 分配表

输入		输出	
输入设备	输入编号	输出设备	输出编号
启动按钮 SB_1	X000	输送带电机	Y000
停止按钮 SB_2	X001	气缸 1 推出	Y001
落料传感器	X002	气缸 2 推出	Y002
电感传感器	X003	气缸 3 推出	Y003
光纤传感器 A	X004		
光纤传感器 B	X005		
气缸 1 推出磁性开关	X006		
气缸 1 缩回磁性开关	X007		
气缸 2 推出磁性开关	X010		
气缸 2 缩回磁性开关	X011		
气缸 3 推出磁性开关	X012		
气缸 3 缩回磁性开关	X013		

要实现上述的输送带分拣过程，首先要对传感器进行设定和调整，落料传感器通常采用电容式的接近开关，应调整为既能检测到金属元件，又能检测到白塑料元件和黑塑料元件的状态。通常这类传感器对上述三类元件的敏感程度依次为金属元件、白色塑料元件、黑色塑料元件，因此只需调整为投入黑色塑料元件能检测到即可。电感传感器只能用于检测金属元件，因此调整为检测到金属元件即可。

光纤传感器的放大器如图 7-2 所示，调节其中部的 8 旋转灵敏度高速旋钮可进行放大器灵敏度的调节。调节时可看到“入光亮显示灯”发光情况的变化。当检测到物料时，“动作显示灯”会发光，用以提示检测到物料。

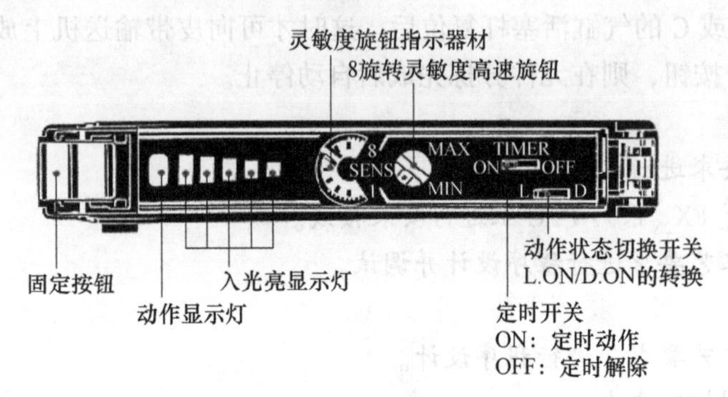

图 7-2 光纤传感器的放大器

光纤传感器 A 调整灵敏度为可检测白色塑料元件，注意此时光纤传感器 A 也能检测到金属元件。光纤传感器 B 调整灵敏度为可检测黑色塑料元件，注意此时光纤传感器 B 也能检测到金属元件和白色塑料元件。

调整好各类传感器元件后，由于金属元件推入出料斜槽 1，则光纤传感器 A 只可能检测到白色塑料元件，同理，光纤传感器 B 只可能检测到黑色塑料元件。因此编程较为简单，按照工艺控制要求编写状态转移图，如图 7-3 所示。

7.1.3 分拣输送带自检处理程序

若将控制要求改变如下：

按下启动按钮 SB_1，设备启动。当落料传感器检测到有元件投入落料口时，皮带输送机按由位置 A 向位置 C 的方向运行，拖动皮带输送机的三相交流电动机的运行。

若投入元件的是金属元件，则送达位置 B，皮带输送机停止，由位置 B 的气缸活塞杆伸出将金属元件推入出料斜槽 2，然后气缸活塞杆自动缩回复位。

若投入元件是白色塑料元件，则送达位置 C，皮带输送机停止，由位置 C 的气缸活塞杆伸出将白色塑料元件推入出料斜槽 3，然后气缸活塞杆自动缩回复位。

若投入元件是黑色塑料元件，则送达位置 A，皮带输送机停止，由位置 A 的气缸活塞杆伸出将黑色塑料元件推入出料斜槽 1，然后气缸活塞杆自动缩回复位。

在位置 A、B 或 C 的气缸活塞杆复位后，这时才可向皮带输送机上放入下一个待分拣的元件。按下停止按钮，则在元件分拣完成后自动停止。

根据上述工艺要求，可使用原有的 I/O 分配，但控制程序将麻烦很多。例如由于黑色塑料元件要在 A 位置推入出料斜槽 1，则必须在 A 位置就判断出投入的元件是否是黑色塑料元件。

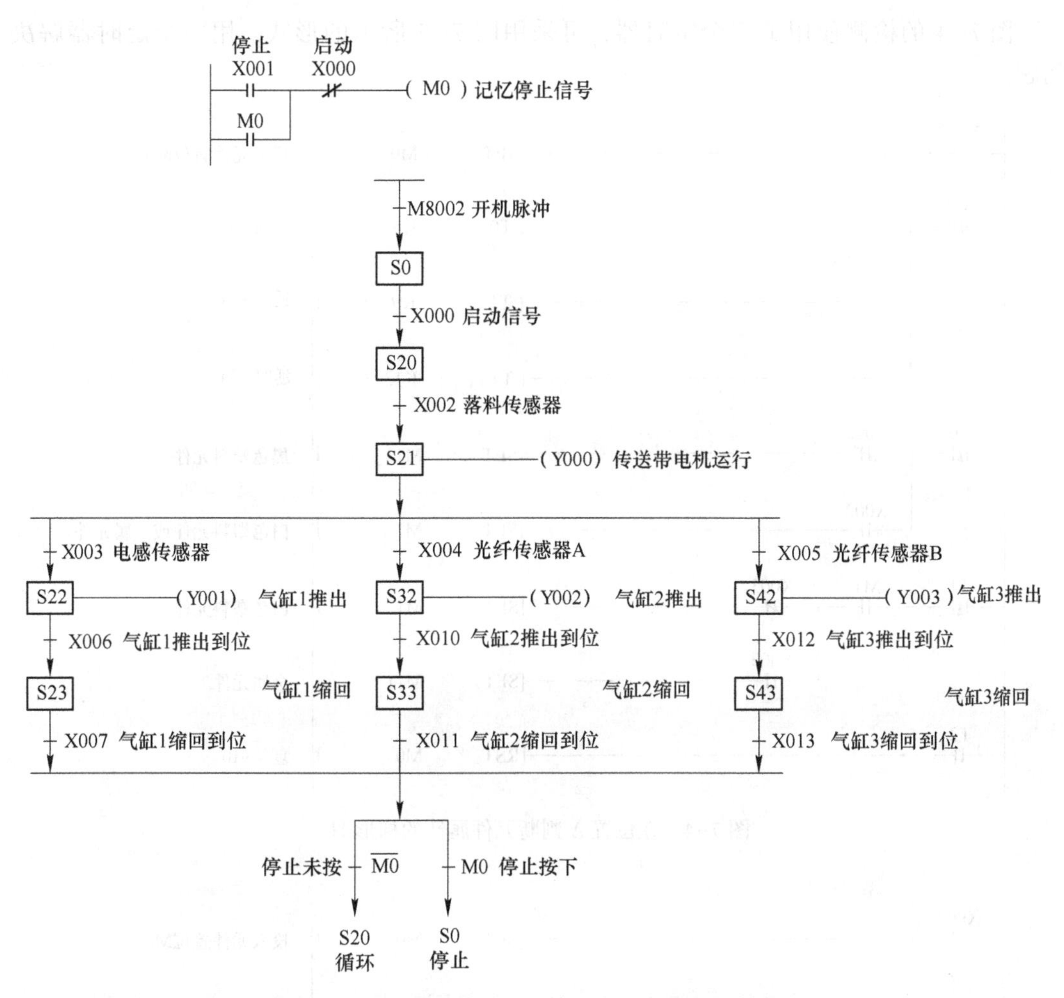

图 7-3 分拣输送带简单分拣处理程序的状态转移图

此时可借用落料传感器和电感传感器在 A 位置判别元件的属性。落料传感器为电容传感器，它对金属元件与白色塑料元件的敏感度差不多，但对黑色塑料元件的灵敏度明显低于金属元件与白色塑料元件。即黑色塑料元件、白色塑料元件、金属元件分别投入落料口后，随输送带转动而远离最先电容传感器时，最先消失信号的就是黑色塑料元件，其次为金属元件或白色塑料元件。当元件进入电感传感器的下方，若电感传感器检测出有信号，此时即为金属元件，若检测不到，则此时的元件为白色塑料元件。根据此规则在 A 位置就可判断出投入的元件属性。

假设输送带转动后，黑色塑料元件在 0.4s 后落料传感器就检测不到，而元件在 0.9s 后一定会运行到电感传感器下方，编写控制梯形图如图 7-4 所示。当落料传感器检测到投入元件时置位 M0，利用 M0 保持进行计时，分别用 T0 计时 0.4s、T1 计时 0.9s、T2 计时 1.3s，0.4s 到的瞬间，落料传感器检测不到元件，则该元件为黑色塑料元件，落料传感器仍检测到元件，则该元件为白色塑料元件或金属元件。0.9s 到的瞬间，对白色塑料元件或金属元件用电感传感器检测，检测不到，则为白色塑料元件；检测到，则为金属元件。1.3s 到复位记忆元件 M0。

图 7-4 的检测使用了三个定时器，可采用图 7-5 所示的形式，用一个定时器解决问题。

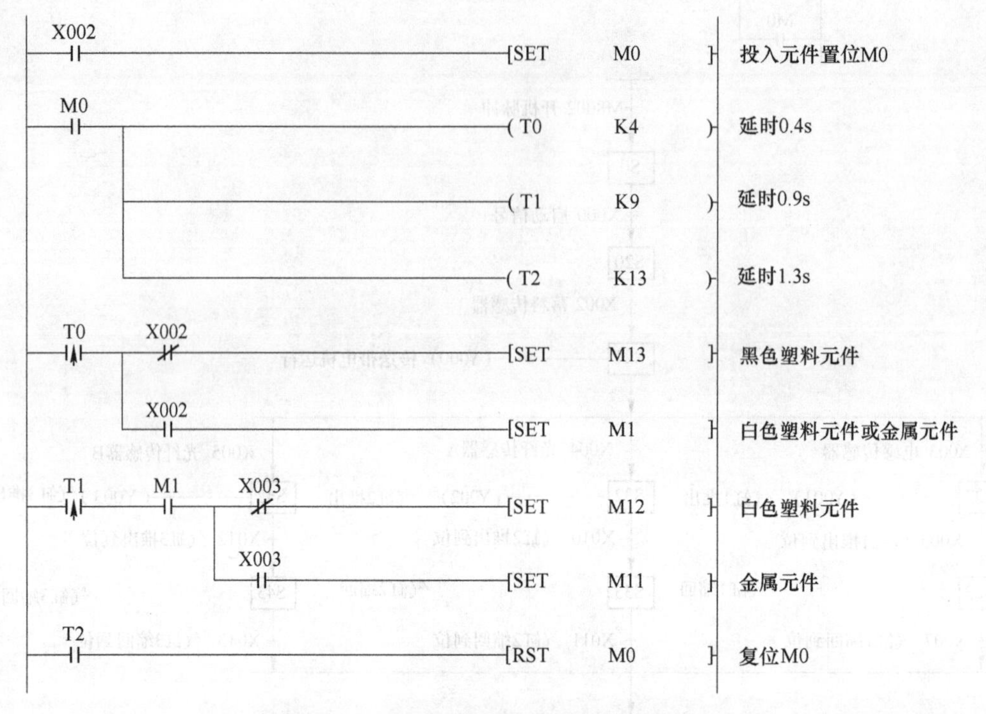

图 7-4　在位置 A 判断元件属性的梯形图

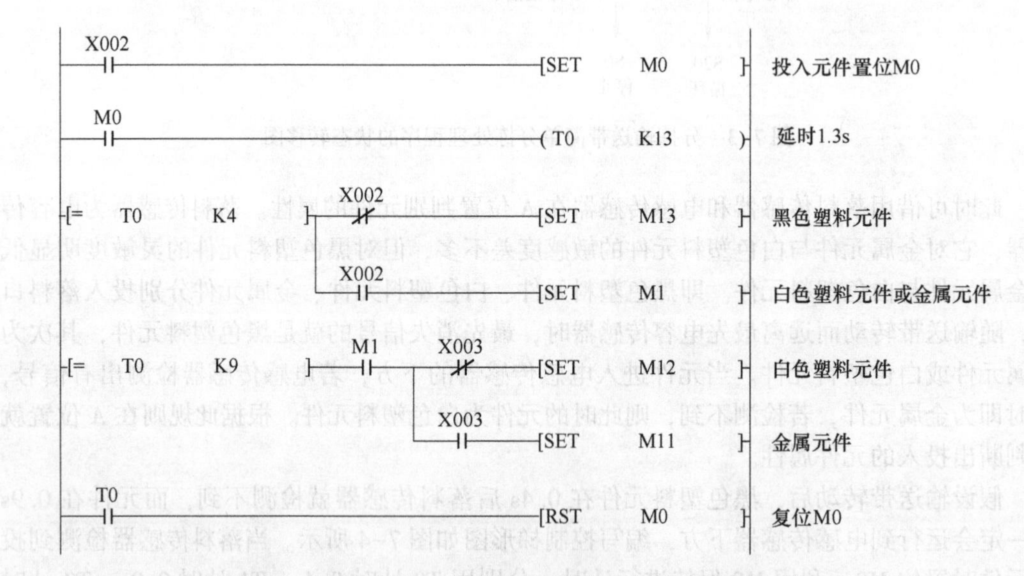

图 7-5　用一个定时器在位置 A 判断元件属性的梯形图

当然检测的方式多种多样，可换个角度考虑，认为投入元件后，落料传感器检测到的元件假定为黑色塑料元件，0.4s 后仍能被落料传感器检测，则认为是白色元件，0.9s 时被电感传感器检测到，则为金属元件。按照该思路的控制梯形图如图 7-6 所示。当落料传感器检测到投入元件时置位 M0，利用 M0 保持进行计时，分别用 T0 计时 0.4s、T1 计时 0.9s、T2 计时 1.3s，直接设定该元件为黑色塑料元件，0.4s 到的瞬间，落料传感器仍检测到元件，则该元件为白色塑料元件，清除原有黑色塑料元件的设定，检测不到说明设定正确。0.9s 到的瞬间，电感传感器检测，检测到则为金属元件，清除原有白色塑料元件的设定，检测不到说明设定正确。1.3s 到复位记忆元件 M0。

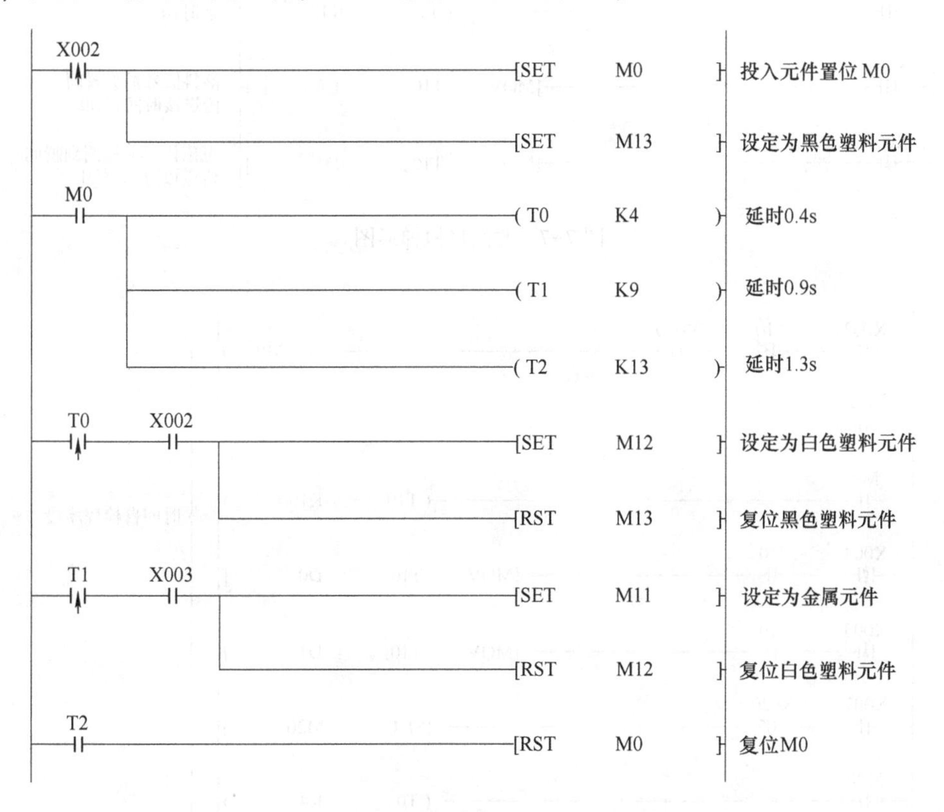

图 7-6 用排除假设的方法在位置 A 判断元件属性的梯形图

上述程序中的两个时间 0.4s、0.9s 是预先假定的，以上的检测方式其准确性来源于时间，而该时间跟传感器的安装位置、调整的灵敏度都有关，想要准确地得到时间值需反复调试、测试。在实际控制程序中，人们通常采用自检的方式用机器来测试时间、调整时间。可采用两次投料检测时间，如图 7-7 所示。只需依次投入金属元件一次，黑色塑料元件一次，即可获取 D0、D1 两个时间数据，将图 7-4~图 7-6 中 K4 用 D0 替代，K9 用 D1 替代，即可以实现时间的自动检测设定。另外若输送带运行速度太快，则可考虑用 0.01s 的定时器完成该工作。

将自检程序、元件识别程序用 X020 输入进行隔离，按下 X020 输入进行自检，松开 X020 输入进行元件识别，如图 7-8 所示。注意自检时必须依次投入金属元件一次、黑色塑料元件一次，顺序不可颠倒，否则会出错。

图 7-8 配合图 7-9 分拣状态转移图即可实现投入金属元件则送达位置 B，推入出料斜槽 2；投入白色塑料元件则送达位置 C，推入出料斜槽 3；投入元件是黑色塑料元件则送达位置 A，推入出料斜槽 1 的控制要求。

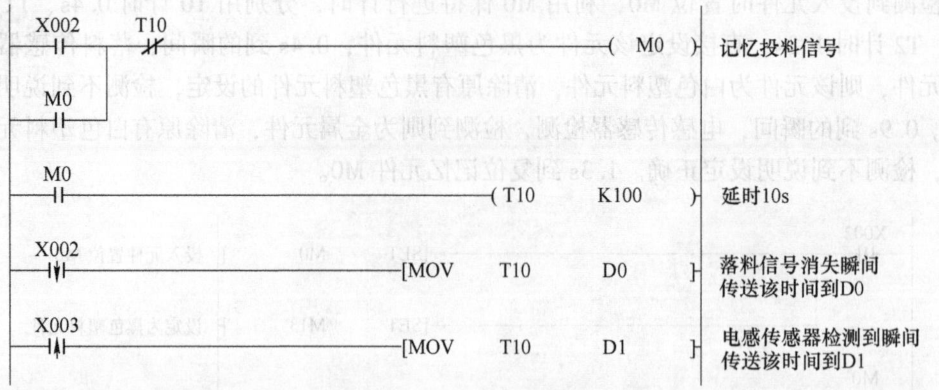

X002
T10
M0
记忆投料信号
M0
M0
T10
K100
延时10s
X002
MOV
T10
D0
落料信号消失瞬间传送该时间到D0
X003
MOV
T10
D1
电感传感器检测到瞬间传送该时间到D1

图 7-7 时间自检梯形图

X002
T10
X020
M0
M0
M0
T10
K100
时间自检程序段
X002
M0
MOV
T10
D0
X003
M0
MOV
T10
D1
X002
X020
SET
M20
M20
T0
K4
T1
K9
T2
K13
T0
X002
SET
M13
元件识别程序段
X002
SET
M1
T1
M1
X003
SET
M12
X003
SET
M11
T2
RST
M20

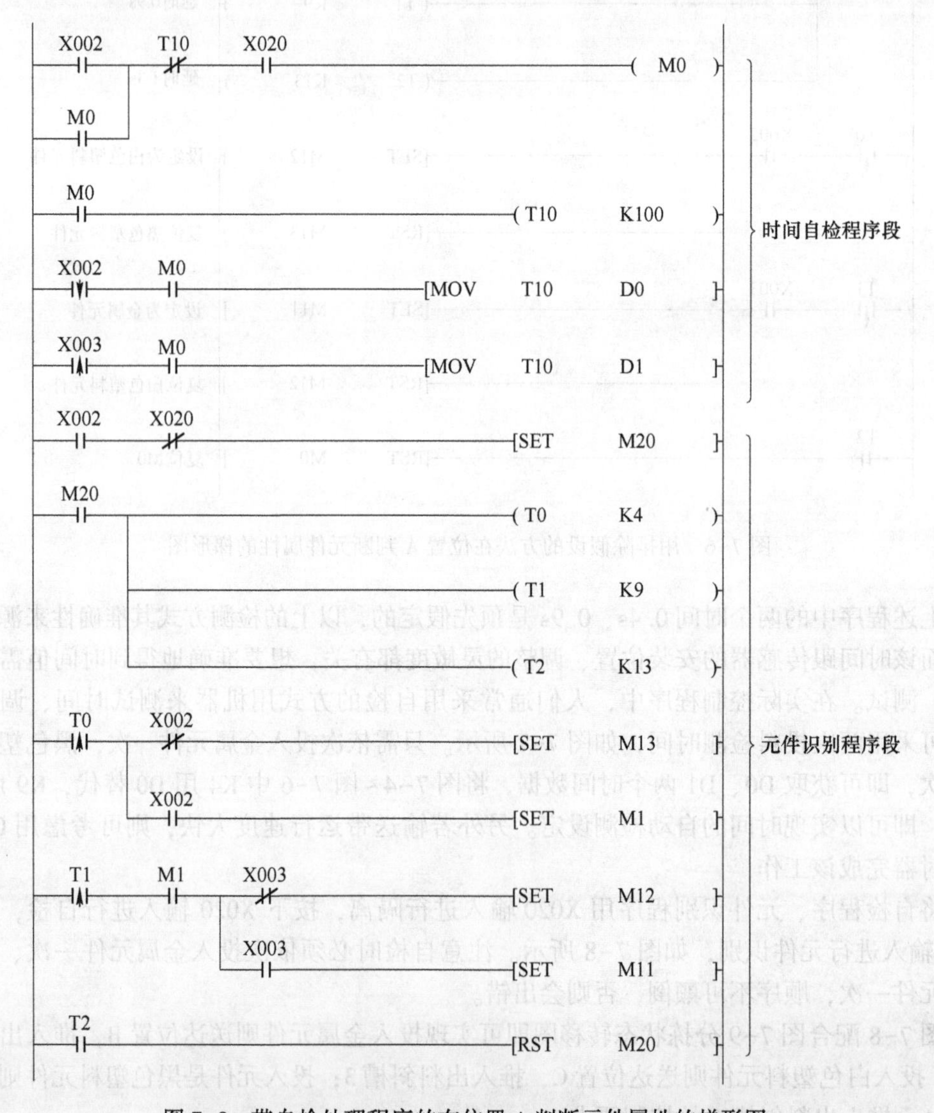

图 7-8 带自检处理程序的在位置 A 判断元件属性的梯形图

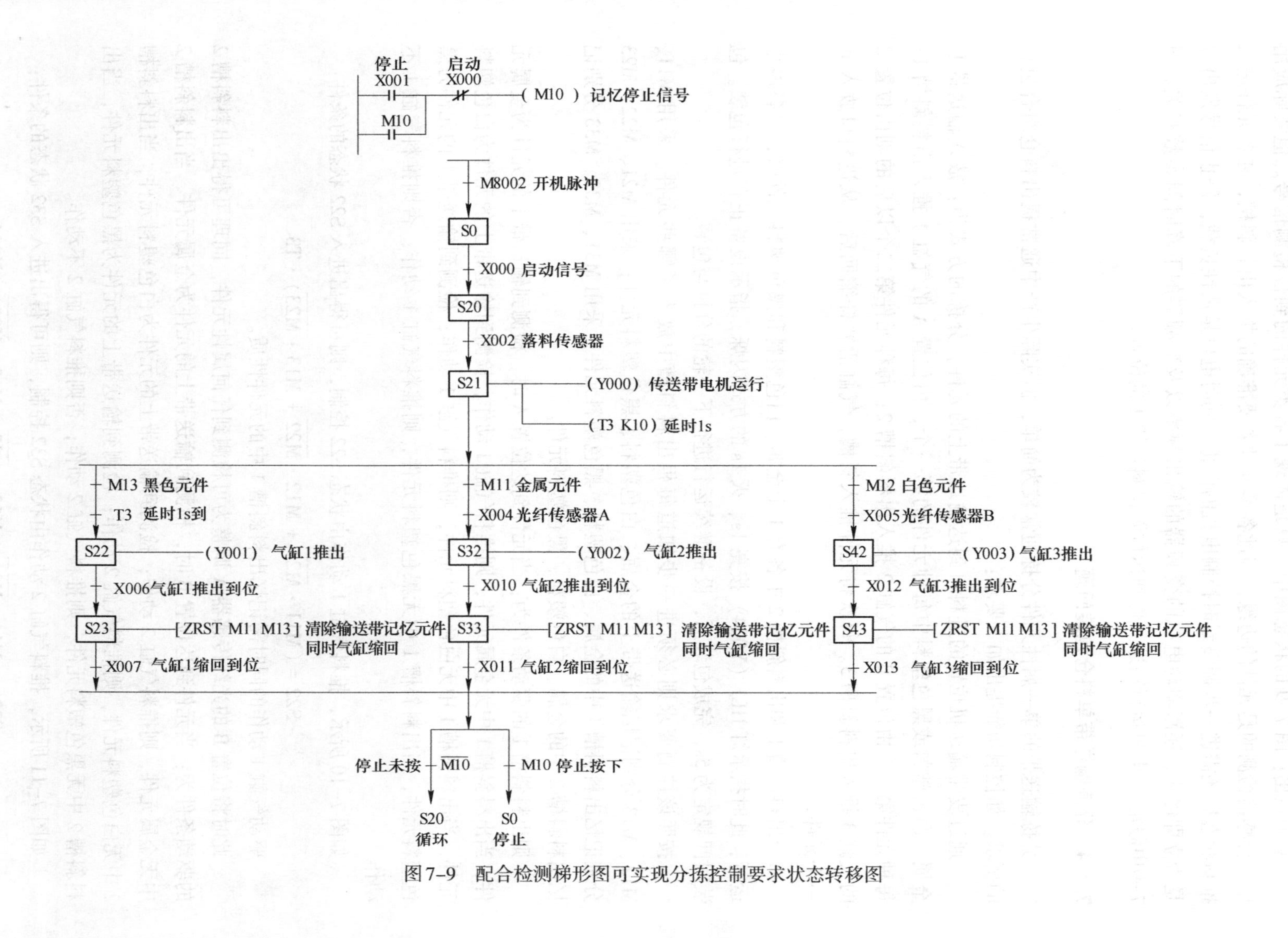

图 7–9 配合检测梯形图可实现分拣控制要求状态转移图

必须指出：图 7-9 的状态图中，只是体现了各类元件的到位检测信号。但实际应用中，传感器检测的是元件的边缘，因此各类元件若要准确的推入出料斜槽，在各元件进入推料状态后还需进一步调整延时控制电机的停止。同时电机是惯性负载，停止信号发出后是否立即停止，还跟驱动电机的变频器的输出频率以及变频器的下降时间参数有关。图 7-9中假定 1s 电机运行输送元件到达位置出料斜槽 1 的位置。

7.1.4 分拣输送带单料仓包装问题

分拣输送带的单一属性元件分拣通常较为简单，但实际生产中通常提出料仓组合包装的要求。如控制功能提出如下要求：

通过皮带输送机位置的进料口到达输送带上的元件，分拣的方式为：放入输送带上金属、白色塑料或黑色塑料中每种元件的第一个，由位置 A 的气缸 1 推入出料斜槽 1；每种元件第二个由位置 B 的气缸 2 推入出料斜槽 2；每种元件第二个以后的则由位置 C 的气缸 3 推入出料斜槽 3。每次将元件推入斜槽，气缸活塞杆缩回后，从进料口放入下一个元件。

当出料斜槽 1 和出料斜槽 2 中各有 1 个金属、白色塑料和黑色塑料元件时，设备停止运行，此时指示灯 HL1（Y004）按亮 1s、灭 1s 的方式闪烁，指示设备正在进行包装。包装时间规定为 5s，完成包装后，设备继续运行进行下一轮的分拣与包装。

按照该控制要求则必须进一步知道每根出料斜槽中放入了哪些元件。采用 M11、M12、M13 分别记忆输送带上的金属、白色塑料、黑色塑料元件；采用 M21、M22、M23 分别记忆出料斜槽 1 中的金属、白色塑料、黑色塑料元件；采用 M31、M32、M33 分别记忆出料斜槽 2 中的金属、白色塑料、黑色塑料元件。

则出料斜槽 1 的驱动条件为：当元件到达位置 A 时，检测到输送带上的元件为金属元件，当出料斜槽 1 中无金属元件，则推料气缸 1 动作；检测到输送带上的元件为白色塑料元件，当出料斜槽 1 中无白色塑料元件，则推料气缸 1 动作；检测到输送带上的元件为黑色塑料元件，当出料斜槽 1 中无黑色塑料元件，则推料气缸 1 动作；否则推料气缸 1 不动作。

如图 7-10 所示，推料气缸 1 动作由状态 S22 控制，则可得出进入 S22 状态的条件：

$$S22=(M11\cdot\overline{M21}+M12\cdot\overline{M22}+M13\cdot\overline{M23})\cdot T3$$

驱动气缸 1 动作的同时需记忆出料斜槽 1 中的元件性质。

此时将位置 B 的光纤传感器 A 调整为可检测到任何属性元件，同理可得出出料斜槽 2 的驱动条件为：当元件到达位置 B 时，检测到输送带上的元件为金属元件，当出料斜槽 2 中无金属元件，则推料气缸 2 动作；检测到输送带上的元件为白色塑料元件，当出料斜槽 2 中无白色塑料元件，则推料气缸 2 动作；检测到输送带上的元件为黑色塑料元件，当出料斜槽 2 中无黑色塑料元件，则推料气缸 2 动作；否则推料气缸 2 不动作。

如图 7-11 所示，推料气缸 2 动作由状态 S32 控制，则可得出进入 S32 状态的条件：

$$S32=(M11\cdot\overline{M31}+M12\cdot\overline{M32}+M13\cdot\overline{M33})\cdot X004$$

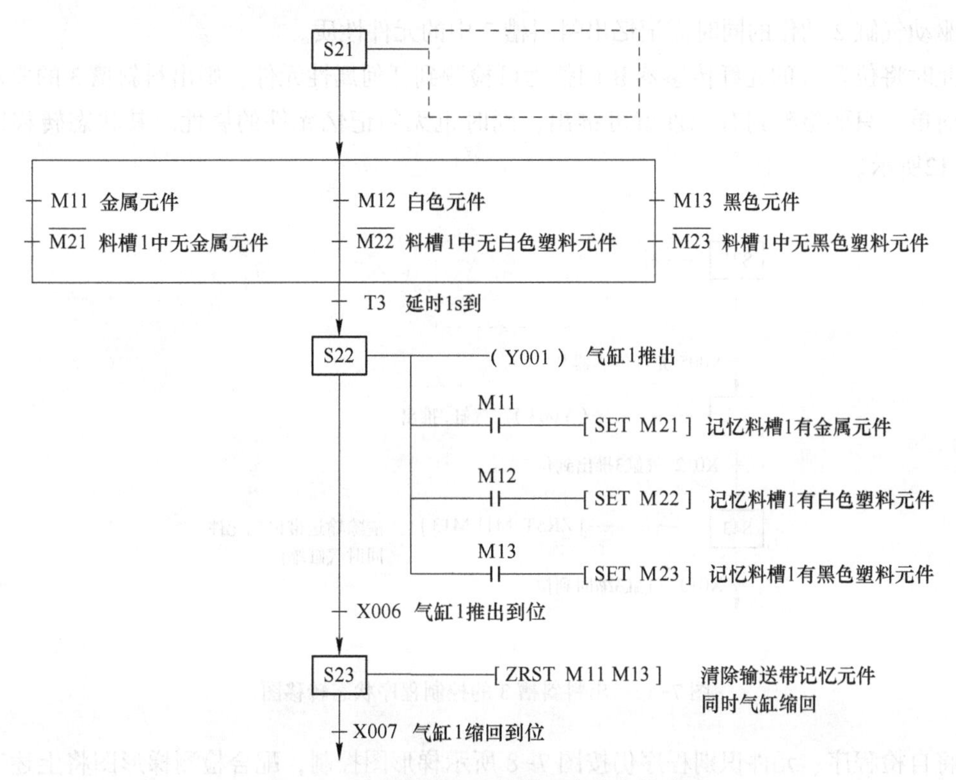

图 7-10 出料斜槽 1 的控制程序状态转移图

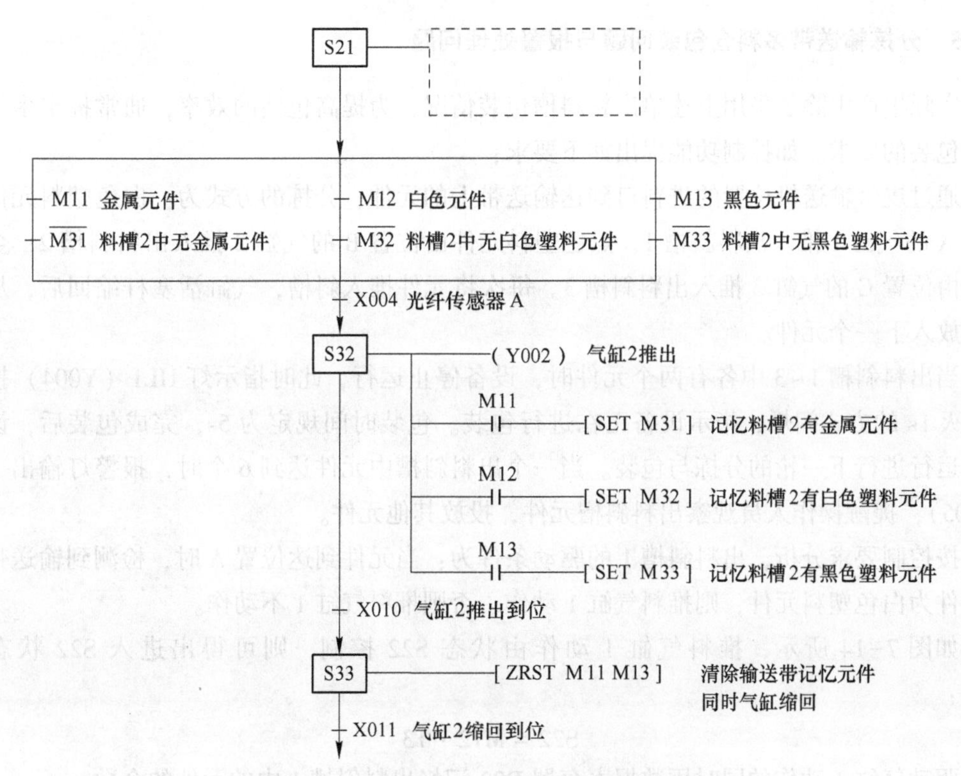

图 7-11 出料斜槽 2 的控制程序状态转移图

驱动气缸 2 动作的同时需记忆出料斜槽 2 中的元件性质。

此时将位置 C 的光纤传感器 B 调整为可检测到任何属性元件，则出料斜槽 3 的驱动条件很简单，只要检测到有元件就可推出，同时也无须记忆元件的属性。其状态转移图如图 7-12所示。

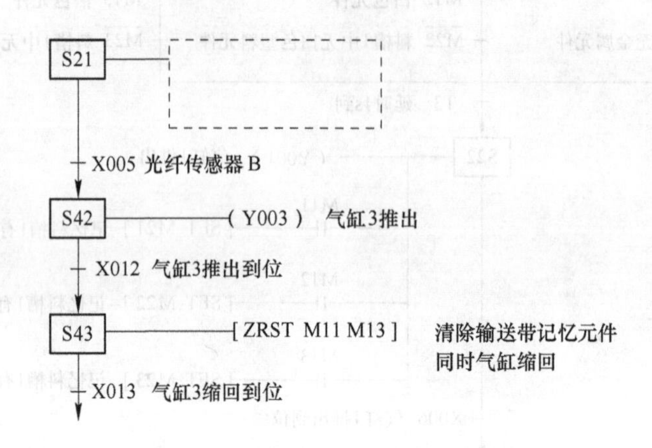

图 7-12　出料斜槽 3 的控制程序状态转移图

将自检程序、元件识别程序仍按图 7-8 所示梯形图控制，配合检测梯形图将上述三个出料斜槽控制状态转移图合并，完成的状态转移图如图 7-13 所示。

7.1.5　分拣输送带多料仓包装问题与报警处理问题

实际生产中除了采用上述单出料斜槽包装情况，为提高包装的效率，通常提出多料仓组合包装的要求。如控制功能提出如下要求：

通过皮带输送机位置的进料口到达输送带上的元件，分拣的方式为：白色塑料元件由位置 A 的气缸 1 推入出料斜槽 1；黑色塑料元件由位置 B 的气缸 2 推入出料斜槽 2；金属元件由位置 C 的气缸 3 推入出料斜槽 3。每次将元件推入斜槽，气缸活塞杆缩回后，从进料口放入下一个元件。

当出料斜槽 1~3 中各有两个元件时，设备停止运行，此时指示灯 HL1（Y004）按亮 1s、灭 1s 的方式闪烁，指示设备正在进行包装。包装时间规定为 5s，完成包装后，设备继续运行进行下一轮的分拣与包装。当一个出料斜槽中元件达到 6 个时，报警灯输出 HL2（Y005），提醒操作人员观察出料斜槽元件，投放其他元件。

按控制要求分析，出料斜槽 1 的驱动条件为：当元件到达位置 A 时，检测到输送带上的元件为白色塑料元件，则推料气缸 1 动作；否则推料气缸 1 不动作。

如图 7-14 所示，推料气缸 1 动作由状态 S22 控制，则可得出进入 S22 状态的条件：

$$S22 = M12 \cdot T3$$

驱动气缸 1 动作的同时用数据寄存器 D22 记忆出料斜槽 1 中的元件的个数。

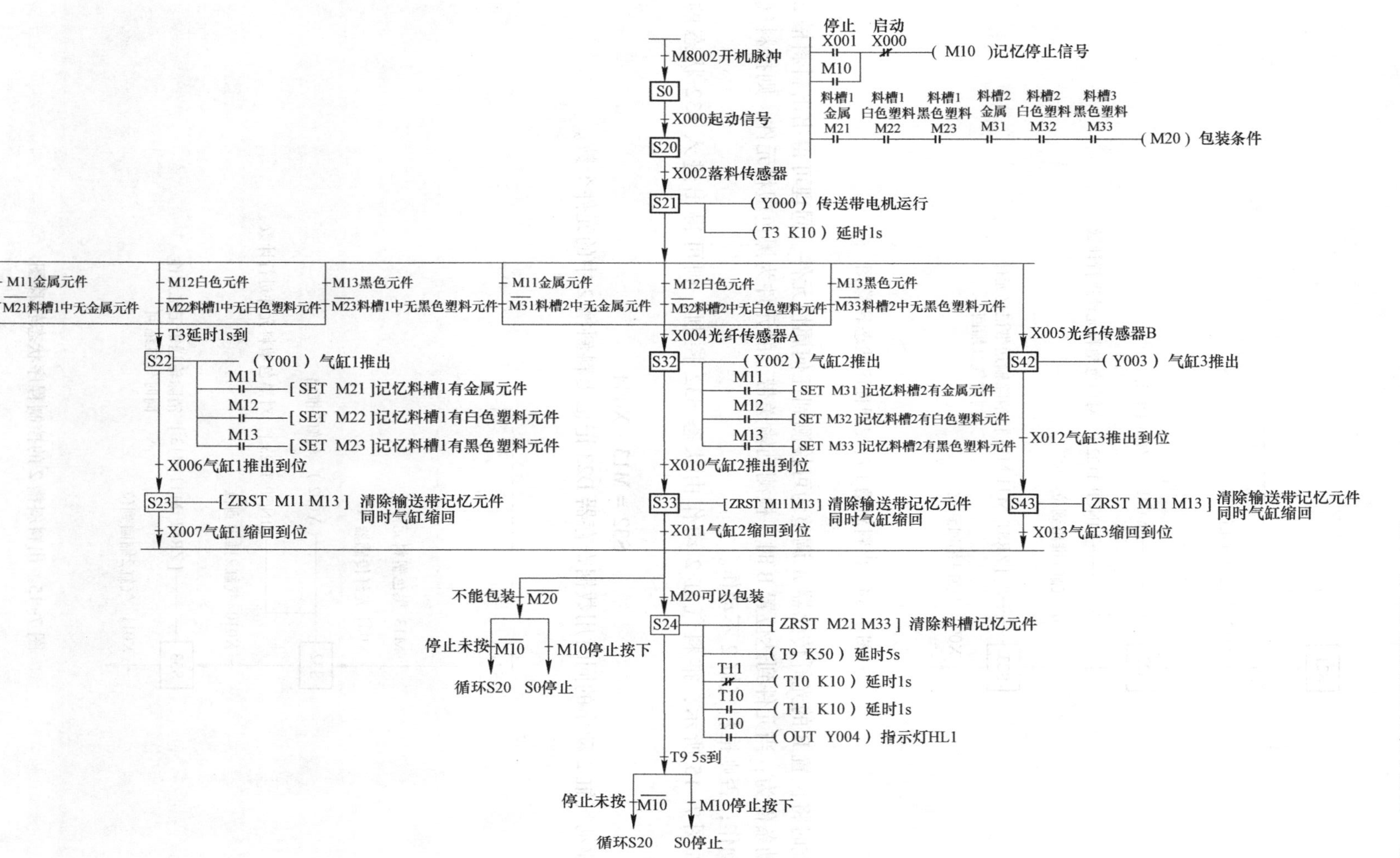

图7-13 分拣输送带的料仓组合包装要求的控制状态转移图

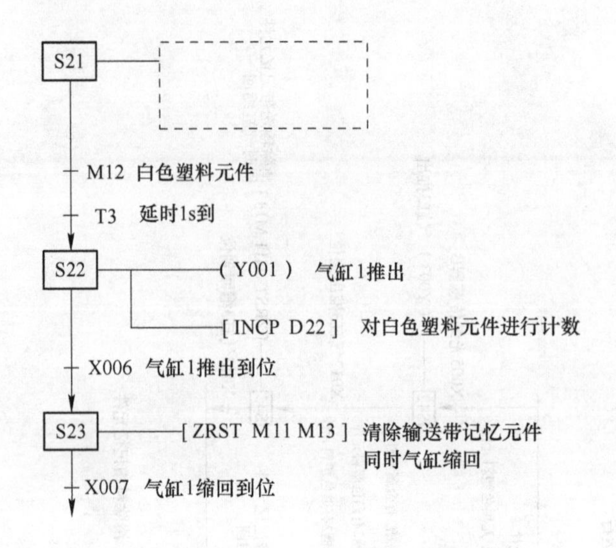

图 7-14 出料斜槽 1 的控制程序状态转移图

此时将位置 B 的光纤传感器 A 调整为可检测到任何属性元件，同理可得出出料斜槽 2 的驱动条件为：当元件到达位置 B 时，检测到输送带上的元件为黑色塑料元件，则推料气缸 2 动作；否则推料气缸 2 不动作。

如图 7-15 所示，推料气缸 2 动作由状态 S32 控制，则可得出进入 S32 状态的条件：

$$S32 = M13 \cdot X004$$

驱动气缸 2 动作的同时用数据寄存器 D23 记忆出料斜槽 2 中的元件个数。

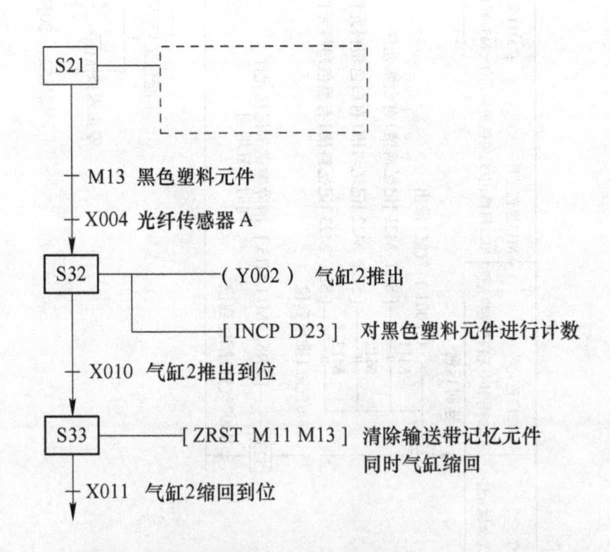

图 7-15 出料斜槽 2 的控制程序状态转移图

此时将位置 C 的光纤传感器 B 调整为可检测到任何属性元件，则出料斜槽 3 的驱动条件：当元件到达位置 C 时，检测到输送带上的元件为金属元件，则推料气缸 3 动作；否则推料气缸 3 不动作。

如图 7-16 所示，推料气缸 3 动作由状态 S42 控制，则可得出进入 S42 状态的条件：

$$S42 = M11 \cdot X005$$

驱动气缸 3 动作的同时用数据寄存器 D21 记忆出料斜槽 3 中的元件个数。

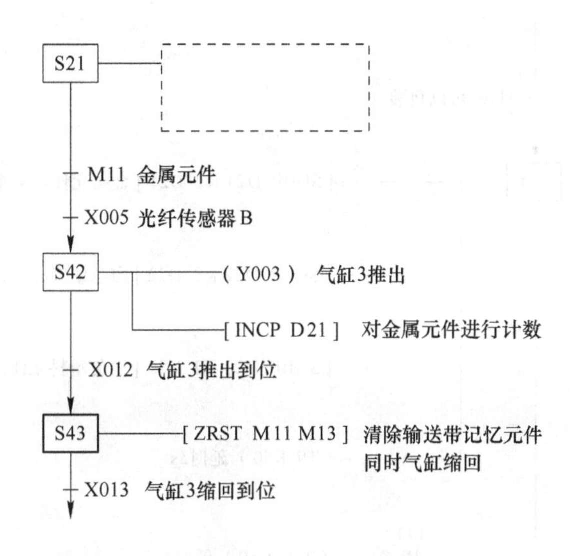

图 7-16 出料斜槽 3 的控制程序状态转移图

这种控制要求实际是要求编程人员对各出料斜槽中的元件进行计数处理，在各出料斜槽都满足要求时进行包装。当某根出料斜槽计数值达到 6 时，产生报警信号。其控制梯形图如图 7-17 所示。

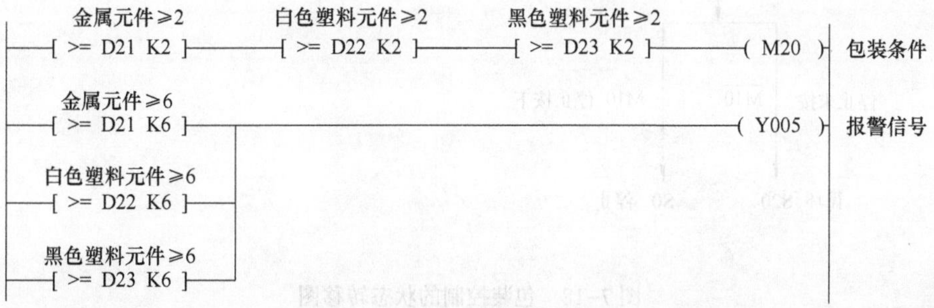

金属元件≥2 [>= D21 K2] 白色塑料元件≥2 [>= D22 K2] 黑色塑料元件≥2 [>= D23 K2] (M20) 包装条件

金属元件≥6 [>= D21 K6] (Y005) 报警信号

白色塑料元件≥6 [>= D22 K6]

黑色塑料元件≥6 [>= D23 K6]

图 7-17 判别包装条件与产生报警信号的梯形图

当出料斜槽1~3中各有2个元件时，设备停止运行，此时指示灯HL1（Y004）按亮1s、灭1s的方式闪烁，指示设备正在进行包装。包装时间规定为5s，完成包装后，设备继续运行进行下一轮的分拣与包装。当一个出料斜槽中元件达到6个时，报警灯输出HL2（Y005），提醒操作人员观察出料斜槽元件，投放其他元件。

包装时应将各出料斜槽的计数值各自减去2个。包装控制的状态转移图如图7-18所示。

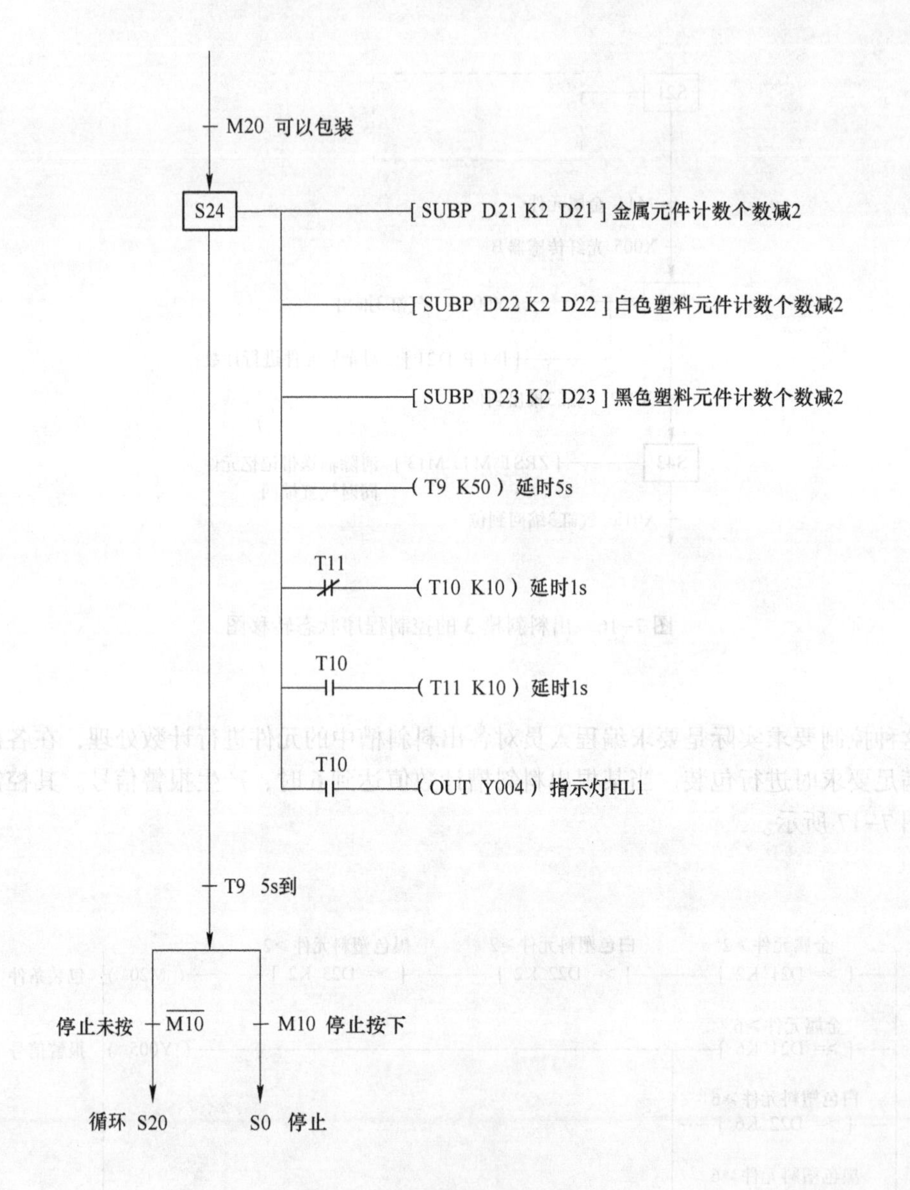

图7-18 包装控制的状态转移图

将自检程序、元件识别程序仍按图7-8所示梯形图控制，配合检测梯形图将上述三个出料斜槽控制状态转移图合并，完成的状态转移图如图7-19所示。

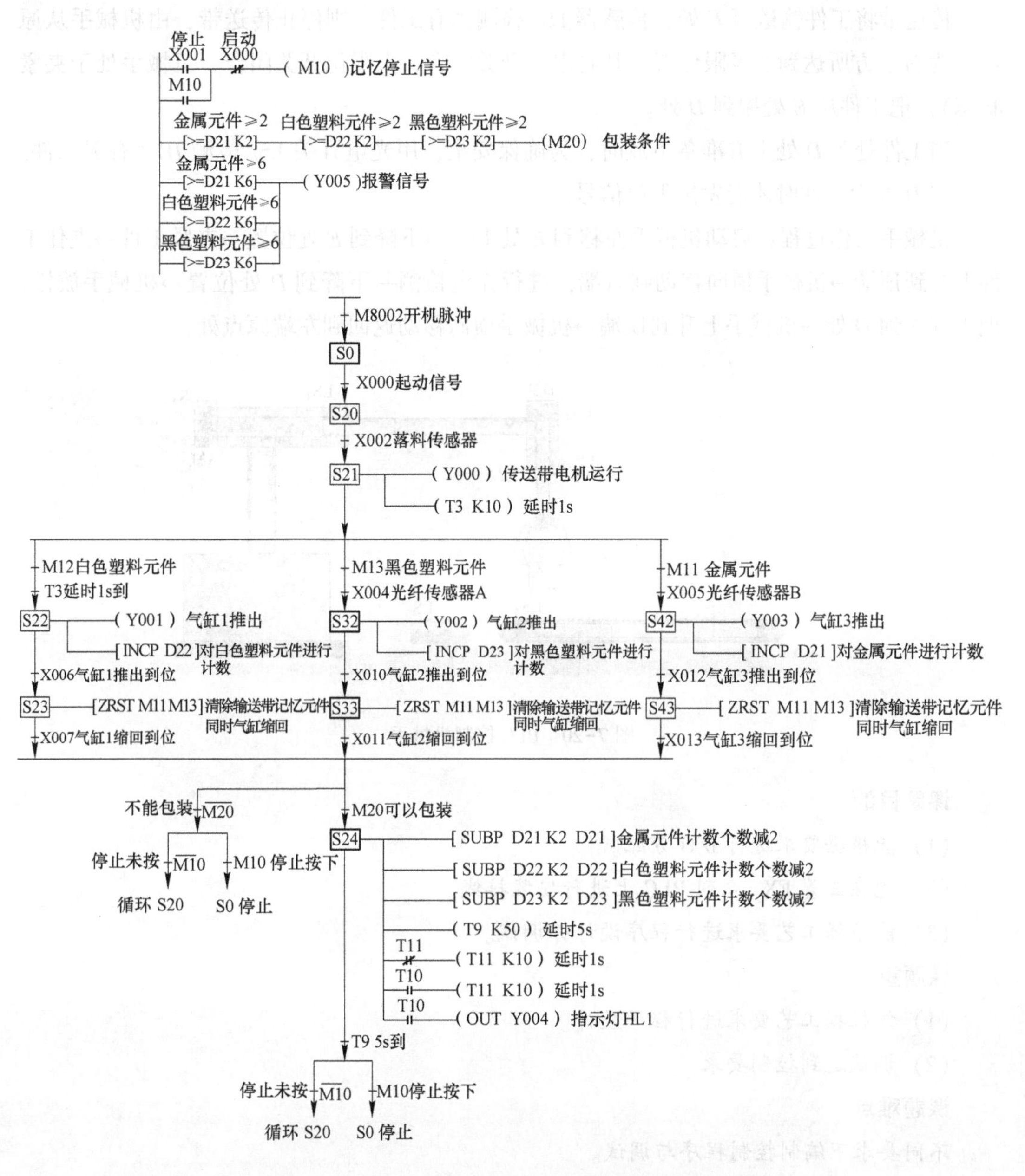

图 7-19 分拣输送带多料仓包装与报警的状态转移图

7.2 机械手系统的安装与调试

7.2.1 课题分析

如图 7-20 所示，根据控制要求和输入输出端口配置表来编制 PLC 控制程序。控制要求：

传送带将工件输送至 *E* 处，传感器 LS_5 检测到有工件，则停止传送带，由机械手从原点（为右上方所达到的极限位置，其右限位开关闭合，上限位开关闭合，机械手处于夹紧状态），把工件从 *E* 处搬到 *D* 处。

当工件处于 *D* 处上方准备下放时，为确保安全，用光电开关 LS_0 检测 *D* 处有无工件。只有在 *D* 处无工件时才能发出下放信号。

机械手工作过程：启动机械手左移到 *E* 处上方→下降到 *E* 处位置→夹紧工件→夹住工件上升到顶端→机械手横向移动到右端，进行光电检测→下降到 *D* 处位置→机械手放松，把工件放到 *D* 处→机械手上升到顶端→机械手横向移动返回到左端原点处。

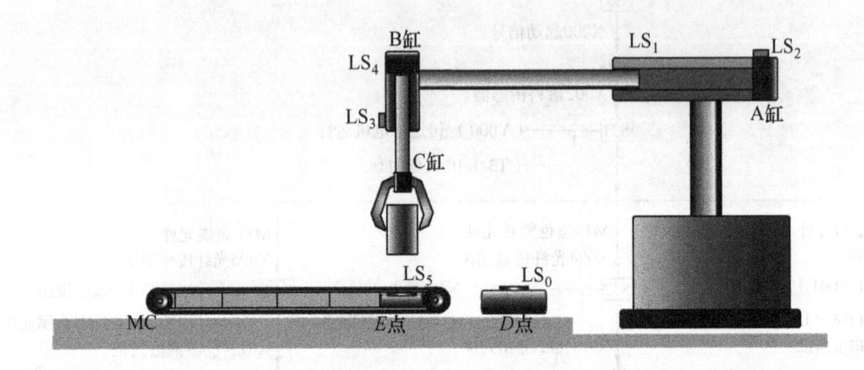

图 7-20 PLC 控制机械手

课题目的

（1）能根据要求进行 I/O 分配。

（2）能在三菱 FX_{2N} 系列 PLC 上进行安装接线。

（3）能根据工艺要求进行程序设计并调试。

课题重点

（1）能根据工艺要求进行程序设计。

（2）调试达到控制要求。

课题难点

不同要求下编制控制程序与调试。

7.2.2 PLC 控制简单机械手（单作用气缸）的急停问题

要求按启动按钮 SB_1 后，机械手连续作循环；中途按停止按钮 SB_2，机械手完成本次循环后停止。为保证操作安全设定急停按钮 SB_3，按下急停按钮，机械手立即停止运行，处理完不安全因素，再松开急停按钮 SB_3，机械手继续将工件搬运至 *D* 处，回到原点后停止。

设定输入输出分配表见表 7-2。

表 7-2 PLC 控制机械手的 I/O 分配表

输入		输出	
输入设备	输入编号	输出设备	输出编号
启动按钮 SB_1	X010	传送带	Y000
停止按钮 SB_2	X011	左移电磁阀	Y001
急停按钮 SB_3（常闭）	X012	下降电磁阀	Y002
光电检测开关 LS_0	X000	放松电磁阀	Y003
左移到位 LS_1	X001		
右移到位 LS_2	X002		
下降到位 LS_3	X003		
上升到位 LS_4	X004		
工件检测 LS_5	X005		
夹紧到位 LS_6	X006		
放松到位 LS_7	X007		

由输入输出分配表中输出部分可看出，该机械手采用的是单电控的电磁阀控制，根据控制要求中急停的要求，按下急停按钮 SB_3，机械手立即停止运行，此时就造成了麻烦，即急停时必须保证原有的输出继续，而不能简单地将输出信号全部切除。

例如原本 Y001 得电，机械手左移伸出，若 Y001 失电则机械手右移缩回，而不是立即停止。更典型的 Y003 控制放松，这是从安全的角度考虑，若系统正在搬运工件，该系统突然断电，此时只要还有气压，机械手就不会放松物体。若采用的是初始状态放松，Y003 得电为夹紧动作，该系统突然断电，机械手松开将造成物体的下落。

可根据控制要求先编写基本工艺中的搬运过程，再重点考虑急停处理问题。按要求按下急停按钮，机械手立即停止，并保持原有的输出情况。再按复位，则运行完停止。实际就是要机械手的状态保留在原状态，而不再根据条件进行转移，可在每一个转移条件中加入急停信号，用来禁止转移。根据控制要求编写的状态转移图如图 7-21 所示。

在每一个转移条件中加入急停信号，用来禁止转移的方法较为烦琐。三菱 PLC 中提供 M8040 特殊辅助继电器用来禁止转移，当 M8040 驱动时状态间的转移被禁止。采用 M8040 控制的急停形式如图 7-22 所示。

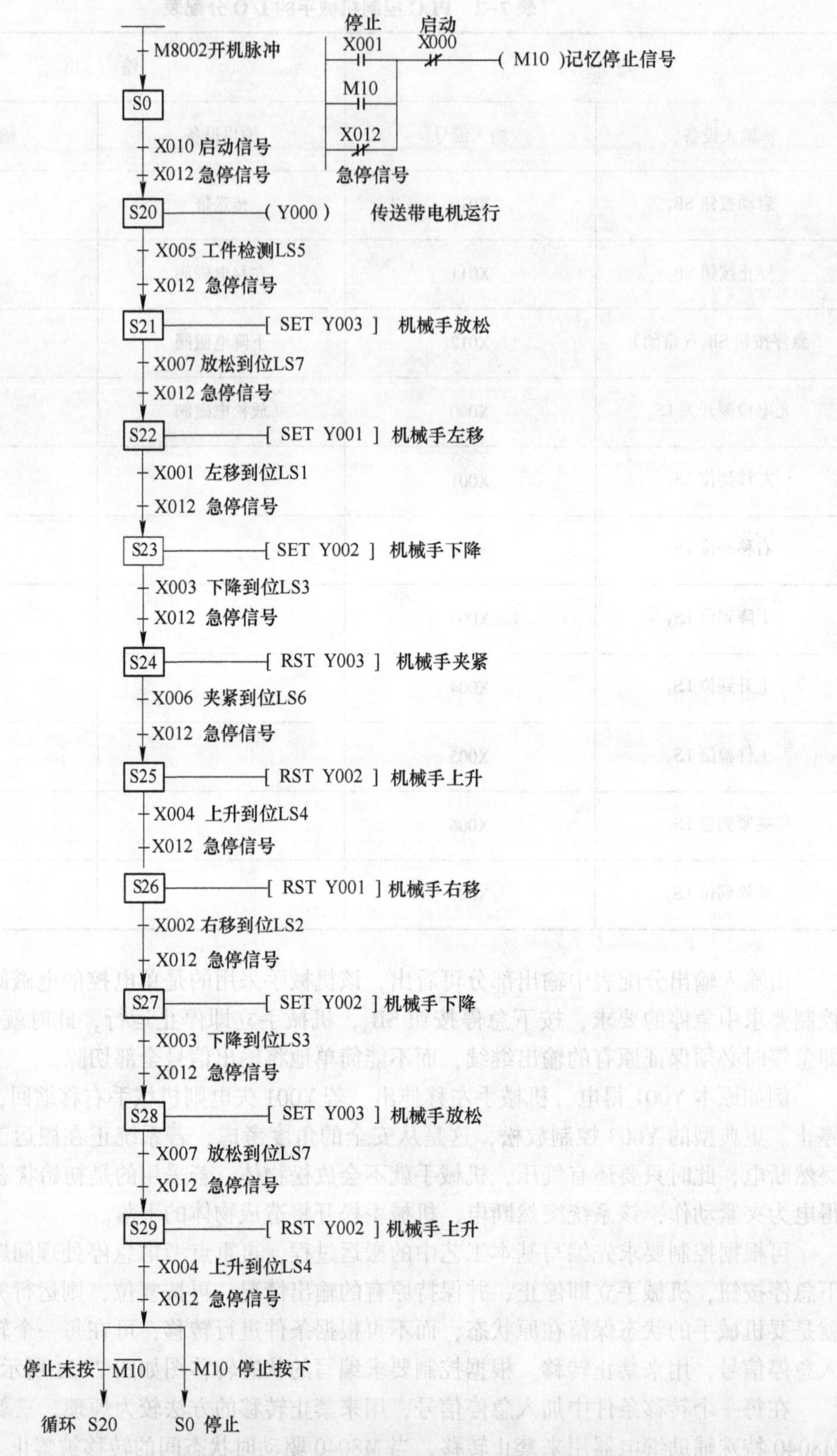

图 7-21 采用串入急停按钮实现急停的机械手状态转移图

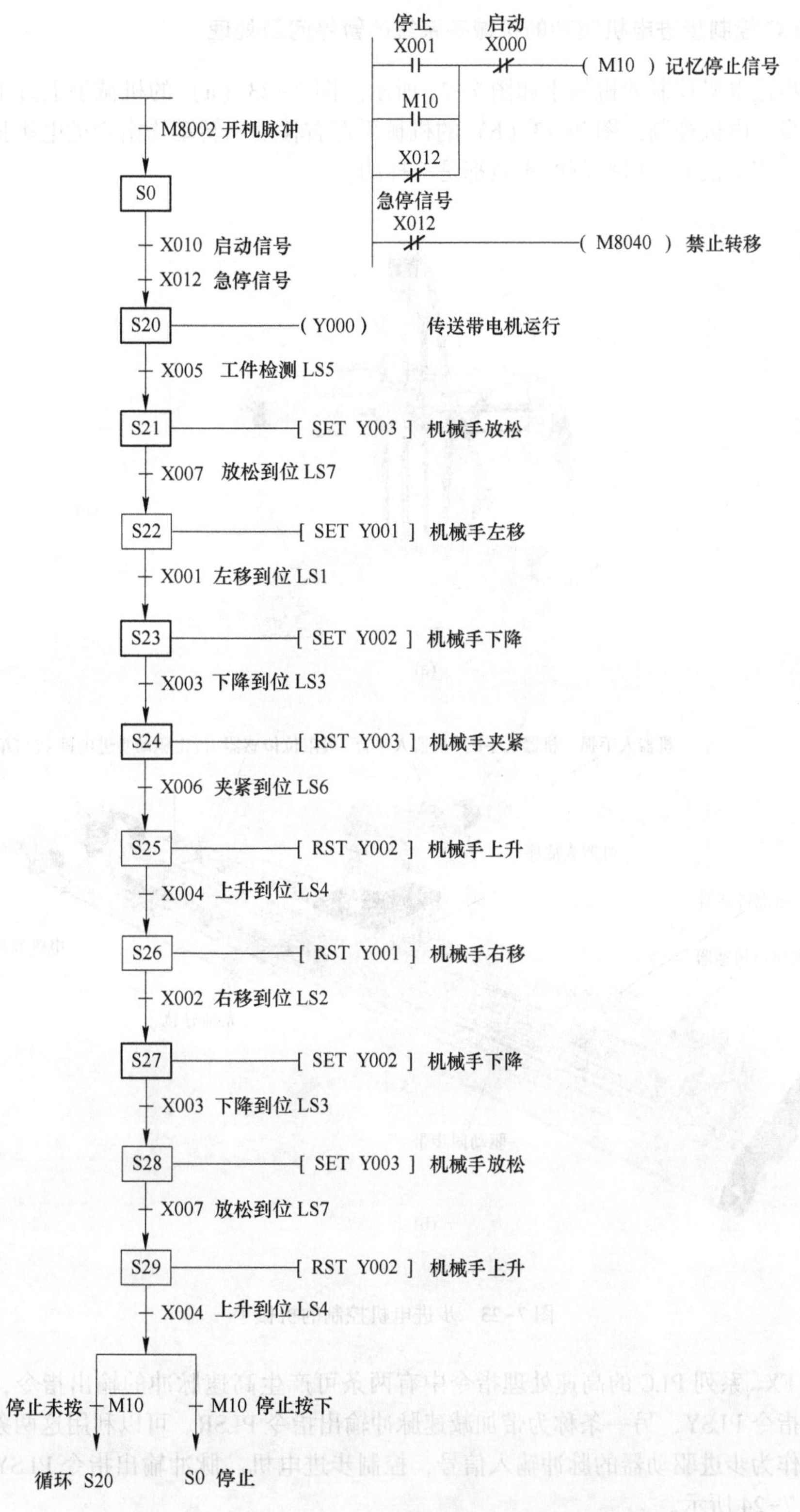

图 7-22 控制 M8034 实现急停的机械手状态转移图

7.2.3 PLC 控制步进电机驱动的机械手系统的暂停问题处理

采用步进电机控制的机械手如图 7-23 所示。图 7-23（a）的机械手上升下降和伸出缩回均由步进电机控制，图 7-23（b）的机械手左右移动和转动均由步进电机控制。两类机械手外形相差很大，但控制的实质都是一样的。

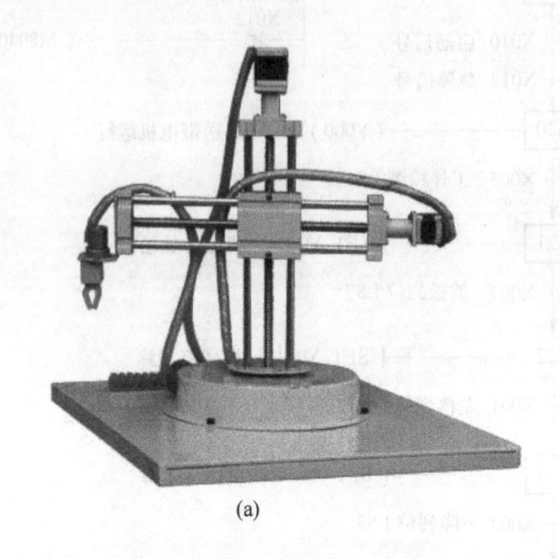

(a)

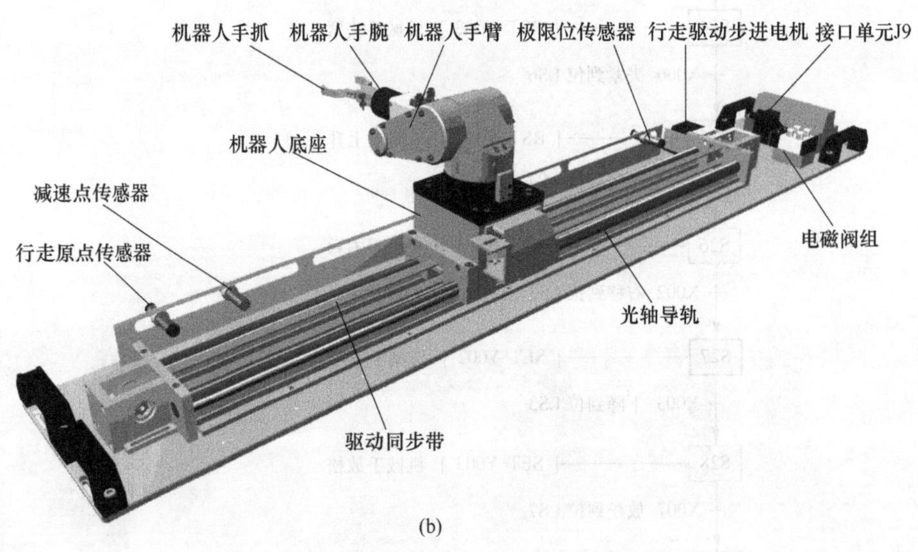

(b)

图 7-23 步进电机控制的机械手

三菱 FX_{2N} 系列 PLC 的高速处理指令中有两条可产生高速脉冲的输出指令，一条称为脉冲输出指令 PLSY，另一条称为带加减速脉冲输出指令 PLSR。可以利用这两条指令产生的脉冲，作为步进驱动器的脉冲输入信号，控制步进电机。脉冲输出指令 PLSY 指令格式功能如图 7-24 所示。

图 7-24 所示的 PLSY 指令使用时，当 X000 接通（ON）后，Y000 开始输出频率为

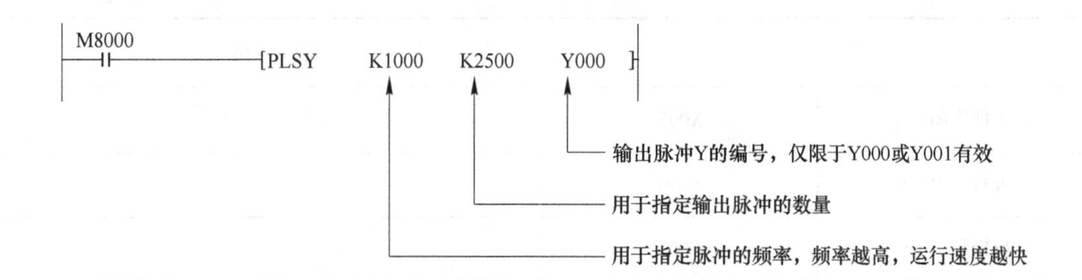

图 7-24 PLSY 指令格式

1000Hz 的脉冲，其个数为 2500 个脉冲确定。X000 断开（OFF）后，输出中断，即 Y000 也断开（OFF）。再次接通时，从初始状态开始动作。脉冲的占空比为 50%ON，50%OFF。输出控制不受扫描周期影响，采用中断方式控制。当设定脉冲发完后，执行结束标志 M8029 特殊辅助继电器动作。

从 Y000 输出的脉冲数保存于 D8141（高位）和 D8140（低位）寄存器中，从 Y001 输出的脉冲数保存于 D8143（高位）和 D8142（低位）寄存器中，Y000 与 Y001 输出的脉冲总数保存于 D8137（高位）和 D8136（低位）寄存器中。各寄存器内容可以采用“DMOV K0 D81××”进行清零。

注意：使用 PLSY 指令时可编程序控制器必须使用晶体管输出方式。在编程过程中可同时使用 2 个 PLSY 指令，可在 Y000 和 Y001 上分别产生各自独立的脉冲输出。

当控制要求为：按启动按钮 SB_1 后，机械手连续作循环；中途按停止按钮 SB_2，机械手立即停止运行，再按启动按钮 SB_1，机械手继续运行。

设定输入输出分配表见表 7-3。

表 7-3 PLC 控制机械手的 I/O 分配表

输　入		输　出	
输入设备	输入编号	输出设备	输出编号
启动按钮 SB_1	X010	左右移动步进电机	Y000
停止按钮 SB_2	X011	上下移动步进电机	Y001
光电检测开关 LS_0	X000	左右移动步进电机方向信号	Y002
左移极限到位 LS_1	X001	上下移动步进电机方向信号	Y003
右移极限到位 LS_2	X002	传送带	Y004
下降极限到位 LS_3	X003	放松电磁阀	Y005
上升极限到位 LS_4	X004		

续表 7-3

输　入		输　出	
工件检测 LS_5	X005		
夹紧到位 LS_6	X006		
放松到位 LS_7	X007		

由输入输出分配表中输出部分可看出，该机械手左右移动与上下移动均采用步进电机控制。设左右移动步进电机的方向信号为“0”时，步进电机控制左移；方向信号为“1”时，步进电机控制右移。上下移动步进电机的方向信号为“0”时，步进电机控制下降；方向信号为“1”时，步进电机控制上升。此时左右上下四个限位只起保护作用或原点定位作用。

机械手暂停与前面介绍的小车暂停基本设计思路相同，但由于使用步进电机，采用了PLSY 指令，当控制信号断开后，输出中断，即 Y000 或 Y001 也断开。再次接通时，将从初始状态开始动作。这就造成了已经发送的脉冲被重复发送，出现机械手走位不准的问题。

要解决上述问题，可在控制信号断开瞬间将已经发送的脉冲存储下来，等再次启动时，用设定脉冲减去已发送的脉冲之差，作为机械手新的控制脉冲即可。当采用 16 位指令时，从 Y000 输出的脉冲数保存于 D8140 寄存器中，从 Y001 输出的脉冲数保存于 D8142 寄存器中。

设机械手左移脉冲为 D10，下降脉冲为 D12。则脉冲保存与提取的控制梯形图如图 7-25 所示。此时根据设定的 D10 脉冲驱动 Y000 完成剩余的脉冲输出，根据设定的 D12 脉冲驱动 Y001 完成剩余的脉冲输出，则不会再出现位置的偏差。

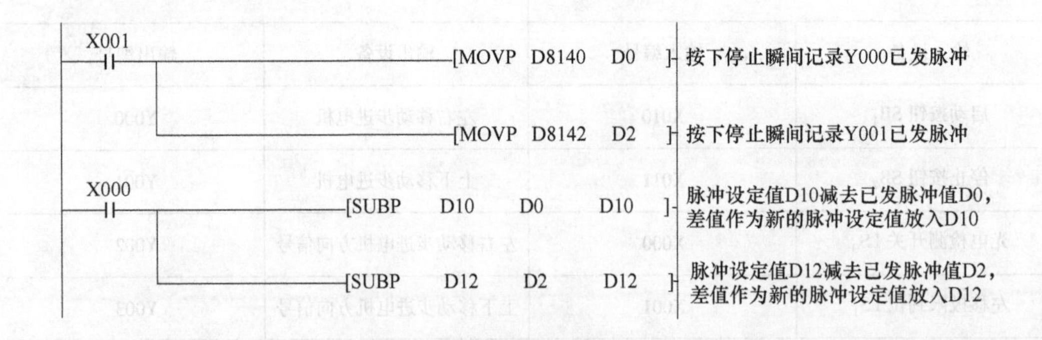

图 7-25　脉冲保存与提取的控制梯形图

根据控制工艺的要求，假定左移 5000 个脉冲到达 *E* 点上方，下降 3000 个脉冲可抓取工件。则控制的状态转移图如图 7-26 所示。

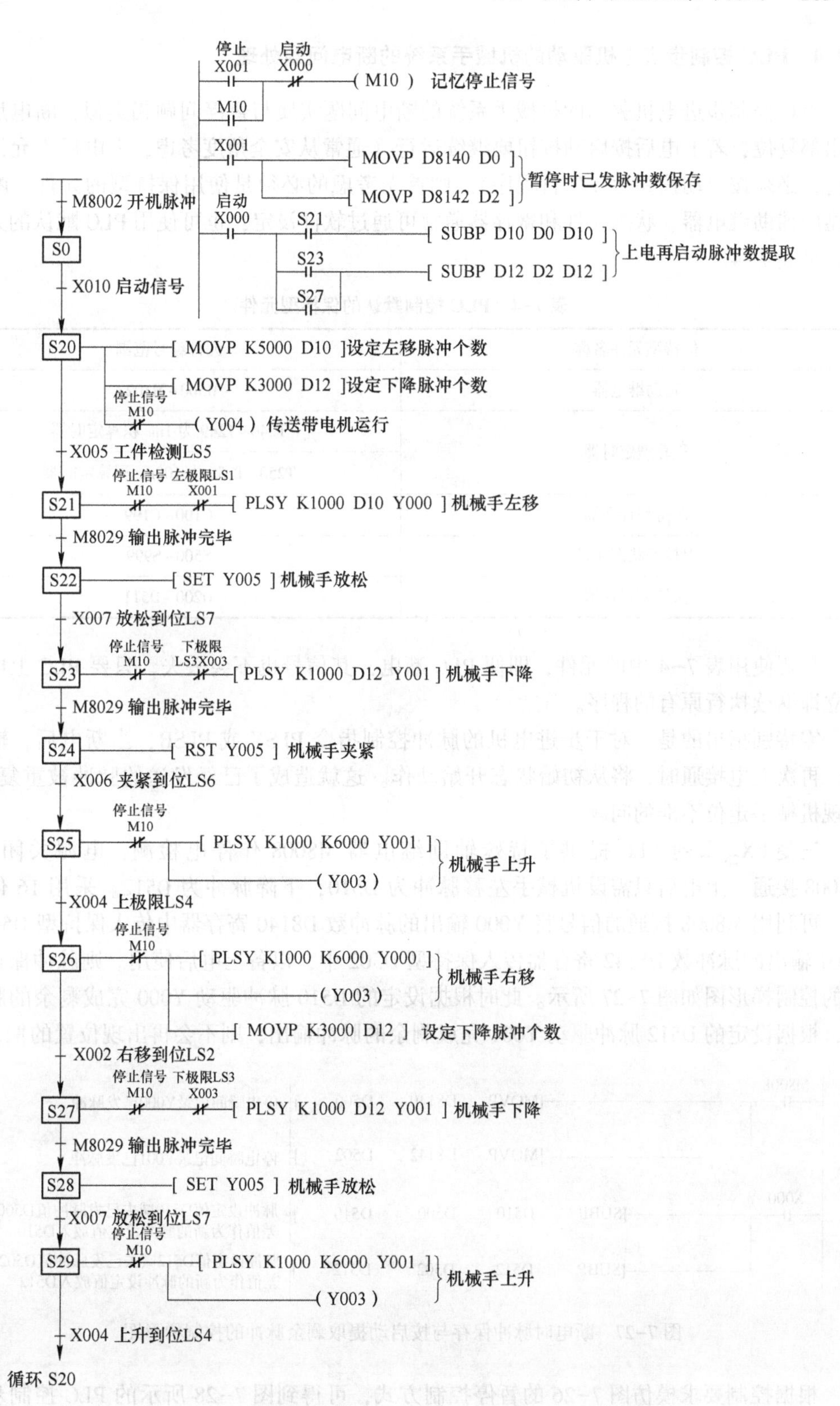

图 7-26　具有暂停功能的步进电机控制机械手的状态转移图

7.2.4 PLC 控制步进电机驱动的机械手系统的断电问题处理

PLC 控制步进电机驱动的机械手系统的断电问题实质与暂停问题相类似，断电后所有输出都复位，若上电后按启动按钮要继续运行（通常从安全角度考虑，上电后不允许立即运行，必须按启动按钮后才执行程序）。则首先考虑的必须是使用保持型的元件。断电保持型的辅助继电器、状态元件和寄存器通常可通过软件设定，也可使用 PLC 默认的元件范围，见表 7-4。

表 7-4 PLC 控制默认的保持型元件

保持型元件名称	元件编号范围
辅助继电器	M500 ~ M1023
积算型定时器	T246 ~ T249 为 1ms 积算定时器
	T250 ~ T255 为 100ms 积算定时器
保持型计数器	C100 ~ C199
保持型状态元件	S500 ~ S999
保持型寄存器	D200 ~ D511

只要使用表 7-4 中的元件，即便 PLC 断电，其信号也不会丢失，只要 PLC 上电，即可立即继续执行原有的程序。

需特别指出的是，对于步进电机的脉冲控制指令 PLSY 或 PLSR，当断电后，输出中断，再次上电接通时，将从初始状态开始动作。这就造成了已经发送的脉冲被重复发送，出现机械手走位不准的问题。

三菱 FX_{2N} 系列 PLC 提供了特殊辅助继电器 M8008 作停电检测，电源关闭瞬间，M8008 接通。上电后只需设机械手左移脉冲为 D510，下降脉冲为 D512。采用 16 位控制时，可利用 M8008 接通的信号将 Y000 输出的脉冲数 D8140 寄存器中传入保持型 D500 中，Y001 输出的脉冲数 D8142 寄存器传入保持型 D502 中，以备上电后使用。则脉冲保存与提取的控制梯形图如图 7-27 所示。此时根据设定的 D510 脉冲驱动 Y000 完成剩余的脉冲输出，根据设定的 D512 脉冲驱动 Y001 完成剩余的脉冲输出，则不会再出现位置的偏差。

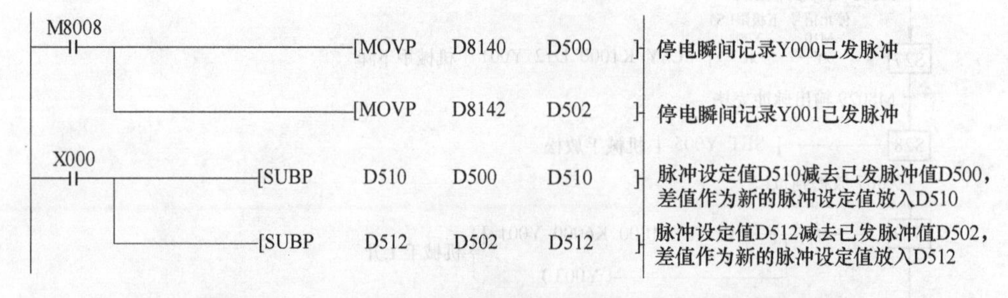

图 7-27 断电时脉冲保存与按启动提取剩余脉冲的控制梯形图

根据控制要求模仿图 7-26 的暂停控制方式，可得到图 7-28 所示的 PLC 控制步进电机驱动的机械手系统的断电问题处理的状态转移图。

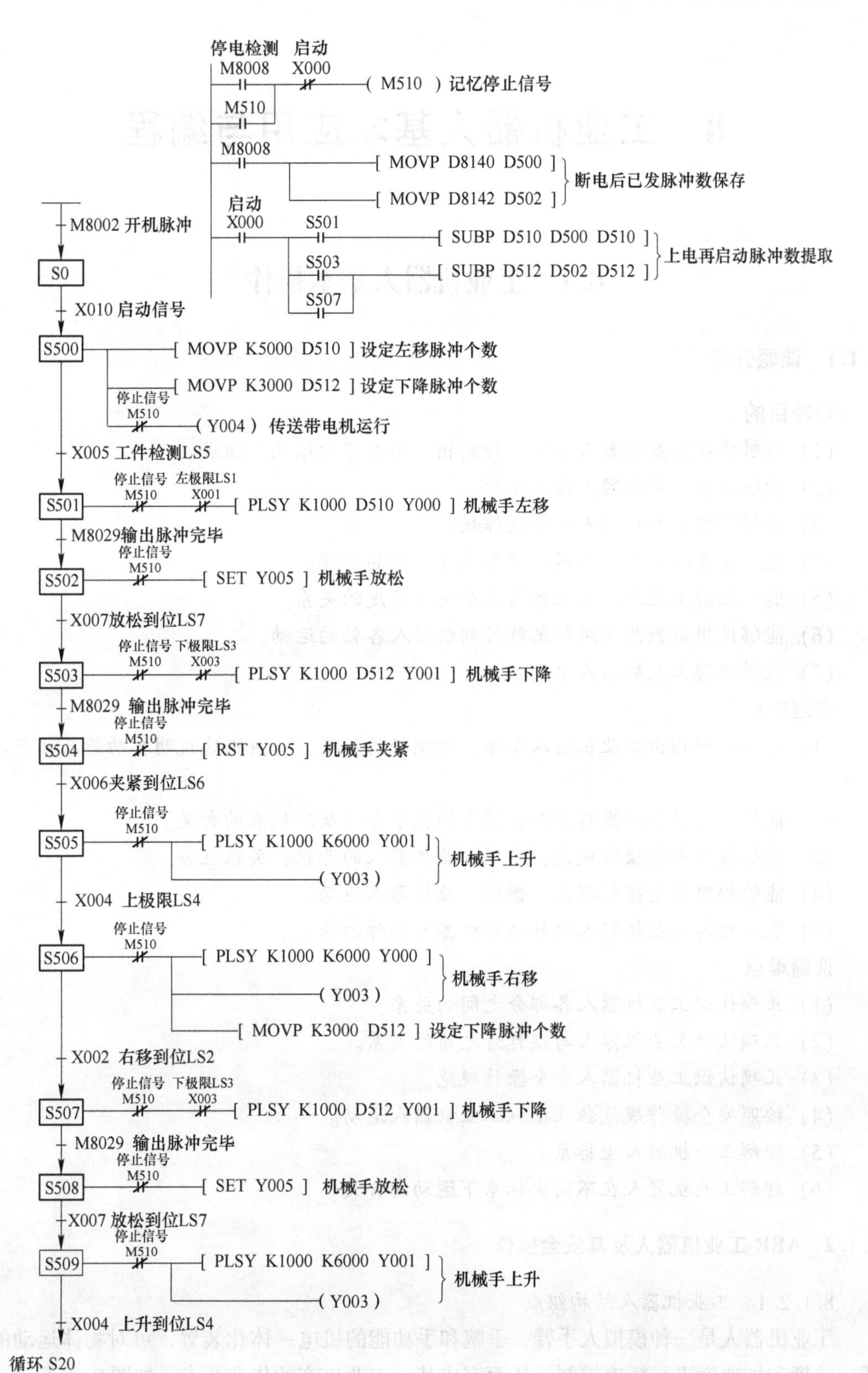

图 7-28 PLC 控制步进电机驱动的机械手系统的断电问题处理的状态转移图

8　工业机器人基本应用与编程

8.1　工业机器人基本操作

8.1.1　课题分析

课题目的

(1) 能够掌握工业机器人本体、控制柜、示教器的结构、组成。

(2) 能够掌握工业机器人技术参数。

(3) 能够掌握工业机器人安全操作规范。

(4) 能够掌握机器人示教器操作界面及按键的功能。

(5) 能够理解工业机器人位姿与各个关节角度的关系。

(6) 能够使用示教器操纵杆熟练控制机器人各轴的运动。

(7) 能够理解工业机器人坐标系。

课题重点

(1) 能够明确指出工业机器人本体、控制柜的位置，并清晰地说明其功能及相互之间的关系。

(2) 能够准确说出所操作工业机器人的技术参数及所代表的含义。

(3) 能够按照安全操作规范，实现工业机器人的开机、关机任务。

(4) 能够按照安全操作规范，操纵工业机器人运动。

(5) 能够理解工业机器人坐标系对机器人操作的意义。

课题难点

(1) 正确认识工业机器人各部分之间的关系。

(2) 正确认识工业机器人与操作者之前的关系。

(3) 正确认识工业机器人安全操作规范。

(4) 按照安全操作规范独立操纵工业机器人运动。

(5) 理解工业机器人坐标系。

(6) 理解工业机器人在不同坐标系下运动的含义。

8.1.2　ABB 工业机器人及其安全操作

8.1.2.1　工业机器人结构组成

工业机器人是一种模拟人手臂、手腕和手功能的机电一体化装置，可对物体运动的位置、速度和加速度进行精确控制，从而完成某一工业生产的作业要求。如图 8-1 所示，当前工业中应用最多的工业机器人主要由以下几个部分组成：机器人本体（操作机）、控制器和示教器。第二代及第三代工业机器人还包括感知系统和分析决策系统，它们分别由传感器及软件实现。

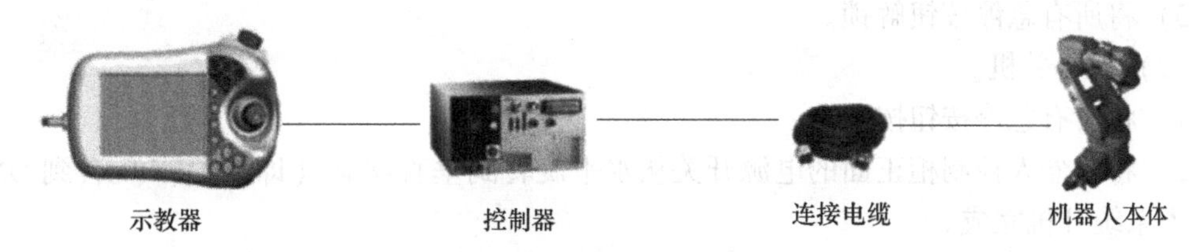

图 8-1 工业机器人结构组成

8.1.2.2 机器人安全工作的基本要求

（1）机器人安全防护应包括其自身的安全防护功能和使用以及管理上的安全防护措施两方面。

（2）在机器人周围划定危险区域。危险区域由限定工作范围及隔离带构成（带宽 b 为 1~1.5m)，危险区周围应设安全防护栏杆。

（3）机器人在自动操作状态下，人不得进入危险区域。当人误入危险区域时，机器人应具有停止、警告和报警功能。因示教、维修、故障处理等原因不得不进入危险区域时，应采取相应的安全监护措施。

（4）与安全防护有关的全部设备及措施必须通过验证以确保安全可靠。

（5）在机器人使用过程中发现新的危险存在时，应及时采取进一步的安全防护措施。

8.1.2.3 机器人技术参数

（1）自由度。自由度是指描述物体运动所需要的独立坐标数。自由物体在空间有 6 个自由度，即 3 个移动自由度和 3 个转动自由度。

（2）工作范围。机器人的工作范围是指机器人手臂末端或手腕中心运动时所能到达的所有点的集合。

（3）最大工作速度。机器人的最大工作速度是指机器人主要关节上最大的稳定速度或手臂末端最大的合成速度。

（4）负载能力。工业机器人的负载能力又称为有效负载，指机器人在工作时臂端可能搬运的物体质量或所能承受的力。当关节型机器人的臂杆处于不同位姿时，其负载能力是不同的。机器人的额定负载能力是指其臂杆在工作空间中任意位姿时腕关节端部所能搬运的最大质量。

（5）定位精度和重复定位精度。工业机器人的运动精度主要包括定位精度和重复定位精度。

定位精度是指工业机器人的末端执行器的实际到达位置与目标位置之间的偏差。

重复定位精度（又称为重复精度）是指工业机器人在同一环境、同一条件、同一目标动作及同一命令下，工业机器人连续运动若干次重复定位至同一目标位置的能力。

8.1.2.4 工业机器人开关机

（1）设备开机。

1）将多功能实训平台的操作面板上的电源开关打开。

2）将机器人控制柜正面的电源开关从水平旋转到垂直状态（即从 OFF 旋转到 ON)，

机器人系统开机完成。将“模式切换旋钮”旋转到右边手型图案，让机器人进入手动模式。

3）将所有急停按钮解锁。

（2）设备关机。

1）将所有急停按钮按下。

2）将机器人控制柜正面的电源开关从水平旋转到垂直状态（即从 OFF 旋转到 ON），机器人系统开机完成。

3）将多功能实训平台的操作面板上的电源开关关闭。

8.1.3 ABB 工业机器人示教器认知

8.1.3.1 示教器认知

（1）示教器外观。ABB 示教器主要组成如图 8-2 所示。

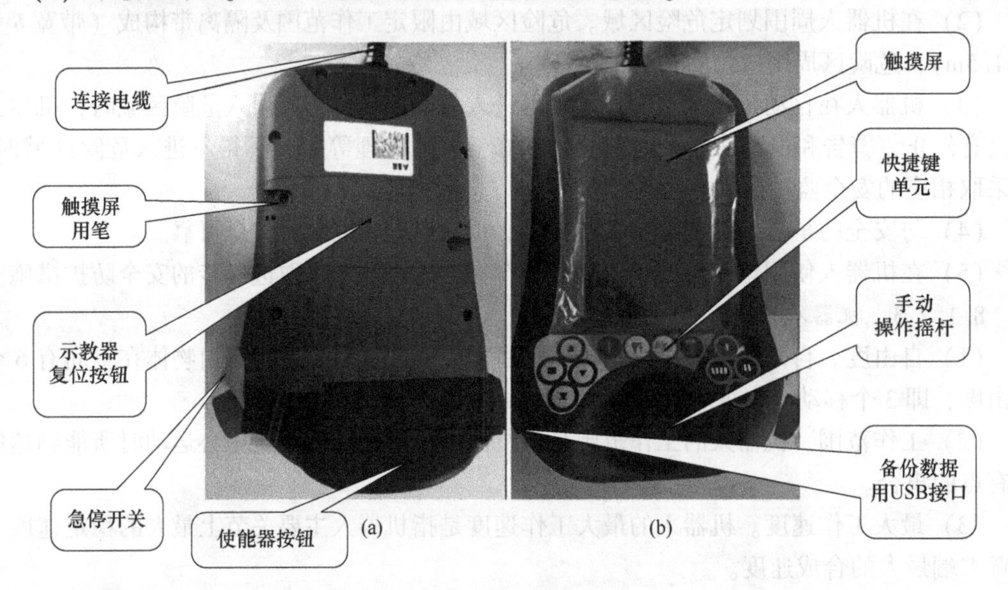

图 8-2 示教器外观
(a) 背面；(b) 正面

（2）主菜单。系统应用进程从主菜单（见表 8-1）开始，每项应用将在该菜单中选择。按系统菜单键可以显示系统主菜单，如图 8-3 所示。

表 8-1 主菜单功能

名 称	功 能
输入输出（I/O）	查看输入输出信号
手动操纵	手动移动机器人时，通过该选项选择需要控制的单元，如机器人或变位机等
自动生产窗口	由手动模式切换到自动模式时，窗口自动跳出。自动运行中可观察程序运行状况

续表 8-1

名 称	功 能
程序数据窗口	设置数据类型，即设置应用程序中不同指令所需的不同类型的数据
程序编辑器	用于建立程序、修改指令及程序的复制、粘贴等
备份与恢复	备份程序、系统参数等
校准	输入、偏移量、零位等校准
控制面板	参数设定、I/O 单元设定、弧焊设备设定、自定义键设定及语言选择等，例如，示教器中英文界面选择方法：ABB→控制面板→语言→Control Panel →Language →Chinese
事件日志	记录系统发生的事件，如马达上电/失电、出现操作错误等各种过程
资源管理器	新建、查看、删除文件夹或文件等
系统信息	查看整个控制器的型号、系统版本和内存等。

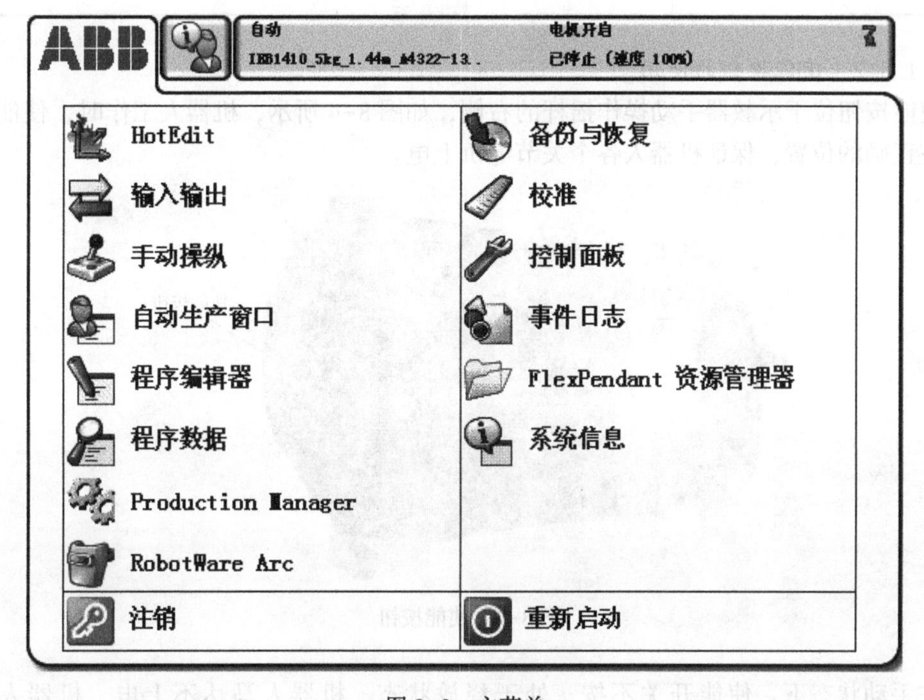

图 8-3 主菜单

(3) 窗口。菜单中每项功能选择后，都会在任务栏中显示一个按钮，可以按此按钮进行切换当前的任务（窗口）。使用中同时打开四个窗口，最多可以打开 6 个窗口，且可以通过单击窗口下方任务栏按钮实现在不同窗口之间的切换。

(4) 快捷菜单。快捷菜单（见表 8-2）提供较操作窗口更快捷的操作按键，每项菜单使用一个图标显示当前的运行模式或设定。

表 8-2 快捷菜单及其功能

图 标	名 称	功 能
	快捷键	快速现实常用选项
	机械单元	工件与工具坐标系改变
	步长	手动操纵机器人的运动速度调节
	运行模式	有连续和单周运行两种
	速度模式	调节运行速度的百分率，运行程序时使用

8.1.3.2 使能按钮的使用

使能按钮位于示教器手动操作摇杆的右侧，如图 8-4 所示，机器人工作时，使能按钮必须在正确的位置，保证机器人各个关节电机上电。

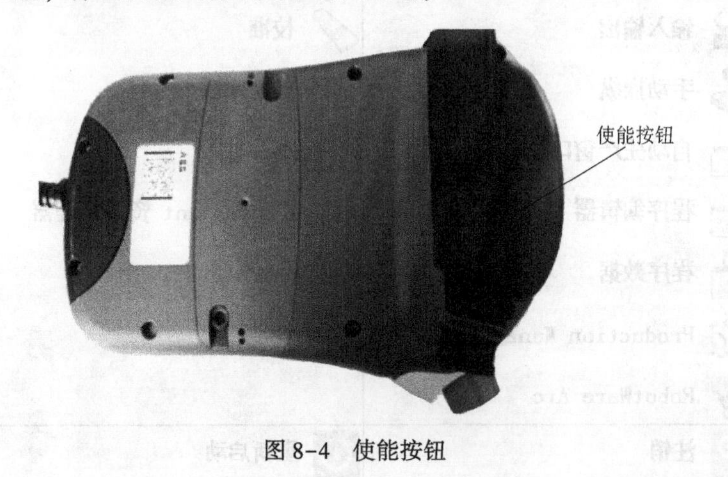

图 8-4 使能按钮

在手动状态下，使能开关不按，处于释放状态，机器人马达不上电，机器人不能动作。

使能按钮按下分两个挡位：第一挡按下去，机器人将处于电动机开启状态。第二挡按下去，机器人就应该处于防护装置停止状态。

使能按钮式工业机器人为保证操作人员人身安全而设置，只有在按下使能按钮，并保证在“电机开启”的状态，才能对机器人进行手动操作与程序调试。但发生危险时，人会本能地将使能按钮松开或按紧，机器人则会马上停止，保证安全。

8.1.4 工业机器人手动操纵

8.1.4.1 摇杆操作

（1）示教盒的摇杆如图 8-5 所示，可以进行上下左右及斜角、旋转操作，共 10 个方向。斜角操作相当于相邻的两个方向同时动作。在操作摇杆时，要注意观察机器人的动作。

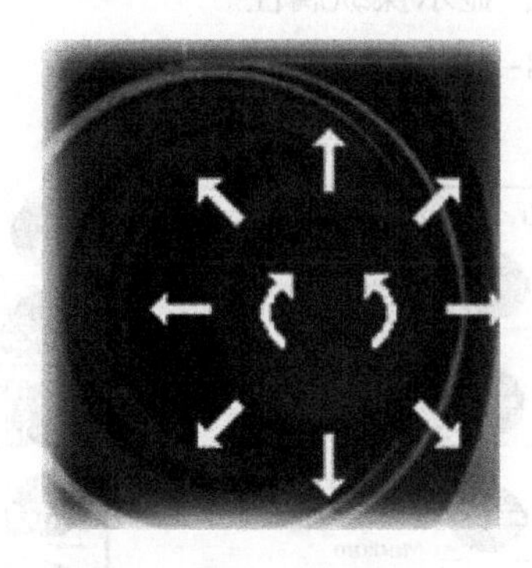

图 8-5 摇杆操作方向

（2）摇杆只具备上下、左右和顺逆时针 3 个自由度的动作。控制机器人动作时也对应 3 个自由度。轴动作时对应 1~3 轴或 4~6 轴，插补动作时对应 3 个位置自由度或 3 个旋转自由度，如图 8-6 所示。

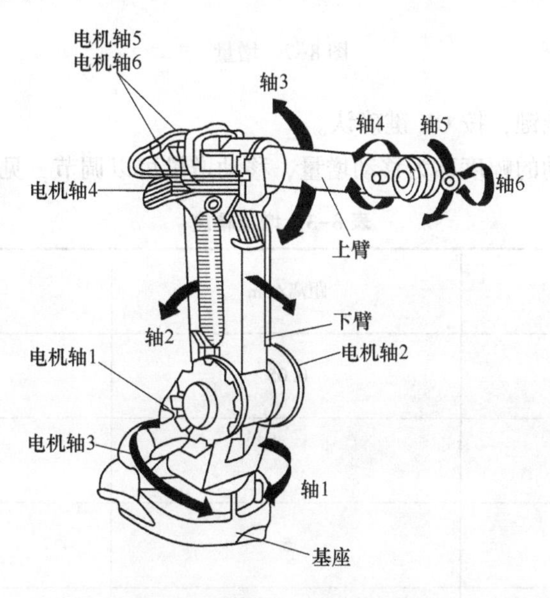

图 8-6 机器人各轴运动示意图

（3）摇杆的操纵幅度与机器人的运动速度相关。幅度小则机器人运动速度慢，幅度大则机器人运动速度大。因此，在操作不熟练的时候尽量以小幅度操纵机器人慢慢运动，待熟悉后再逐渐增加速度为宜。

8.1.4.2 移动增量

机器人的移动情况与操纵摇杆的方式有关，既可以实现连续移动，也可以实现步进移动。摇杆偏移或偏转一次，机器人运动一步，称为步进运动。

进行机器人需要准确定位到某点时常使用步进运动功能。实现步进移动的操作方法如下。

第 1 步：进入 ABB 主菜单，显示操纵属性。

第 2 步：按增量键，如图 8-7 所示。

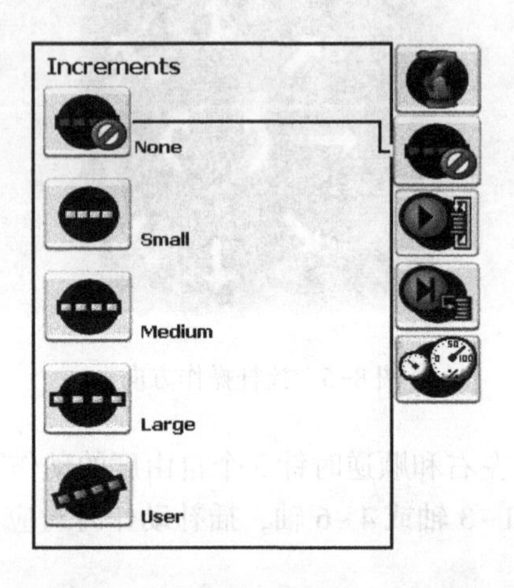

图 8-7 增量

第 3 步：选择功能键，按 OK 键确认。

步进运动每次移动的幅度称为移动增量，移动增量可以调节，见表 8-3。

表 8-3 增量幅度

增 量	距离/mm	角度/(°)
小（small）	0.05	0.005
中（middle）	1	0.02
大（large）	5	0.2
用户自定义（user）	0.50~10.0	0.01~0.20

8.1.4.3 单轴运动练习

在手动模式下，按点的顺序依次将机器人单轴移动到表 8-4 所示的位置。

表 8-4 单关节练习目标位置 (°)

点序号	轴 1	轴 2	轴 3	轴 4	轴 5	轴 6
1	-20	-40	0	0	90	0
2	20	-20	-10	20	0	45
3	0	-30	0	0	90	0
4	10	-25	-10	-20	0	-45
5	-10	-35	0	0	90	0

要求角度偏差不大于±0.1°，速度不大于20%，增量可以自行选择。

8.1.5 工业机器人坐标系

8.1.5.1 机器人坐标系

机器人系统的坐标系包含 World 坐标系（绝对坐标系）、Base 坐标系（机座坐标系）、Tool 坐标系（工具坐标系）及 Wobj 坐标系（工件坐标系）。其相互之间的关系如图 8-8 所示。

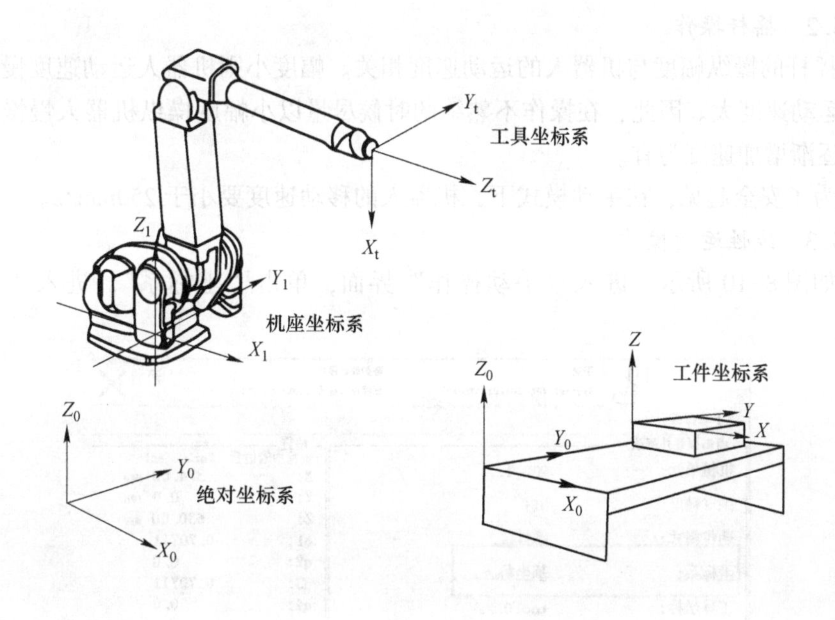

图 8-8 机器人坐标系

World 坐标系：是系统的参考系，是一个固定坐标系。

Base 坐标系：用来描述机座的相对位置及方位。

Tool 坐标系：用来描述工具相对于机器人机械接口（法兰盘）的相对位置及方位。

Wobj 坐标系：用来描述工件的相对位置及方位。

当操作者站在机器人的前方并在基坐标系中微动控制，机器人 X、Y、Z 轴移动方向如图 8-9 所示。

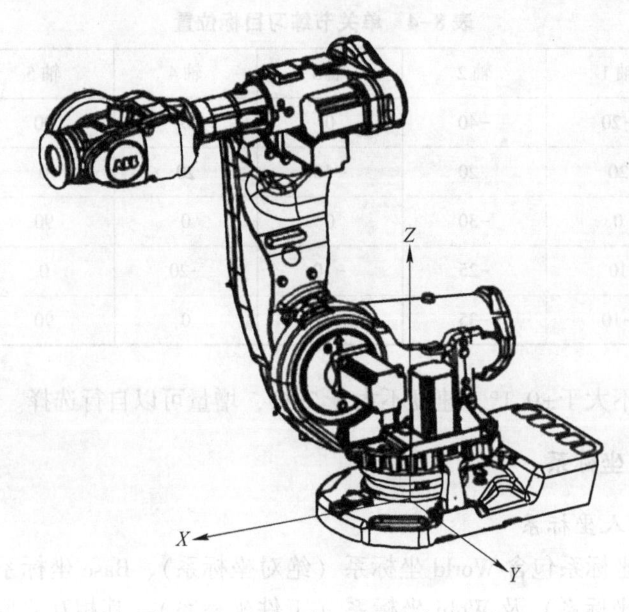

图 8-9 基坐标系中机器人移动方向

8.1.5.2 摇杆操作

(1) 摇杆的操纵幅度与机器人的运动速度相关。幅度小则机器人运动速度慢，幅度大则机器人运动速度大。因此，在操作不熟练的时候尽量以小幅度操纵机器人慢慢运动，待熟悉后再逐渐增加速度为宜。

(2) 为了安全起见，在手动模式下，机器人的移动速度要小于250mm/s。

8.1.5.3 线性运动操作

(1) 如图 8-10 所示，进入“手动操作”界面，单击“坐标系”，进入“坐标系选择”界面。

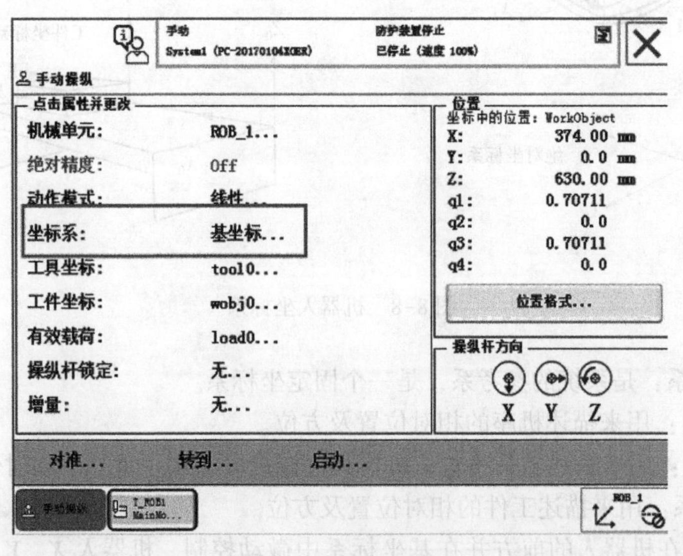

图 8-10 坐标系选择

（2）如图 8-11 所示，单击选择“基坐标”，再单击“确定”按钮。

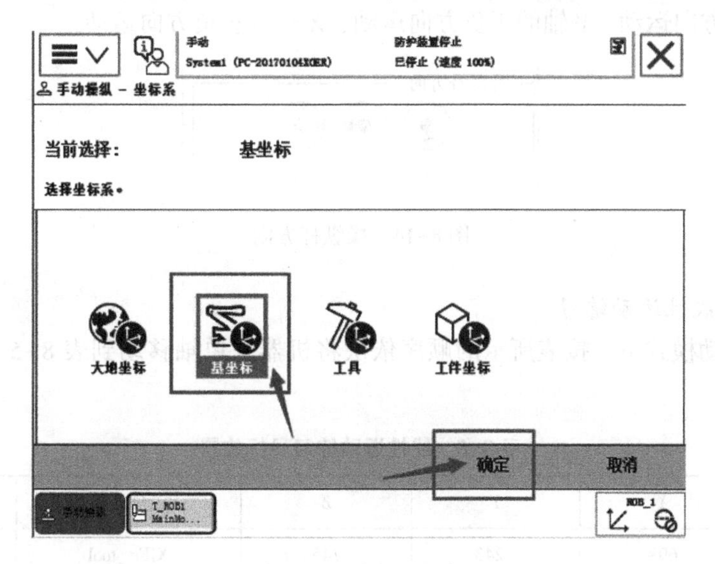

图 8-11　选择基坐标

（3）线性运动。

线性运动指的是手动操作机器人末端点在空间中位置的运动。它改变的是机器人末端点在空间坐标的 *X*、*Y*、*Z* 轴的值。

如图 8-12 所示，单击功能键区的线性/重定位切换按钮将机器人运动模式切换到线性运动模式。

图 8-12　线性/重定位切换按钮

或者通过查看“动作模式”或者示教器屏幕右下角，确定机器人的动作模式是在线性运动模式下，如图 8-13 所示。

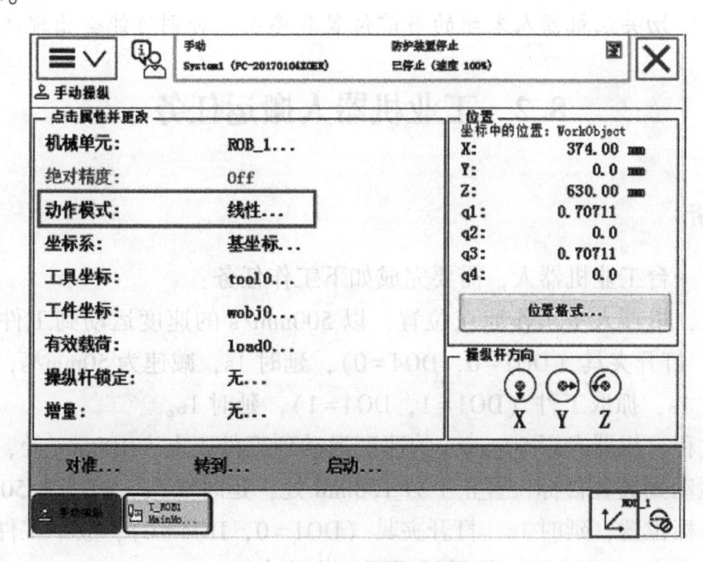

图 8-13　动作模式切换

如图 8-14 所示，根据“操纵杆方向”的提示，去操作机器人进行线性运动，分别进行 X 轴的正负方向运动、Y 轴的正负方向运动、Z 轴的正负方向运动。

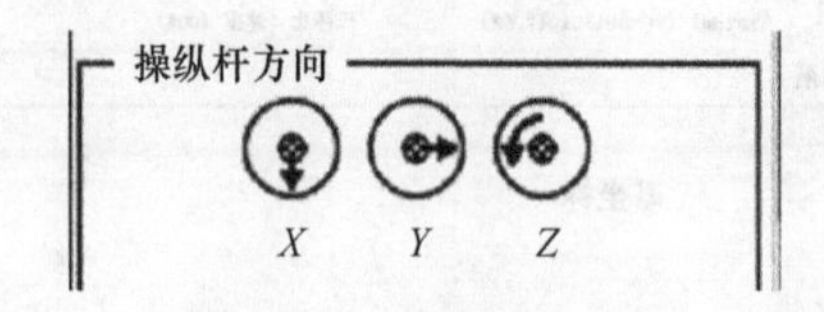

图 8-14 操纵杆方向

8.1.5.4 线性运动练习

（1）在手动模式下，按表所示的顺序依次将机器人单轴移动到表 8-5 所示位置（单位：mm）。

表 8-5 线性运动练习目标位置

点序号	X	Y	Z	工具坐标	共件坐标
1	698	-243	745	XiFu_tool	Wobj0
2	1141	-424	658	XiFu_tool	Wobj0
3	-7	-5	258	XiFu_tool	Maduo_wobj
4	-7	-5	228	XiFu_tool	Maduo_wobj
5	577	2	994	Tool0	Wobj0

（2）要求选择相应的工具坐标和工件坐标。在移动过程中自行调节坐标的移动顺序。

（3）移动之前，手动调用 rFuwei 程序将机器人移动到原点。

要求位移偏差不大于±0. 1mm。速度不大于 20%，增量可以自行选择。

注意：不同坐标系下的坐标值对应于不同的空间位置，所以在操作时一定注意选择正确的坐标系，并密切关注机器人末端的当前位置和姿态，否则可能会出现机械碰撞事故。

8.2 工业机器人搬运任务

8.2.1 课题分析

工业现场有一台工业机器人，需要完成如下工作任务：

启动机器人，机器人从工作原点位置，以 500mm/s 的速度运动到工件所在位置的正上方 100mm 处，打开夹具（DO1=0，DO4=0），延时 1s，减速为 50mm/s，运动到工件所在位置点，延时 1s，抓取工件（DO1=1，DO4=1），延时 1s。

放下工件过程：机器人以 50mm/s 的速度运动到工件正上方 100mm 处，延时 1s，增速为 500mm/s，运动到放置目标位置正上方 100mm 处，延时 0. 5s，减速为 50mm/s，运动到工作台上放置目标位置，延时 1s，打开夹具（DO1=0，DO4=0），放下工件，延时 1s，返回到放置位置正上方 100mm 处，最后返回至工作原点。

课题目的

(1) 熟练掌握工业机器人运动指令。

(2) 熟练掌握工业机器人示教方法。

(3) 会用工业机器人任务规划方法编写简单控制程序。

课题重点

(1) 熟练掌握工业机器人运动指令。

(2) 熟练掌握工业机器人示教方法，快速、准确完成关键点位示教。

(3) 会用工业机器人任务规划方法编写简单控制程序。

课题难点

综合应用控制指令和工业机器人任务规划方法编写简单控制程序。

8.2.2 工业机器人示教操作

8.2.2.1 示教再现

示教再现机器人是一种可重复再现通过示教编程存储起来的作业程序的机器人。“示教编程”指通过下述方式完成程序的编制：由人工导引机器人末端执行器（安装于机器人关节结构末端的夹持器、工具、焊枪、喷枪等），或由人工操作导引机械模拟装置，或用示教盒（与控制系统相连接的一种手持装置，用以对机器人进行编程或使之运动）来使机器人完成预期的动作。“示教”就是机器人学习的过程，在这个过程中，操作者要手把手教会机器人做某些动作，机器人的控制系统会以程序的形式将其记忆下来。机器人按照示教时记忆下来的程序展现这些动作，就是“再现”过程。

8.2.2.2 关节运动指令

关节运动指令是在对路径精度要求不高的情况下，机器人的工具中心点TCP从一个位置移动到另一个位置，两个位置之间的路径不一定是直线，而是由机器人自己规划的一条路径，适用于较大范围的运动。优点是不容易到达极限位置或奇异点。

MoveJ指令后面是该指令的各项参数，机器人按照各参数的设定值运行。

ToPoint：目标位置，也就是该点实际记录的位置。位置有两种记录方式。“P XXX”是位置变量，在系统中保存，可以被其他运动指令调用。“*”指的是临时变量，储存位置数据但无法被调用，对于不会再次调用的变量可以使用此存储方式提高编程效率。

Speed：速度参数，包含TCP速度、角速度、外部轴速度。“V XXX”是系统预设的参数，也可以自己建立速度参数。

Zone：重定向转角区域。运动过程中姿态变换的过渡区间，可设置转弯半径等参数。“Z XXX”和“fine”是系统预设的参数，也可以自己建立参数。

Tool：工具选择（工具坐标系）。

Wobj：工件坐标系选择。

8.2.2.3 示教编程

(1) 建立RAPID程序。

第1步：进入“主菜单”，选择“程序编辑器”。

第2步：单击“文件”，选择“新建模块”，建立新模块，命名为“Module1”。

第3步：单击“显示模块”，选择“Module1”。

第4步：单击“文件”，选择“新建例行程序”，命名为“Routine1”。

(2) 建立程序。现在有四个点 P10、P20、P30、P40，通过编写机器人程序，用关节指令，依次示教这四个点，再通过运行程序再现这四个点的动作。

新建程序，添加条指令：

MoveJ * , V100, Z0, tool0;

(3) 记录程序点位置。

1) 双击“*”位置，单击“新建”按钮。

2) 将点命名为 p10，其中“范围”参数选择“本地”，“例行程序”参数选择“Routine1”。

3) 移动机器人到位置 A。

4) 单击“修改位置”，记录程序点位置 A。

5) 依次记录程序点 B、C、D，并命名为 p20、p30、p40，如图 8-15 所示。

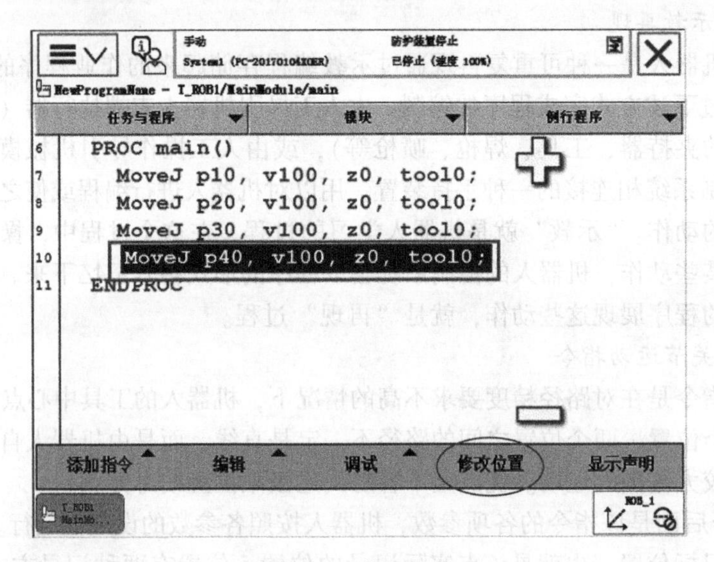

图 8-15 位置示教

8.2.2.4 调试程序

单击“调试”按钮，再单击“PP 移至例行程序”，选择“Routine1”，可以看见第一句指令左边出现红色箭头，这个箭头叫程序指针，表示程序当前执行语句位置。

8.2.3 工业机器人运动指令

8.2.3.1 直线运动指令

直线由起点和终点确定，因此在机器人的运动路径为直线时使用直线运动指令 MoveL，只需示教确定运动路径的起点和终点。其中机器人的当前位置即为起点，目标位置即为终点，定义一条从当前位置到目标位置的直线段。其指令格式如下：

MoveL p1, v100, z10, tool1;

p1：目标位置。

v100：机器人运行速度。

修改方法：将光标移至速度数据处，按〈Enter〉键，进入窗口；选择所需速度。

z10：转弯区尺寸。

修改方法：将光标移至转弯区尺寸数据处，按〈Enter〉键，进入窗口；选择所需转弯区尺寸，也可以进行自定义。

tool1：工具坐标。

8.2.3.2 圆弧运动指令

当机器人的运动路径为一段圆弧时使用圆弧运动指令 MoveC。圆弧路径是在机器人可到达的空间范围内定义三个位置点，第一个点是圆弧的起点；第二个点用于圆弧的曲率控制；第三个点是圆弧的终点。圆弧运动指令也是以工业机器人当前位置作为圆弧的起点。其指令格式如下：

```
MoveC P1, P2, V100, Z10, Tool1;
```

P1：曲率控制点。

P2：目标位置。

v100：机器人运行速度。

修改方法：将光标移至速度数据处，按〈Enter〉键，进入窗口；选择所需速度。

z10：转弯区尺寸。

修改方法：将光标移至转弯区尺寸数据处，按〈Enter〉键，进入窗口；选择所需转弯区尺寸，也可以进行自定义。

tool1：工具坐标。

8.2.4 工业机器人搬运任务轨迹规划与编程

8.2.4.1 搬运任务规划

工业机器人编程是将现场指定的工业机器人工艺任务转化为机器人控制指令的过程。有效地对工艺任务进行规划是完成编程任务的必由之路。所谓的工艺任务规划就是对工艺任务过程进行分解，分解成机器人指令所能够表达的规模，然后通过指令来表达需要完成的操作，通过变量来表达需要被操作的对象。

工业机器人的工艺任务一般分为路径任务和工作任务，在任务规划过程中，需要处理好工业机器人末端路径与工具工作状态的关系。在工业机器人搬运任务中，可以将工业机器人的路径任务分解成一段一段的直线，将手爪工具的夹紧与放松对应达到 DO 输出信号的 0 或 1 的输出。用 MoveL 指令来解决工业机器人的直线移动任务，有 Set、Reset 指令来控制夹爪状态，用 WaitTime 延时来协调工具位置与工具工作状态之间的关系。

8.2.4.2 编程与调试

（1）工艺任务规划。按照表 8-6 进行工艺任务规划。

表 8-6 工艺任务规划表

序号	工作内容	气爪状态	位置变量	指令	工具
0	原点	—	P0	无	Tool0
1	工件抓取位置上方	—	P1	MoveL	Tool0
2	延时 1s	—	—	WaitTime	Tool0

续表 8-6

序号	工作内容	气爪状态	位置变量	指令	工具
3	气爪张开	—	—	Reset	Tool0
4	延时 1s	—	—	WaitTime	Tool0
5	工件抓取位置	—	P2	MoveL	Tool0
6	延时 1s	—	—	WaitTime	Tool0
7	抓取工件	+	Set	Set	Tool0
8	延时 1s	+	—	WaitTime	Tool0
9	工件抓取位置上方	+	P1	MoveL	Tool0
10	延时 1s	+	—	WaitTime	Tool0
11	工件放置位置上方	+	P3	MoveL	Tool0
12	延时 1s	+	—	WaitTime	Tool0
13	工件放置位置	+	P4	MoveL	Tool0
14	延时 1s	+	—	WaitTime	Tool0
15	气爪张开	—	—	Reset	Tool0
16	延时 1s	—	—	WaitTime	Tool0
17	工件放置位置上方	—	P3	MoveL	Tool0
18	延时 1s	—	—	WaiTime	Tool0
19	原点	—	P0	无	Tool0

（2）建立程序。在例行程序“Routine1”中添加指令：

```
MoveL p0, V500, Z50, tool0;
MoveL p1, V500, Z50, tool0;
WaiTime 1;
Reset D652_10_DO4;
WaiTime 1;
MoveL p2, V50, Z50, tool0;
WaiTime 1;
Set D652_10_DO1;
Set D652_10_DO4;
WaiTime 1;
MoveL p1, V50, Z50, tool0;
WaiTime 1;
MoveL p3, V500, Z50, tool0;
WaiTime 1;
MoveL p4, V50, Z50, tool0;
WaiTime 1;
Reset D652_10_DO4;
Reset D652_10_DO1;
WaiTime 1;
```

```
MoveL p3, V50, Z50, tool0;
WaiTime 1;
MoveL p0, V500, Z50, tool0;
```

（3）关键点位示教。手动移动机器人，并按照 P0→P2→P1→P4→P3 的顺序，在合适的位置对机器人的关键点位进行示教。在点位示教过程中，要降低机器人移动速度，从前后、左右、上下三个角度，通过多次观察和调整机器人末端位姿，将机器人末端调整到合适的位置和姿态。

（4）调试程序。单击“调试”按钮，再单击“PP 移至例行程序”，选择“Routine1”，可以看见第一句指令左边出现红色箭头，这个箭头叫程序指针，表示程序当前执行语句位置。

8.2.4.3 编程练习

编写程序控制机器人，完成图 8-16 所示图形的描图工作任务。

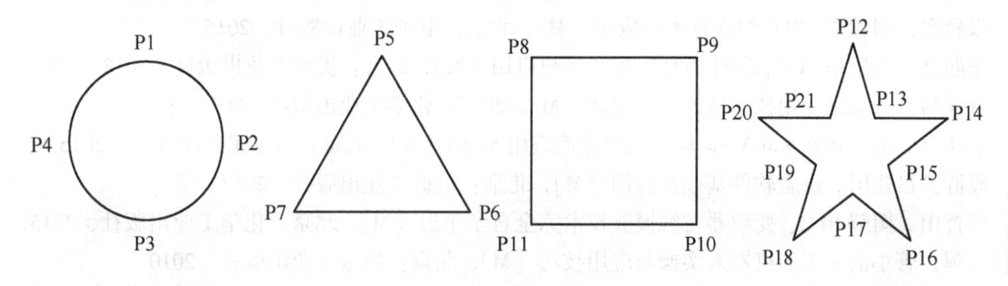

图 8-16 描图任务

要求：

（1）机器人从原点出发，每个图形描完后都回到原点再重新开始。

（2）按照表 8-6 完成每个图形的工艺任务规划表。

（3）完成每个图形的描图任务并调试。

（4）示教过程中，速度不超过 20%。

（5）工业机器人在完成描图工作任务时点位准确、速度均匀。

参考文献

[1] 刘建华，张静之．电气运行与控制专业骨干教师培训教程［M］. 北京：知识产权出版社，2018.
[2] 刘建华，张静之．维修电工综合实训教程［M］. 北京：机械工业出版社，2013.
[3] 刘建华，张静之．电气控制与 PLC［M］. 北京：机械工业出版社，2014.
[4] 童诗白，华成英．模拟电子技术基础［M］. 5 版．北京：高等教育出版社，2015.
[5] 阎石．数字电子技术基础［M］. 6 版．北京：高等教育出版社，2016.
[6] 张静之，刘建华．电子技术及应用［M］. 北京：机械工业出版社，2020.
[7] 张静之，余粟．电子技术及应用［M］. 北京：机械工业出版社，2019.
[8] 张静之，刘建华．电力电子技术［M］. 3 版．北京：机械工业出版社，2021.
[9] 刘建华，张静之．交直流调速系统［M］. 北京：中国铁道出版社，2012.
[10] 向晓汉．西门子 S7-1500 PLC 完全精通教程［M］. 北京：化学工业出版社，2018.
[11] 崔坚．SIMATIC S71500 与 TIA 博途软件使用指南［M］. 北京：机械工业出版社，2016.
[12] 张静之，刘建华．PLC 编程技术与应用［M］. 北京：电子工业出版社，2015.
[13] 张静之，刘建华．FX_{3U}系列 PLC 编程技术与应用［M］. 北京：机械工业出版社，2018.
[14] 章祥炜．触摸屏应用技术从入门到精通［M］. 北京：化学工业出版社，2017.
[15] 李江全．组态软件 KingView 从入门到监控应用 50 例［M］. 北京：电子工业出版社，2015.
[16] 殷群，吕建国．组态软件基础及应用［M］. 北京：机械工业出版社，2017.
[17] 蔡杏山．图解 PLC、变频器与触摸屏技术完全自学手册［M］. 北京：化学工业出版社，2015.
[18] 叶晖，管小清．工业机器人实操与应用技巧［M］. 北京：机械工业出版社，2010.
[19] 蒋刚．工业机器人［M］. 成都：西南交通大学出版社，2010.